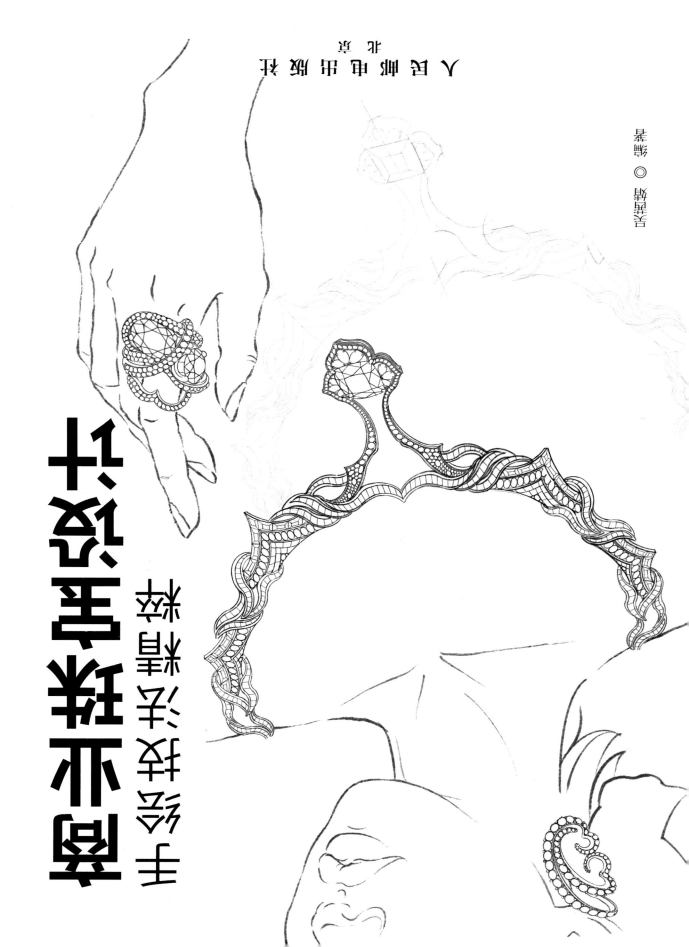

珠宝首饰

手绘技法教程

洛洛洛 ◎ 编著

人民邮电出版社
北京

图书在版编目（CIP）数据

揭水球美发设计手绘技法及练习 / 吴希傕编著. -- 北京:
人民邮电出版社, 2022.5
ISBN 978-7-115-57212-7

I.①揭… II.①吴… III.①揭水-设计 IV.
①TS934.3

中国版本图书馆CIP数据核字(2022)第017657号

内容提要

这是一本集美发手工艺、设计师和爱好者为一体的手绘设计教程。本书以重点讲解美发手绘技巧与设计为主线，紧密结合实际应用案例，内容由浅入深、循序渐进，符合学习规律。

全书共9章。第1章为重点讲解美发手绘的相关知识；第2～4章讲解美发手绘的手绘技巧，包括线条与块面的绘画，色彩与光影技巧；第5～6章讲解不同发型的设计方法与技巧；第7～8章通过大量的图片与案例，讲解不同美型与主题的美发设计和手绘技法；第9章搜集了大量优秀作品，为重要的设计借鉴。

本书既可作为美发设计工作者的参考书，也适合作为学习美发设计的学生和初学者的学习用书，还可帮助读者掌握与美发手绘设计相关的知识。

◆ 编著   吴希傕
  责任编辑   赵迟
  责任印制   马振武
◆ 人民邮电出版社出版发行   北京市丰台区成寿寺路11号
  邮编 100164   电子邮件 315@ptpress.com.cn
  网址 https://www.ptpress.com.cn
  北京印匠彩色印刷有限公司印刷
◆ 开本：787×1092 1/16
  印张：15   2022年5月北京第1次印刷
  字数：501千字   2022年5月第1版
  定价：129.00元
读者服务热线：(010)81055410 印装质量热线：(010)81055316
反盗版热线：(010)81055315
广告经营许可证：京东市监广登字 20170147号

前言

近两年市面上出现了不少关于珠宝设计的图书，每本书的作者都有不同的绘画风格，对于同一种珠宝也会采用不同的画法。对于初学者来说，选择不同设计风格可能会导致自身学习没有明确的方向，造成风格混乱。本书从常见珠宝的宝石学原理出发示范和解析每一种珠宝的画法。例如，为什么祖母绿这种宝石的琢型是阶梯型，这种琢型的明暗关系将如何变化，这种琢型和普通琢型有何区别，为什么会有这种区别……通过本书，读者可以学习与理解宝石的基本知识与绘画原理，并结合原理学习不同风格对应的画法与技巧，进而形成适合自己的绘画风格。

◎ 内容特点

（1）通过详尽的步骤图示，有效地帮助读者学习与掌握珠宝手绘的基础知识，为学好珠宝设计打下良好的基础。

（2）全面讲解不同类型宝石和贵金属的线条、透视、色彩等手绘知识，深入研究它们在设计中的表现方法与技巧。

（3）通过解析设计思路与创作方法，帮助读者掌握不同类型与主题的首饰设计方法，并延展出属于自己的风格。

（4）以商业珠宝首饰设计为主，对不同主题的珠宝手绘设计进行解析。商业珠宝首饰以市场需求为导向，以制作成本为衡量标准，与流行因素息息相关。

◎ 行业发展

随着人们的收入、消费水平的逐渐提高及消费市场的升级，消费者对于珠宝首饰的设计样式有了更高的要求。珠宝首饰设计相对于传统设计更需要符合时代的潮流，国家对文化创新也非常重视。随着"80后""90后"逐渐成为珠宝消费主力，越来越多的人开始追求更为多元化、高端化和个性化的珠宝设计。

同时，随着制造工艺的日趋复杂，珠宝匠需要提前绘制图纸来保证珠宝制造的准确度。而且客户对珠宝制作的要求越来越高，在制作成品前预览效果也变得越来越重要。

据此，众多珠宝首饰设计师有了更为宽广的发展空间、更多与客户交流的机会及更加丰厚的回报。但这也要求设计师有更高的设计理论水平与技艺。

资源与支持

本书由"数艺设"出品,"数艺设"社区平台（www.shuyishe.com）为您提供后续服务。

◎ **配套资源**

教学资源：书中案例手绘过程的教学视频。
附赠资源：案例的高清线稿和上色成品图。

资　源　获　取　　　在　线　视　频

提示：
微信扫描二维码,点击页面下方的"兑"→"在线视频＋资源下载",
输入 51 页左下角的 5 位数字,即可观看全部视频。

"数艺设"社区平台,为艺术设计从业者提供专业的教育产品。

◎ **与我们联系**

我们的联系邮箱是 szys@ptpress.com.cn。如果您对本书有任何疑问或建议,请您发邮件给我们,并请在邮件标题中注明本书书名及ISBN,以便我们更高效地做出反馈。

如果您有兴趣出版图书、录制教学课程,或者参与技术审校等工作,可以发邮件给我们。如果学校、培训机构或企业想批量购买本书或"数艺设"出版的其他图书,也可以发邮件联系我们。

如果您在网上发现针对"数艺设"出品图书的各种形式的盗版行为,包括对图书全部或部分内容的非授权传播,请您将怀疑有侵权行为的链接通过邮件发给我们。您的这一举动是对作者权益的保护,也是我们持续为您提供有价值的内容的动力之源。

◎ **关于"数艺设"**

人民邮电出版社有限公司旗下品牌"数艺设",专注于专业艺术设计类图书出版,为艺术设计从业者提供专业的图书、视频电子书、课程等教育产品。出版领域涉及平面、三维、影视、摄影与后期等数字艺术门类,字体设计、品牌设计、色彩设计等设计理论与应用门类,UI设计、电商设计、新媒体设计、游戏设计、交互设计、原型设计等互联网设计门类,环艺设计手绘、插画设计手绘、工业设计手绘等设计手绘门类。更多服务请访问"数艺设"社区平台www.shuyishe.com。我们将提供及时、准确、专业的学习服务。

目录

CHAPTER 8

第8章　不同主题的珠宝手绘设计详解 203

CHAPTER 9

第9章　艺术首饰手绘展示 233

第 1 章

彩美手绘必备基础知识

这几年来，绘图和工艺一直是非常热门的领域，不少人的兴趣也越来越浓厚。绘画时重要的每一门技能之大，作为初学者，不需要学习所有关于绘画的知识。只要掌握与绘画相关的基础知识就能为兴趣打下良好的基础。

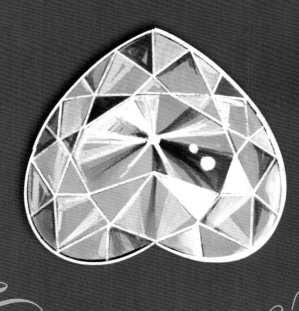

1.1 珠宝首饰的介绍

初识珠宝设计手绘时，大家可能对这个概念有些陌生，因为我们日常见到的珠宝很少以手绘的形式展现。珠宝手绘作品常见于历史悠久的珠宝奢侈品品牌。从这些名贵的珠宝奢侈品中，我们能够看出珠宝手绘的特殊性，这与制作首饰所需的宝石种类、制作首饰的材料和工艺是分不开的。

1.1.1 宝石的种类

在珠宝设计手绘的学习中，我们将珠宝笼统地分为宝石和贵金属两大类，也就是说大部分珠宝成品属于这两大类或是由两者组合而成的。由于宝石的特殊性，至今国际上对宝石还没有统一的分类标准。宝石有时会被分为彩宝和玉石两大类，有时也会被分为单晶宝石、均质体宝石和有机宝石等。而在珠宝设计手绘中，我们习惯按照画法的相似之处进行分类，即将宝石分为素面宝石和刻面宝石两大类。按照这种分法，还可以根据有无特殊光效、有无花纹、是否透明等条件对素面宝石进行细分。

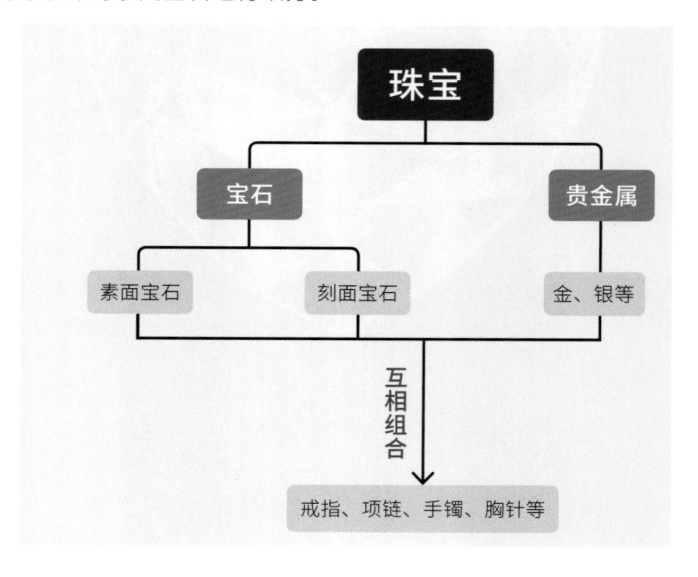

在珠宝首饰中，宝石起到了装饰作用，而与其组合的贵金属则起到了承载作用，是首饰的主要结构。当然，贵金属也可以单独制作成素金首饰，虽然看起来没有珠宝首饰那么奢华，却普遍受到职场人士的喜爱。

问：珠宝、首饰、宝石三者的关系是什么？

答： 大多数人对这3个概念的认知比较模糊。珠宝是对所有宝石和贵金属的统称；首饰的本意是可以佩戴并有装饰作用的饰品，早在石器时代就有由兽骨制成的首饰出现，可见首饰更偏重佩戴性和装饰性，而不讲究材料；宝石则是自然界中矿物宝石材料的统称，宝石需要同时具备稀有（产量少）、耐久（硬度高，不易磨损）、美丽（经过切磨后有很好的观赏性和装饰性）3个特征，如红宝石、祖母绿、钻石等。倘若未同时满足这3个条件，如玻璃只具备美丽的特征，就不能称之为宝石。另外，人们口中的"珠宝"其实指的就是"珠宝首饰"，那么"珠宝设计"就是"珠宝首饰设计"的简称了。

1.1.2 珠宝首饰的材料

传统意义上的珠宝首饰以宝石及贵金属为主要材料，当然现代首饰中也有选择其他材料的设计，如陶瓷、皮毛、塑料等，严格来说，这些属于工艺品首饰的范畴，而非传统意义上的珠宝。

  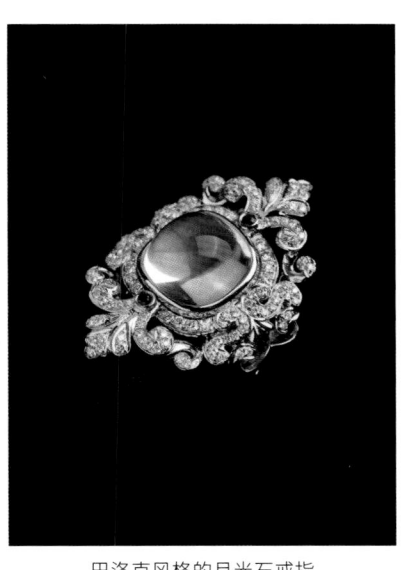

蓝宝石钻石戒指　　　　　红宝石蝴蝶胸针（隐秘式镶嵌法制作）　　　　巴洛克风格的月光石戒指

1.1.3 珠宝首饰的工艺

珠宝首饰的工艺是指对宝石和贵金属等材料经过切割、琢磨、蜡雕和镶嵌等一系列工序，最后制成一件完整的珠宝首饰作品的技术。当然，要想原原本本地将脑海中的构思表达出来，一切工序都应该按照事先设计的样式完成，这就凸显了设计对工艺的重要性，也说明了想要设计出好的作品，就必须了解珠宝工艺的常识。

对照镶嵌设计图做出的蜡雕　　　　　镶嵌好的成品　　　　　拉丝金属工艺制作

虽然数字建模和渲染技术已经相当成熟，但是在概念设计阶段，草图和快速表现因高效、易修改等优点具有不可替代的作用，同时还经常出现在很多高级珠宝品牌宣传中。绘图是珠宝设计师用于表达思维的一项必备技能，也是本书的主要内容。珠宝设计师一般需要经过手绘和设计这两个阶段的学习。

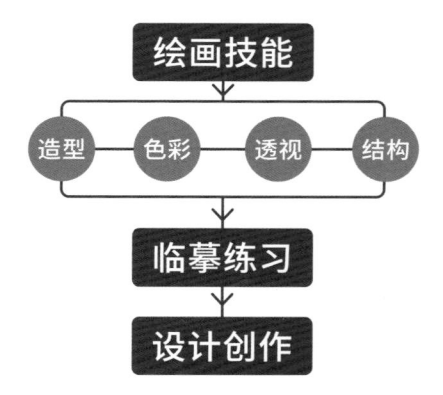

1.2.1 手绘能力

手绘能力是设计类创作者需要掌握的基础技能。在任何一个设计领域，要想快速而准确地表现产品的特点，手绘都是非常合适的表现形式。手绘不是指随意绘制图形，而是有意识地表达构思、进行设计。在珠宝领域，由于宝石的造型、质地等具有明显的特点，因此其具有明确的绘图规范，笔者在本书中将这些规范归纳为技法。当我们能够灵活运用这些技法时，就具有一定的造型能力了，也就可以为之后的珠宝设计打下一定的基础。下面对手绘所需的基础知识进行简要介绍，以便使读者在本书中针对相应的内容进行系统的学习。

①造型在本书中指宝石的造型、金属的造型及首饰的造型。

②色彩在本书中指色彩的识别、色彩的搭配、上色的技法。

③透视在本书中指近大远小、近实远虚等，进而延伸到珠宝设计图的制作、三视图的表达。

④结构在本书中指光影的明暗关系、转折层次等，是宝石和金属材质表现的基础。

手绘是一项技能，需要经过多次训练才可以达到熟练运用的程度。最好的训练方式是临摹，当我们临摹得足够熟练，并形成肌肉记忆时，就能自然而然地进行创作了。

临摹实物

> **提示**
> 在临摹实物时，观察是要做的第一件事。先观察这件作品的主体造型，主体即设计的主要内容，一般都是主石，有时候造型就是主体，可以以设计中各部分的面积作为参考。然后观察材质，了解材质以后我们就能充分利用所学的绘画知识将其绘制出来。分析完主体和材质后，我们还需要用游标卡尺测量尺寸，原因有两点：一是有的手绘图需要按照1∶1的比例绘制，二是便于在绘制线稿时更好地调整、修改细节。

1.2.2 设计能力

设计能力是将创作思路以更为直观的方式表达出来的能力。只有掌握熟练的手绘技能，从事设计创作才会更加得心应手。同时，设计本就意味着"解决问题"，即在为珠宝设计造型、配色等视觉元素时，还需要考虑如何使用或在什么场景中使用。这就说明在设计的过程中，不同质地的宝石特点、工艺与材料的结合、首饰的用途和养护等都是我们需要考虑的问题。本书中会解析不同类别的首饰和不同主题下的设计，希望读者能从中得到启发。

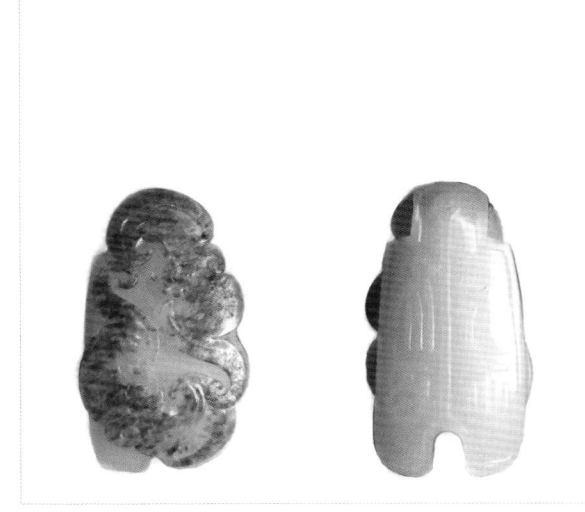

和田玉的镶嵌设计

总而言之，珠宝设计绘图是每一位珠宝设计师都应具备的技能，绘图水平考验着珠宝设计师的功底。珠宝设计师是一种职业，在一些历史久远的知名珠宝品牌中，这种职业的要求也非常高，很多高级定制款珠宝的雏形几乎都出自珠宝设计大师之手，从就业的角度来看，这个行业的人才是稀缺的。

1.3 珠宝手绘的工具

本节介绍的工具都是进行珠宝手绘时所要用到的工具，其中能代表珠宝设计专用的工具是珠宝专用绘图尺（模板），其他常见工具只要按照一般原则使用即可，稍加练习便能很快掌握其使用方法和技巧。

1.3.1 画笔

按照绘制珠宝首饰的一般流程，应先描绘底稿（线稿），再进行着色。描绘底稿时会用到两种不同类型的笔，下面具体介绍。

1.铅笔

由于珠宝是按照1∶1的比例绘制的，因此对细部的刻画是重中之重（尤其是一些镶嵌钻石较多的设计）。常用的底稿绘制工具是0.3mm的自动铅笔。

◇ 0.3mm的自动铅笔

因为珠宝设计的线稿需要精准且细致地绘制，所以要选择比常用的铅笔更细的自动铅笔，只有尖细的铅笔在细节的表达上才会更加细腻。描绘底稿时线条要流畅，可运用手腕的力量带着笔走动。

> **提示**
> 铅笔芯不要按出过长，下笔力度也不要过重，否则容易将铅笔芯折断。

◇ HB～2B铅笔

削尖状态的HB～2B铅笔也可以用于细部的表达。此外，该类铅笔更常用于搭配硫酸纸来拷贝图案。

2.水粉笔

水粉笔用于上色。要注意水粉笔的型号，应根据上色的内容选择笔的大小和材质。常用的水粉笔是尖头混合毛材质的。

1.3.2 卡纸

除了绘制线稿，我们还需要为设计作品着色。无论是使用水粉还是水彩颜料，都需要用水进行调和，所以需要挑选有一定厚度并且吸水性好的纸张。卡纸（包括黑/白/灰卡和彩卡）是我们的首要选择，一般黑/白/灰等颜色的卡纸使用得比较多。明亮的珠宝要避免使用白色卡纸，否则珠宝的色泽会被提得过白。选择黑色卡纸时则要注意不要影响珠宝本身的色彩。为了更好地衬托出珠宝的光泽，选择灰色系卡纸更合适。

> **提示**
> 在选择彩卡时可以先试色，以免在颜色干透之后出现色差。为了保证背景色的统一，可以选用灰色系卡纸。

珠宝手绘常用的上色工具有水粉、水彩、彩铅和马克笔。由于水彩颜料清薄透亮，因此本书会使用水彩颜料表现珠宝的光泽。

1.水彩颜料

水彩颜料应该选择24～30色的固体水彩，这些颜色基本可以满足所有珠宝的着色需求。同时，通常颜料盒中都会配备调色盘和吸水海绵，若未配备则需另外准备这两种用品。

用湿笔蘸取颜料至调色盘中，可以进行自由调色。在描绘草图之后，用调好的颜色进行着色。珠宝设计的成品图一般都比较小，所以在着色时要留意边缘的位置。画透明度高的宝石时，第一遍涂抹的颜色要轻薄（多加水调和），待画面半干后观察效果，如果呈现的效果不够理想，可再用画笔蘸取相同的颜色一遍一遍地进行叠加，如此便能够画出各种宝石的色彩了。

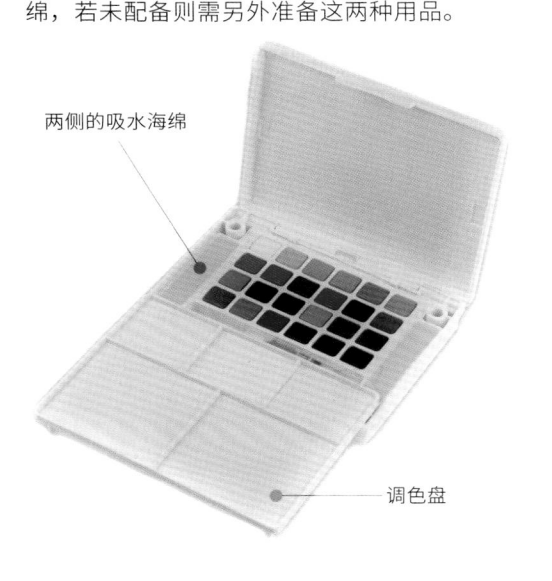

两侧的吸水海绵

调色盘

2.白色水粉

单独准备一罐白色水粉，在点高光和勾画刻面线的时候使用。

问：为什么本书案例绘制使用水彩颜料？

答： 水彩颜料和水粉颜料很相似，都需要使用水对颜料进行调和，区别是水粉颜料的质感更加厚实，覆盖力更强，可承受多次修改，色彩鲜明，而水彩颜料则色薄而通透。对于珠宝手绘来说，我们需要表现的是宝石的通透性和金属的光泽感，因此水彩颜料要合适一些。此外，作为初学者，水彩颜料比彩色铅笔或马克笔等工具更容易掌握。

1.3.4 珠宝专用绘图尺——模板尺

每个设计专业都需要准备专业的模板尺，珠宝设计也不例外。由于宝石的外形具有固定的琢型，同时宝石的绘制可能会遇到相对烦琐的情况，因此使用模板尺将会节省大量的时间，下面看看能够提高制图效率的珠宝专用绘图尺的类型和特点。

1.常用模板尺

我们需要准备至少3个型号的模板尺，以备快速绘制宝石轮廓所需。

◇ T-777-1

这块模板上有马眼（橄榄）形、三角形、方形、心形、垫形等宝石的琢型，每一种类型都有不同的规格，可以直接套用于不同大小的宝石。

◇ T-777-2

这块模板上有圆形、方形、椭圆形、水滴形等宝石的琢型，每一种类型都有不同的规格，可以直接套用于不同大小的宝石。

◇ T-89M

这块模板上有不同直径的圆形，珠宝设计手绘一般不会用圆规来画圆（圆规针会破坏纸张），并且圆的直径一般不会很大，这块模板上的圆形已经足够日常使用。

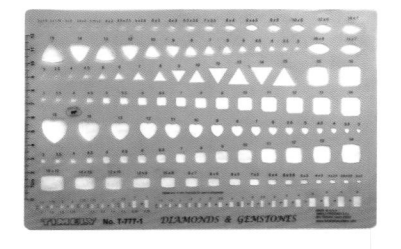 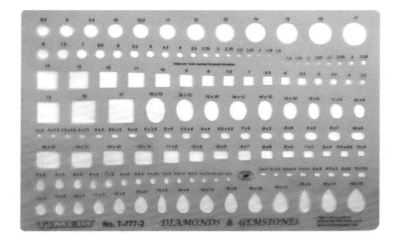 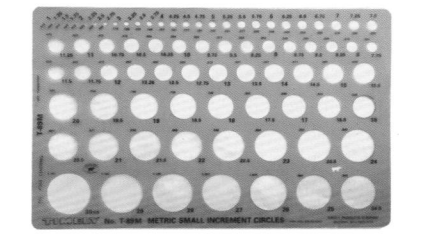

2.补充模板尺

圆模板和椭圆模板为常用模板尺的补充工具，以下列举的模板尺可以根据情况自由选择。

◇ 圆模板

这块模板比T-89M模板中的圆的直径更大，在T-89M模板中找不到的型号可以试试在这里寻找。

◇ 椭圆模板

这块模板上只有椭圆形，有不同型号的宽椭圆形和窄椭圆形可供选择。这块模板可以帮助我们直接画出戒指的立体图。

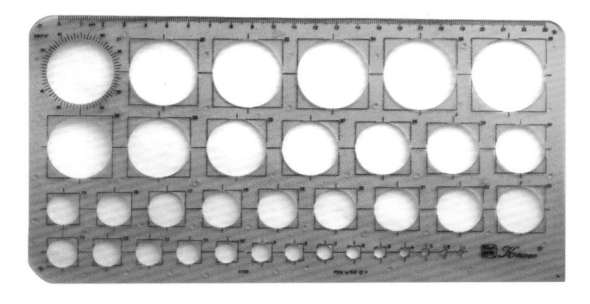 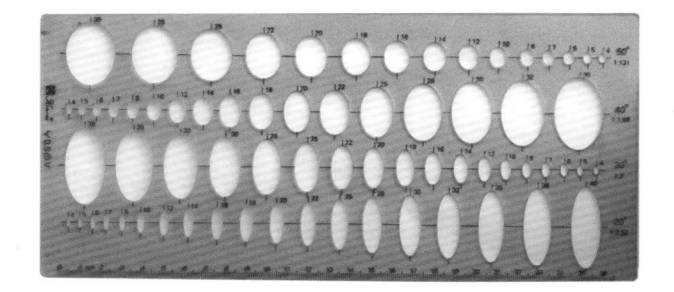

除了以上介绍的主要工具，还会用到辅助工具，以提高工作效率或处理一些复杂的问题。

1.三角板套装

除了需要准备绘制珠宝的专业模板尺，还需准备一套用于绘制辅助线的普通三角板套装，其中包括直尺、三角板和量角器。

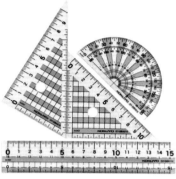

2.橡皮

当用铅笔绘制的底稿出现错误时就需要使用橡皮擦除线稿，以便纠正错误的部分。

◇ 4B橡皮

4B橡皮是制图时常用的一款橡皮，这种橡皮比较硬，可以削尖，用于细部的处理。

◇ 细节橡皮

除了普通橡皮，我们还需要一个处理细节的局部橡皮擦。除了将普通橡皮切成小块来擦拭细节部分，现在有专门的细节橡皮可供选择。这种橡皮是一种像自动铅笔一样的自动橡皮，有可伸缩的橡皮芯，它的可擦面积小而精准，因此非常适合擦拭细节部位。使用时，像拿笔一样作用于被擦除部位即可。

◇ 可塑橡皮

可塑橡皮可以改变接触面的大小，使用时可以将其按压在纸面上，处理一些不明显的脏污，如清除线稿上多余的铅粉，保持图纸的干净整洁，避免铅粉弄脏后面要画的颜色。

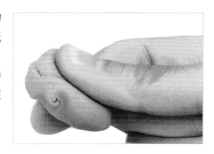

2.3mm

3.游标卡尺

游标卡尺用于测量宝石的实际尺寸，其测量精度为0.1mm。在珠宝设计中，在测量了实物的精确尺寸后，便可以按照实际尺寸来绘制珠宝手绘效果图。用游标卡尺测量实物的精确尺寸对绘制三视图很有帮助，我们可以大致了解它的使用方法。

◇ 测量戒指的外圈口

保证戒指平稳，用卡尺夹口夹住戒臂的两侧后读数值，此时数值是1.9cm。

◇ 测量较小的部位

如测量宝石镶爪等，可以用卡尺夹口上方的位置，这个位置比较厚实，且物体不易滑动，此时的数值是0.8cm。

◇ 测量内径

用卡尺上部的反向夹口向两侧用力，从而卡住戒指的内径，此时的数值是1.6cm。

4.硫酸纸

硫酸纸是一种半透明的纸张，在珠宝设计中常用于拷贝对称图案或直接着色绘画，通常用A4大小即可，也可以根据使用习惯裁剪成小尺寸。

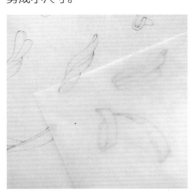
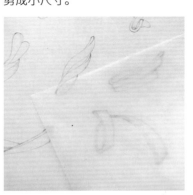

5.吸水海绵

吸水海绵在手绘过程中的作用有两点：一是吸走笔上多余的水分和颜料，以便能更好地进行着色；二是可将画笔的根部清洗得更干净，在清水中涮过的画笔根部往往会残留颜色，将根部放在吸水海绵上轻压，海绵就会把根部的颜色吸干净。

CHAPTER 2

第 2 章

线条与琢型的表现

　　谈及宝石，浮现在人们脑海中的常常是闪耀夺目的钻石、艳丽深邃的祖母绿、鸽血一般的红宝石或种水一流的翡翠。为什么宝石留给人们的是这样的印象呢？这都源于设计师对原石的精雕细琢，让一颗颗不起眼的小小原石绽放出绚丽的光彩，可见设计师的作用不可小觑。不过，要想充分发挥出珠宝的优势，就要对宝石内部的结构原理非常了解，也就是要充分把握不同宝石的琢型。

2.1 画线的不同方法

任何事情都不是一蹴而就的，在刻画宝石的琢型之前，我们需要先理解不同的线条在珠宝手绘中的作用，并熟练运用线条表达不同的内容。

2.1.1 用工具画线

借用工具可以进行专业的制图，我们也将其称作规范制图。在珠宝手绘的绘图技法中，辅助线和宝石外轮廓线是快速绘制底稿不可缺少的内容。

1.画辅助线

准备一套三角板，我们可用其画出直线、十字中心线等作为辅助线。

◇ 三角板

三角板常用于描绘辅助线。此外，直尺、三角板或带有刻度线的模板尺都可以用来绘制辅助线。

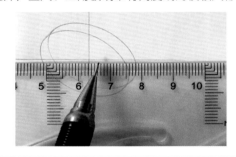

> **问：为什么要添加辅助线？**
>
> **答：** 初学者很难一次就完成正稿的绘制，辅助线就是辅助我们准确画出正稿的线。一般辅助线在正稿完成之后是需要擦除的，所以画轻一些、淡一些，能看见就行，擦除时可以使用局部橡皮。

◇ 量角器

量角器可以测量角度，也能画出带有角度的辅助线。另外，量角器的半圆弧线处可以用来绘制曲线。

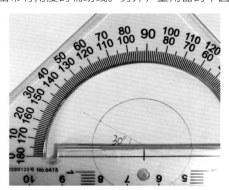

2.画宝石外轮廓

　　模板尺是配合宝石的各种形状开发的珠宝专用描图规板，其中包含马眼形、梯形、心形和切角形等的宝石外轮廓。这些形态手绘比较困难，若使用描图规板就非常方便了，但是切记不可过分依赖模板工具，让它们发挥辅助作用就够了。

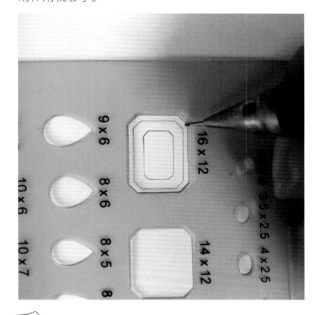
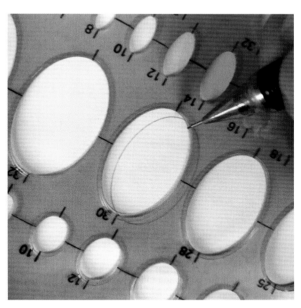

💎 提示

　　正确的握笔姿势： 用大拇指、食指和中指握住笔杆的下端，尽量接近笔头的位置，同时无名指和小拇指依次叠放，小拇指和手掌的侧面自然地压实纸张，此刻手不要太紧绷，保证笔不会掉落即可。手掌心要留有空间，感觉手心能握住一颗鸡蛋为宜，同时笔尖接触纸张，笔杆与纸张成45°左右的角。

　　错误的握笔姿势： 手过于紧张用力，除了笔尖外，手指和手掌的侧面处于完全悬空的状态，同时笔杆与纸的角度过大，甚至笔杆垂直于纸张。

中指在下方托住笔，起到稳定的作用

笔尖接触纸张，笔杆与纸张成45°左右的角

小拇指和手掌侧面自然压实纸张

笔尖接触纸张后，笔杆与纸张的角度过大

小拇指和手掌侧面完全悬空

　　如何运笔： 手放松，同时手腕发力，用手腕带动手在纸张上滑动，让笔尖在纸张上画出线条。

2.1.2 徒手画线

借助工具绘制线条可以加快绘图的进度，但是并不适合所有的线条。在绘制草图的时候常常需要徒手绘制线条，很多正稿也会保留有质感的手绘线条。徒手绘制的线条主要有直线和曲线两种，掌握这两种线条的画法就能为后面的抓型打好基础。

1.直线

直线是手绘需要掌握的基础线条，我们都知道两点确定一条直线，因此只要确定好起点和终点，就能确定直线的位置和走向。

◇ 练习排线

在练习画直线的时候尽量以平行线的方式排线（尽量保持笔直且平行），并从3个不同的角度和方向找到绘画的感觉。如果一开始不能将线条画得很长，那么就画短一些，熟练之后再慢慢加长。

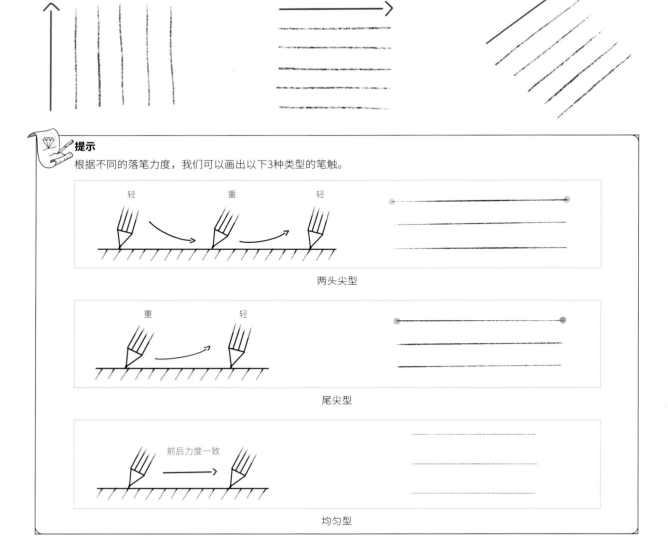

提示

根据不同的落笔力度，我们可以画出以下3种类型的笔触。

轻　重　轻

两头尖型

重　轻

尾尖型

前后力度一致

均匀型

◇ 直线的运用

由两点确定一条直线可得知，要画出转折线只需要找到转折点。

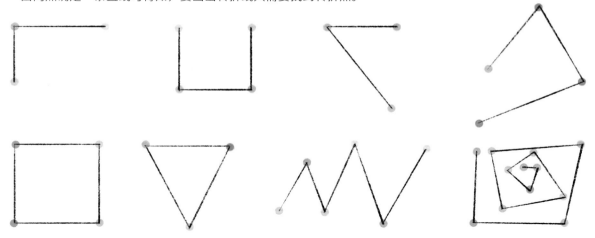

2.曲线

与直线的绘制方式一样，曲线也是以手腕用力带动手和笔来绘制的，有时候需要转动纸张来画出更好看的曲度。通过直线的学习，我们知道一条直线的参考点在头尾两端，而画一条曲线至少要确定3个参考点，分别是起点、终点及确定弧度大小的转折点，以直线为基础可绘制出曲线。

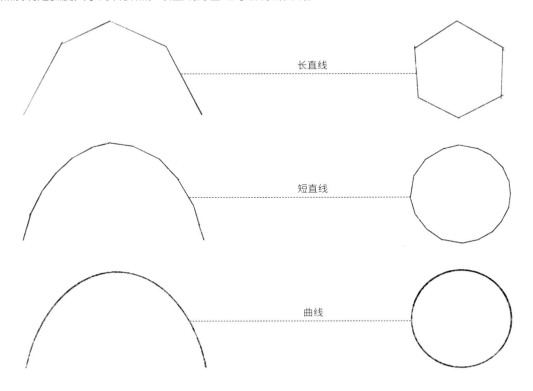

长直线

短直线

曲线

◇ **练习排线**

曲线也是通过排线的方式进行练习的，我们可从不同的角度、不同的弧度进行练习。

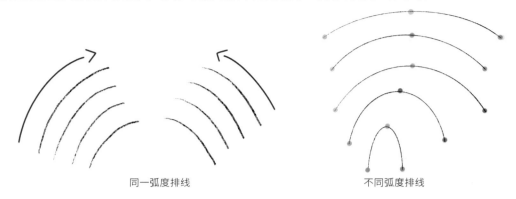

同一弧度排线   不同弧度排线

◇ **曲线的运用**

①只需要确定好转折点的位置，然后将它们用平滑的曲线连接起来，即可绘制出多个转折的曲线。

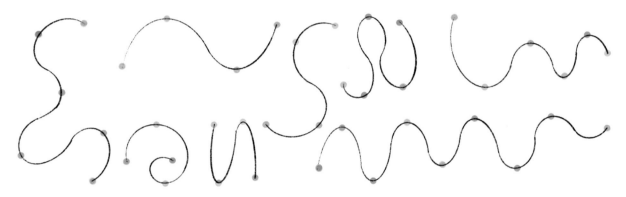

②圆和椭圆属于封闭曲线，需要确定4个点，并借助十字中心线进行绘制。

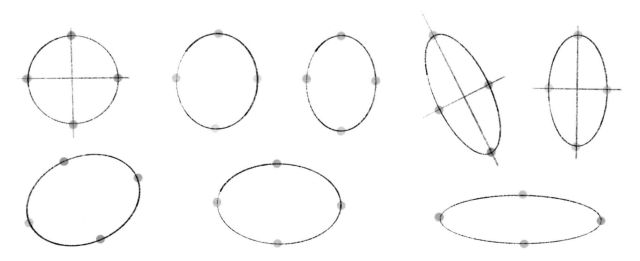

情况一：抖线

原因：手过于紧张，握笔太用力或小拇指和手掌侧面悬空（手掌处无支撑）。

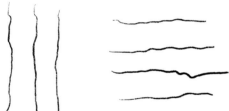

直线　　　　　　　　　　　　　　　　曲线

情况二：反复描线

原因：不自信导致画线的时候不干脆，反复描画。

直线　　　　　　　　　　　　　　　　曲线

情况三：蚕线（头重脚轻的线条）

原因：起笔的时候太用力，收尾的时候提笔太快，导致前端过浓过粗。

直线　　　　　　　　　　　　　　　　曲线

情况四：结节线/断线

原因：下笔不干脆，并用笔一点点地延伸至尾端。

直线　　　　　　　　　　　　　　　　曲线

2.2 实物的抓型技巧

对于珠宝手绘来说，准确地画出结构造型尤为重要。抓型是指绘画者观察物体并准确地还原其特征的能力，特指在线稿阶段对实物的外轮廓进行准确的提取。要想达到这种程度，除了经过长时间的训练，还有一定的技巧可以掌握，根据不同的外轮廓可总结出3种形态的抓型方法。

2.2.1 折线形

折线形外形有很明显的顿挫感，拥有这种外形的往往是一些随型类宝石。由于这种外轮廓通常不是完整而流畅的线条，因此需要刻意保留折线的感觉。

第1步： 观察珊瑚枝的形态，确定外形的范围。

第2步： 观察珊瑚枝的轮廓，分析它的长宽比例和大小比例。

第3步： 分析珊瑚枝的转折线和转折点，在脑海中构思出线条的走势。

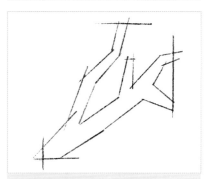

第4步： 粗略地用长直线表现珊瑚枝的外形。

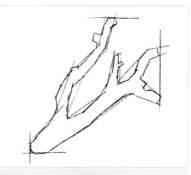

第5步： 用短直线刻画细节。

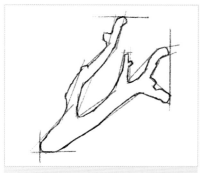

第6步： 描绘轮廓线，完成珊瑚枝的绘制。

流线形外形是常见的外形种类。为了保证线条的流畅性（尤其是一些弧线的流畅性），在抓型的时候要适当用辅助线画出流畅的线条。

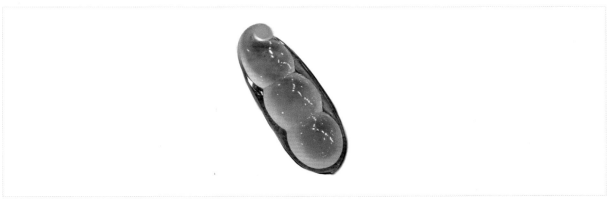

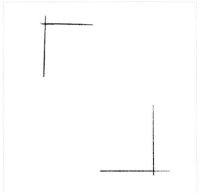

第1步： 观察翡翠豆荚的形态，确定外形的范围。

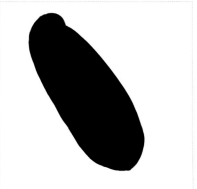

第2步： 观察翡翠豆荚的轮廓，分析它的长宽比例和大小比例。

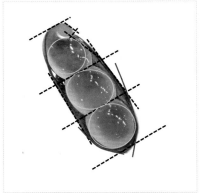

第3步： 分析翡翠豆荚雕刻的部分，将其中的内容分割成不同的区域，每一个凸起的位置都需要用辅助线分割。

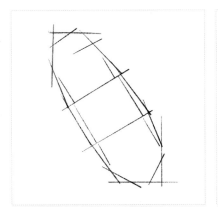

第4步： 在脑海中构思出雕刻线的走势，然后粗略地用长直线表现翡翠豆荚的外形。

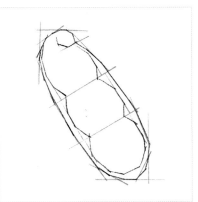

第5步： 用短直线刻画细节。

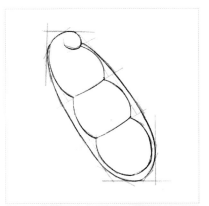

第6步： 用曲线流畅地描绘轮廓线，完成翡翠豆荚的绘制。

2.2.3 对称形

对称形的物件既可以左右对称、上下对称，又可以旋转对称。在这种情况下，我们要学会利用硫酸纸等工具辅助制图，以便快捷、准确地完成外形的绘制。

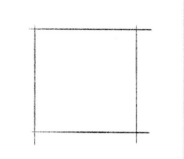

第1步：观察翡翠佛公的形态，确定外形的范围。

第2步：观察翡翠佛公的轮廓，分析它的长宽比例和大小比例。

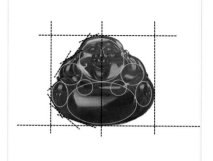

第3步：分析翡翠佛公的雕刻部分，将其中的内容分割成不同的区域，可按佛公的身体结构进行分割，如头部、胸部和肚子等关键部位（这些部位有明显的凸起），更为细节的地方（如五官）暂时不必刻画。

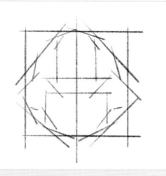

第4步：因为绘制的是一个对称图形，我们可先画一条中线作为辅助线，然后根据翡翠佛公的轮廓用短线起形，将关键部位进行分割。这里应该按照左、右、左、右的顺序抓取对称图形的形态，以保证左侧和右侧的大形基本是对称的。

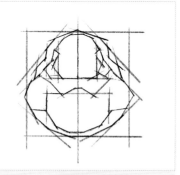

第5步：用短直线细化翡翠佛公的头部、胸部、手和肚子。

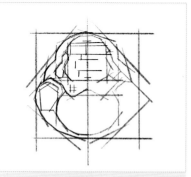

第6步：用短直线标出五官等细节的大致位置。

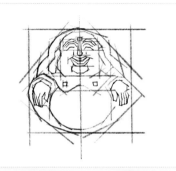 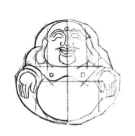 

第7步： 用短直线画出五官等细节，同样按照左、右、左、右的顺序抓取形态。

第8步： 用曲线流畅地描绘轮廓线，因为这是一个左右对称的图形，可以只描绘左侧的图案，再用硫酸纸拷贝出右侧的图案。

第9步： 用硫酸纸拷贝出另外一半图案，完成佛公的绘制。

延展：用硫酸纸拷贝对称图案

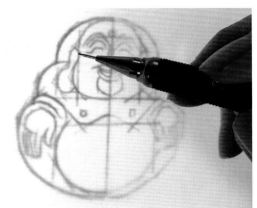

第1步： 把硫酸纸蒙在需要拷贝的图案上。

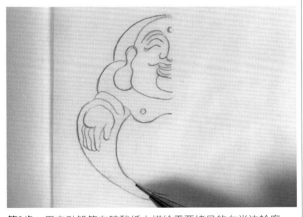

第2步： 用自动铅笔在硫酸纸上描绘需要拷贝的左半边轮廓。

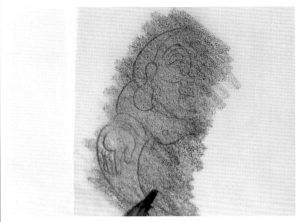

第3步： 用2B铅笔倾斜着涂抹硫酸纸，直至覆盖需要拷贝的区域。这里还可以使用3B、4B等铅笔，B值越高，铅笔越软，涂抹的颜色就越黑。

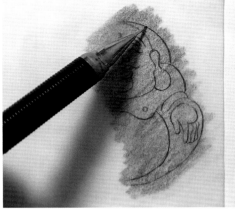

第4步： 将硫酸纸翻过来，并放置到需要绘制图案的位置，根据印迹描绘一遍图案，拿开硫酸纸后就可以得到右半边图案了。拷贝图案后，正稿上往往留有较多的铅粉，此时可以用可塑橡皮蘸擦。

2.2.4 其他图案的抓型练习

学会了3种基础形态的抓型方法后，我们可以将整个过程分解为4个步骤。

①找到物体的最高点、最低点、最左点和最右点。

②将物体看作剪影，分析其长宽比例和大小比例。

③用长直线作为辅助线。

④用短直线明确形体。

除此之外，我们不仅要区分珠宝使用了什么工艺、什么材质，还需要分析某些角度下所观察到的面，区分哪些是朝向我们的面，哪些是发生扭转的面，哪些是表示厚度的面。有了这样的思路，我们就可以灵活地绘制各种图案了。

◇ **第1组**

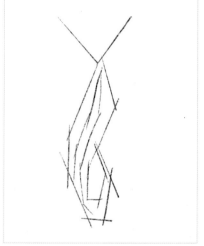

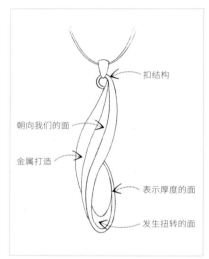

扣结构

朝向我们的面

金属打造

表示厚度的面

发生扭转的面

◇ **第2组**

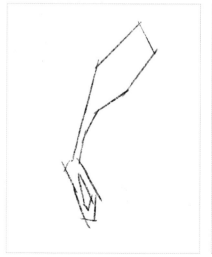

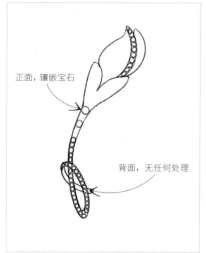

正面，镶嵌宝石

背面，无任何处理

◇ **第3组**

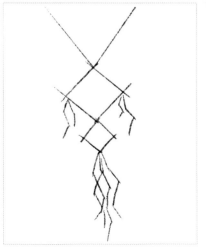

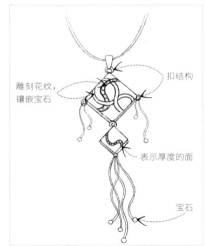

雕刻花纹，镶嵌宝石

扣结构

表示厚度的面

宝石

◇ **第4组**

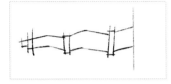

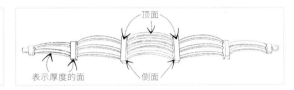

顶面

表示厚度的面

侧面

◇ **第5组**

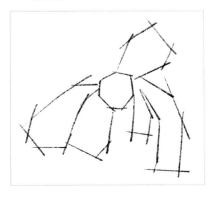
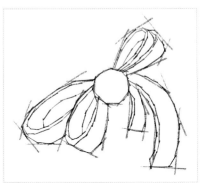
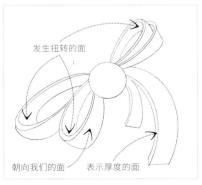

发生扭转的面

朝向我们的面

表示厚度的面

◇ **第6组**

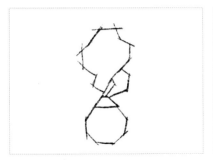

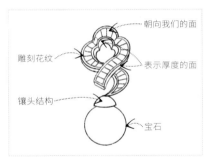

朝向我们的面

雕刻花纹

表示厚度的面

镶头结构

宝石

2.3 不同琢型的表现方式

在珠宝首饰中，宝石的面貌通常是以顶视图来呈现的，因为这个角度能完整地展现宝石的风采。从广义的角度来看，宝石的琢型主要分为素面类和刻面类。了解刻面类琢型的形态特征，对于宝石镶嵌中实际问题的解决有较大的意义。

2.3.1 素面类

素面类宝石也被称为凸面型宝石，其外观呈现出弧形。这种宝石的轮廓比较简单，以圆形、椭圆形、马眼（橄榄）形、三角形、方形、垫形、切角形和梯形等为主，这些都是对称的外轮廓，并都能在模板尺上找到相应的模板进行绘制。以下介绍一些特殊形状的画法，有助于读者理解图形的分割原理。

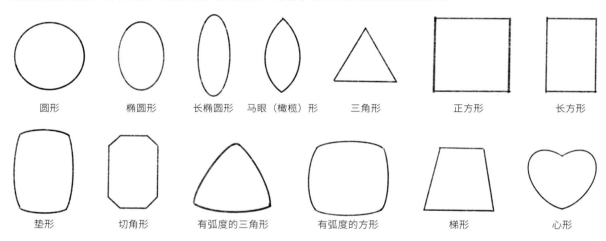

圆形　　椭圆形　　长椭圆形　　马眼（橄榄）形　　三角形　　正方形　　长方形

垫形　　切角形　　有弧度的三角形　　有弧度的方形　　梯形　　心形

1.马眼（橄榄）形

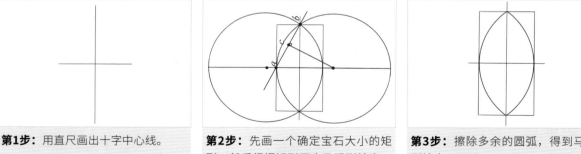

第1步： 用直尺画出十字中心线。

第2步： 先画一个确定宝石大小的矩形，然后根据矩形画出马眼形轮廓。在十字中心线的横线上确定两个点（连接a、b两点，取线段ab中点c作垂线，与水平线相交得到一个点，另一个点用同样的方法绘制），作为与矩形的边相切的圆的圆心。根据圆心画出两个圆，在矩形内的两段圆弧就组成了马眼形轮廓。

第3步： 擦除多余的圆弧，得到马眼形轮廓。

2.水滴形

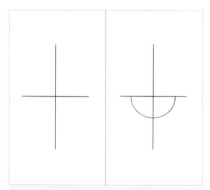

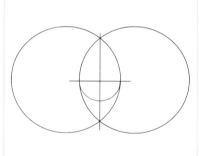

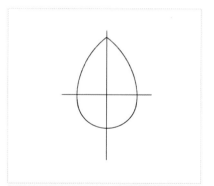

第1步： 用直尺画出十字中心线。

第2步： 以十字中心线的交点为圆心画出一个半圆形。

第3步： 在十字中心线的横线上选择两点作为圆心，在两侧分别画一个圆，使圆与半圆相切。

第4步： 擦除外部的辅助线，即可得到水滴形外轮廓。

3.心形

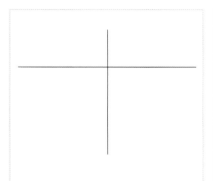

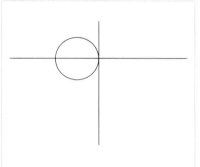

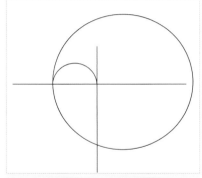

第1步： 用直尺画出十字中心线。

第2步： 在横线上画一个与垂线相切的圆。

第3步： 擦除圆的下半部分。画一个与半圆相切的圆，确定心形左侧下半部分的形状。

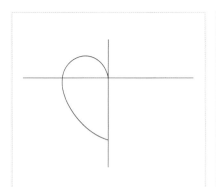

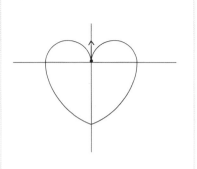

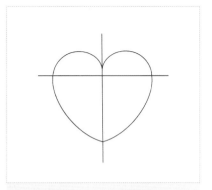

第4步： 擦除辅助线，只剩下心形轮廓的左半边。

第5步： 以同样的方法画出右半边的心形。将心形的顶端向上移动，使心形的凹口处不会太尖锐。

第6步： 得到完整的心形轮廓。

刻面类宝石是由许多具有一定几何形状的小面组成的。为了让光反射得更加强烈，并体现出宝石的美感，宝石的切割角度都是经过精心设计的。圆形为刻面宝石中的一种基础琢型，只要学会了圆形刻面线的画法，就可以轻松地掌握其他琢型的画法了。该琢型又称圆形明亮型或标准圆钻型，可分为冠部、腰部和亭部3个部分，共有57或58个刻面。冠部由33个刻面组成：中心的最大刻面被称为台面；台面周围的8个小三角形刻面被称为三角形刻面，8个四边形刻面被称为风筝面或冠部主刻面；腰围上部的16个小三角形刻面被称为上腰面。腰部有一定的厚度，由一个圆形的弧面围成。亭部一般由24个刻面组成，正对着上腰面，腰围下有16个三角形刻面，被称为下腰面，8个四边形刻面被称为亭部主刻面。

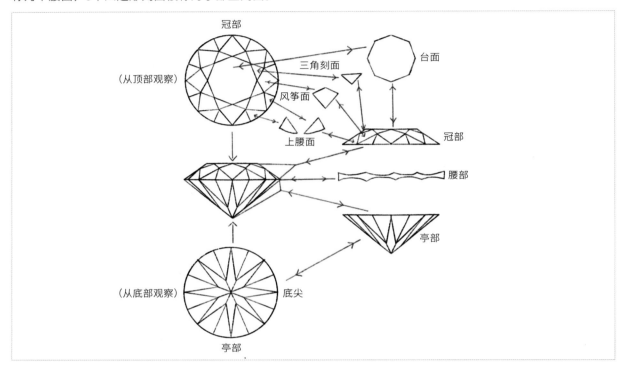

在首饰行业中，由于我国消费者对彩色宝石的需求有限，而钻石在整个珠宝销售市场中又占有很大的比重，因而我国大多数镶嵌首饰厂所镶的宝石品种为钻石，钻石的琢型大多数是圆形刻面。如果钻石切割理想，光线从钻石的台面入射能经过全内反射后从台面射出，这样可使钻石看起来璀璨夺目。那么什么是理想切割呢？经过探索，人们早就已经掌握了能较好地显示钻石亮度、火彩的切工比例，那就是台宽比为53%，冠角为31°，冠高为14%，亭角为39.5°，亭深为43%。

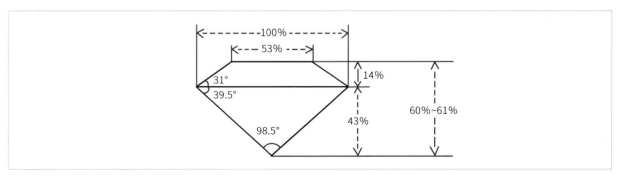

1.圆形刻面

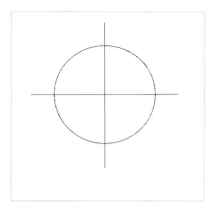

第1步： 用直尺画出十字中心线，确定宝石的半径后，以中心线的交点为圆心画一个外圆。

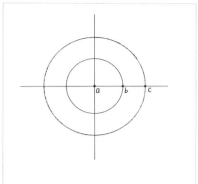

第2步： 画一个能确定台面大小的内圆，点b接近ac的中点，略靠c侧。

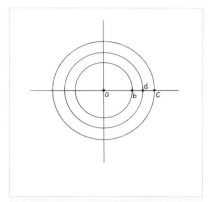

第3步： 画第3个圆，介于外圆和内圆中间，点d接近bc的中点，用于确定风筝面的大小。

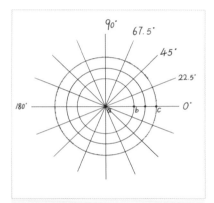

第4步： 将圆16等分，然后画出分界线，可以借助量角器确定等分线的角度，每一个角为22.5°。

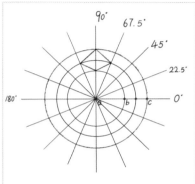

第5步： 在3条分界线之间连接起一个风筝面。

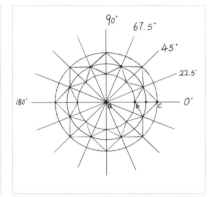

第6步： 依次连接圆形轮廓内的所有风筝面。

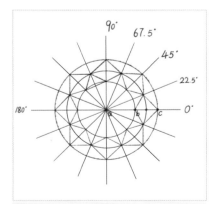

第7步： 连接风筝面内侧的顶点，完成一个小的星刻面。

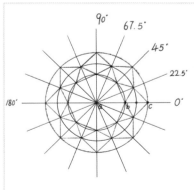

第8步： 依次连接其他风筝面内侧的顶点，完成所有的星刻面。

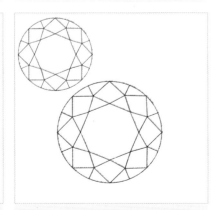

第9步： 擦除多余的辅助线，只留下蓝色的辅助线，以确定上腰的刻面线。连接所有的上腰面，完成圆形刻面线的绘制。

2.马眼（橄榄）形刻面

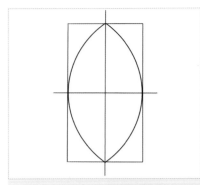

第1步：根据马眼形外轮廓画出矩形辅助线和十字中心线。

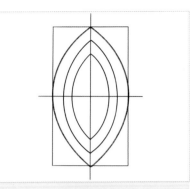

第2步：在马眼形外轮廓的内部画出两个能确定台面和风筝面的马眼形轮廓。

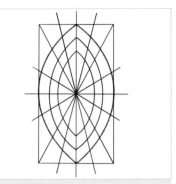

第3步：连接矩形辅助线的对角线，再将十字中心线和对角线分出来的每一个部分进行二等分。

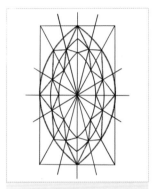

第4步：根据辅助线和所有的马眼形轮廓线，完成风筝面的连接。

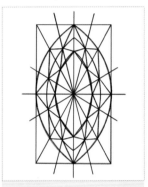

第5步：依次连接内侧风筝面的顶点，完成所有的星刻面。

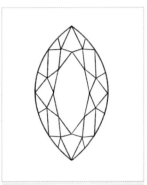

第6步：擦除多余的辅助线，只留下如图的蓝色辅助线，以确定上腰的刻面线。

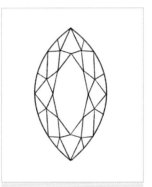

第7步：连接所有的上腰面，完成马眼形刻面线的绘制。

3.水滴形刻面

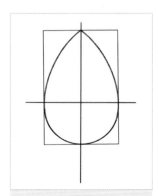

第1步：根据水滴形外轮廓画出矩形辅助线，并根据与矩形辅助线相切的点绘制中心十字线。

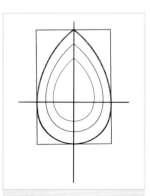

第2步：在水滴形外轮廓的内部画出两个能确定台面和风筝面的水滴形轮廓。

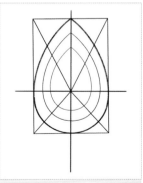

第3步：从中心点出发，连接矩形的4个顶点。

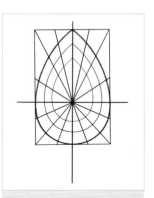

第4步：将矩形的8个块面进行二等分，最终形成16个块面。

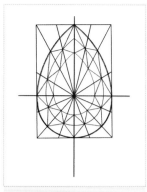

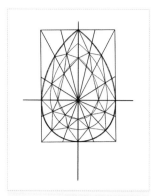

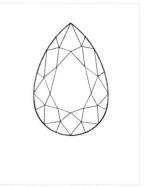

第5步： 根据所有的辅助线和轮廓线，完成风筝面的连接。

第6步： 依次连接内侧风筝面的顶点，完成所有的星刻面。

第7步： 擦除多余的辅助线，只留下蓝色辅助线，以确定上腰的刻面线。

第8步： 连接所有的上腰面，完成水滴形刻面线的绘制。

4.祖母绿（阶梯）刻面

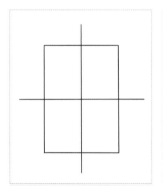

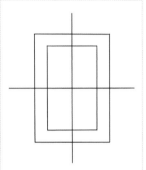

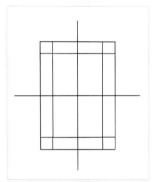

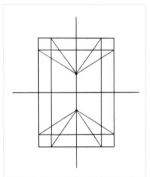

第1步： 根据矩形外轮廓画出十字中心线。

第2步： 在矩形外轮廓的内部画出一个能确定台面大小的矩形。

第3步： 延长内部矩形的边至外轮廓，形成8个交点。

第4步： 将十字中心线的纵轴进行三等分，然后连接交点与等分点，在内轮廓形成8个交点。

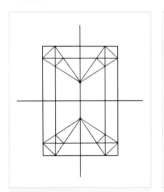

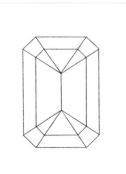

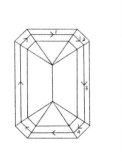

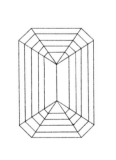

第5步： 将内、外矩形上的交点连接起来。

第6步： 擦除辅助线和多余的轮廓线。

第7步： 画出另外两层阶梯刻面，注意应按照箭头的指向依次画出与上下方线条平行的线，以保证形状是规整的。

第8步： 按照同样的方式画出另外两层阶梯刻面，完成祖母绿刻面线的绘制。

5.心形刻面

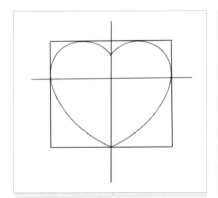

第1步： 根据心形外轮廓画出矩形辅助线，并根据与矩形辅助线相切的点绘制中心十字线。

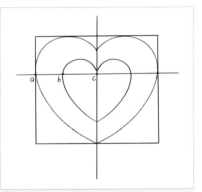

第2步： 在心形的内部画出一个能确定台面的心形，点*b*接近*ac*的中点。

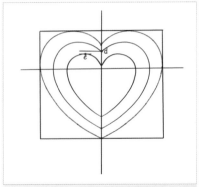

第3步： 画出第3个心形轮廓，注意第3个心形轮廓的凹口处（*d*点）要高于最里层心形轮廓的最高处（*e*点）。

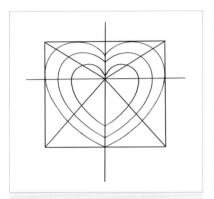

第4步： 从中心点出发，连接矩形的4个顶点，最终形成8个块面。

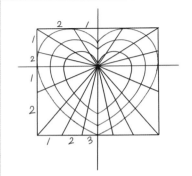

第5步： 将底部的两个块面按角度分别三等分，顶部和两侧的块面分别二等分，最终形成18个块面。

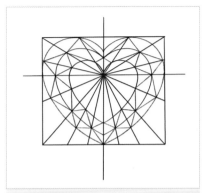

第6步： 根据辅助线和分割线连接各个刻面，完成风筝面的绘制。

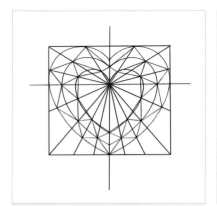

第7步： 依次连接内侧风筝面的顶点，完成所有的星刻面。

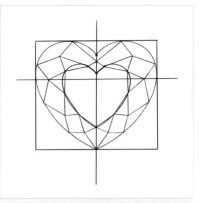

第8步： 擦除分割线，连接还没有连接的转折部分，使其形成封闭图形。

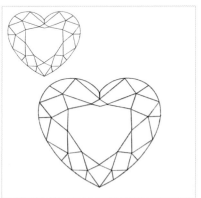

第9步： 擦除多余的辅助线，只留下蓝色辅助线，以确定上腰的刻面线。然后连接所有的上腰面，完成心形刻面线的绘制。

6.方形刻面

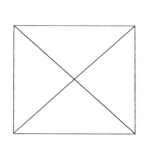

第1步： 根据正方形外轮廓连接对角线，作为下一步的辅助线。

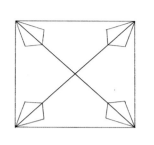

第2步： 在正方形外轮廓的4个边角内侧分别画4个风筝面。

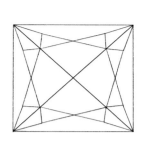

第3步： 连接刻面线，使风筝面的长边与相邻风筝面的顶点连接，按照同样的方式绘制出所有的刻面线后，可形成错落有致的刻面效果。

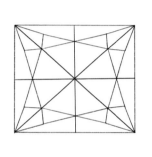

第4步： 作出正方形的十字中心线。

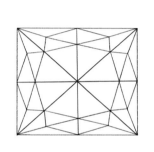

第5步： 根据十字中心线，将风筝面长边的两个端点与正方形外轮廓的中点连接。

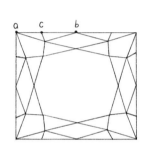

第6步： 擦除辅助线并确定上腰的刻面线，连接点约在*ab*中点偏左侧的位置（*c*点）。从风筝面长边的两个端点出发，连接所有的上腰面，完成方形刻面线的绘制。

 提示

用同样的方法可以绘制出带有弧度的方形刻面和多边方形刻面，它们的不同点在于外轮廓是弧形的还是多边形的。

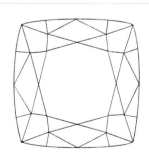

带有弧度的方形刻面

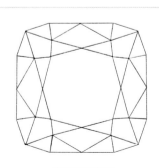

多边方形刻面

7.三角形刻面

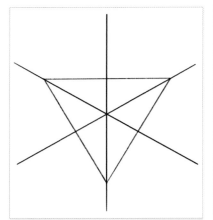

第1步： 根据三角形外轮廓和每条边的中点画出3个角的平分线，作为下一步的辅助线。

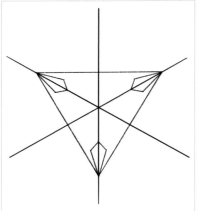

第2步： 在三角形外轮廓的3个边角内侧分别画3个风筝面。

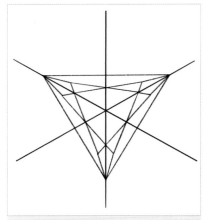

第3步： 与方形刻面线的绘制方法相似，也是将风筝面的长边与相邻风筝面的顶点连接，使其形成错落有致的刻面效果。

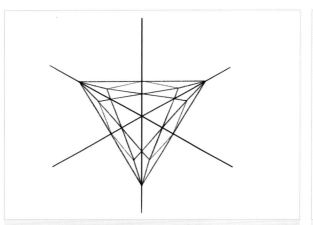

第4步： 根据第1步的辅助线，将风筝面长边的两个端点与三角形外轮廓的中点连接。

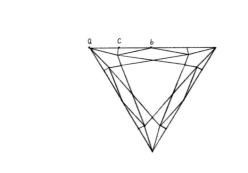

第5步： 擦除辅助线并确定上腰的刻面线，连接点约在ab中点的位置（c点）。从风筝面长边的两个端点出发，连接所有的上腰面，完成三角形刻面线的绘制。

💎 **提示**

用同样的方法可以绘制出带有弧度的三角形刻面和多边三角形刻面，它们的不同点在于轮廓是弧形的还是多边形的。

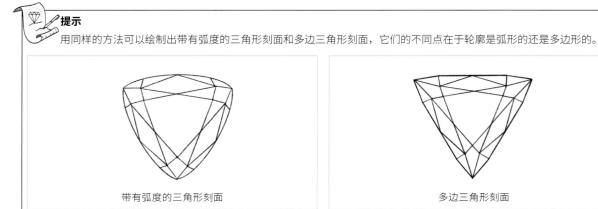

带有弧度的三角形刻面

多边三角形刻面

8.菱形刻面

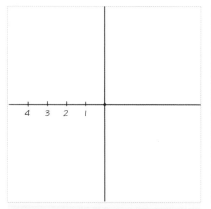

第1步： 用直尺画出十字中心线，并由中心点向横轴的一侧确定4个单位的长度。

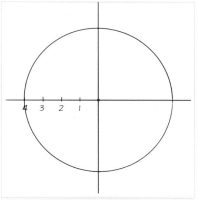

第2步： 以十字中心线为圆心，以第4个单位的长度为半径画一个圆。

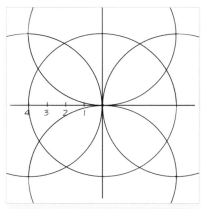

第3步： 以这个圆与十字中心线的交点为圆心，以这个圆的半径为半径，作出4条弧线，将其作为下一步的辅助线。

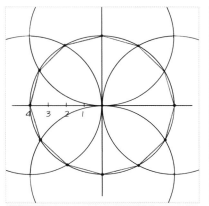

第4步： 依次连接辅助线的交点，可以画出一个十二边形外轮廓。

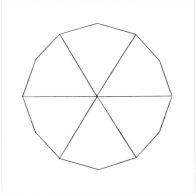

第5步： 擦除多余的辅助线，然后连接十二边形的对角线，将其平均分割成6个块面。

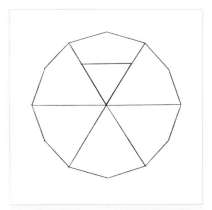

第6步： 在相邻对角线上各取一点并连接，形成一个边长较小的等边三角形。

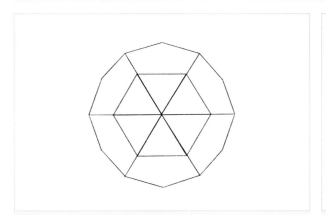

第7步： 按照同样的方法依次画好其他5个等边三角形。

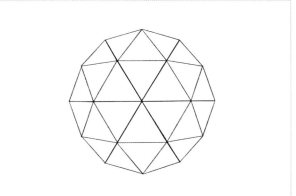

第8步： 依次连接三角形的顶点到十二边形外轮廓未被分割的边角处。

这种画法适合在两种情况下使用：一是在绘制正稿之前需要快速表现出设计效果；二是一幅作品中需要绘制的刻面宝石的数量比较多，并且需要展现出每颗宝石的细节。

圆形刻面

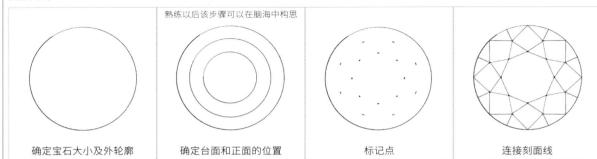

| 确定宝石大小及外轮廓 | 熟练以后该步骤可以在脑海中构思
确定台面和正面的位置 | 标记点 | 连接刻面线 |

心形刻面　　　　　　　　　　马眼形刻面

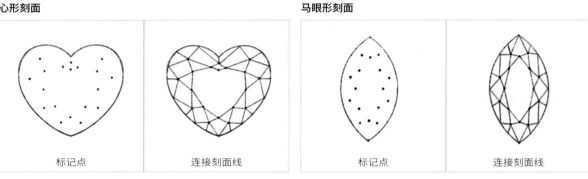

| 标记点 | 连接刻面线 | 标记点 | 连接刻面线 |

水滴形刻面　　　　　　　　　多边三角形刻面

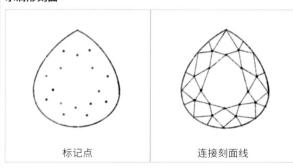 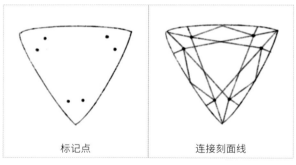

| 标记点 | 连接刻面线 | 标记点 | 连接刻面线 |

方形刻面　　　　　　　　　　祖母绿刻面

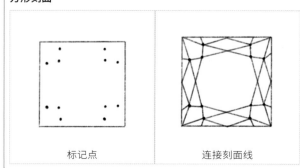 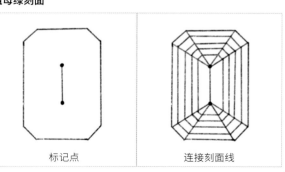

| 标记点 | 连接刻面线 | 标记点 | 连接刻面线 |

第 *3* 章

透视与设计图的表现

我们已经学会了各类宝石的画法，但是这些只是宝石在顶视图上的应用，在珠宝设计图中不仅需要有顶视图，我们还要了解珠宝首饰透视图三视图效果表现。本章将以戒指作为范例对透视图和三视图的画法进行讲解，因为在珠宝设计图表达中，戒指是常常需要画出透视图的首饰，同时戒指的透视图往往很难表现到位，只要我们学会了戒指的透视画法，那么其他首饰的画法也就难不倒我们了。

3.1 透视原理

透视即在平面上描绘物体空间关系的方法，包括线透视、消逝透视和色彩透视。本书主要讲解珠宝的手绘技法，因此这里只具体讲解与其相关的线透视。

3.1.1 视点/物体/画面

最初科学家在研究透视时是通过一块透明的平板去看景物，然后将所见之物准确地描画在这块透明的平板上，形成该景物的透视图，而后衍生为在平面或曲面上描绘物体空间关系的方法。将其运用到美术中，就是在平面的纸张上把物体在空间中的样子通过几何作图的方法准确地表现出来。"透视图"又被称为"立体图"，其作用是在平面上再现真实空间中的物体具有的空间感和立体感。

为了将透视的含义表达得更为形象，我们专门制作了一幅透视图。在画者和被画物体之间假想出一面玻璃，然后固定住眼睛的位置（用一只眼睛看），接着将实际物体上的几个点和眼睛的位置（视点）进行连接，使其形成一条条"视线"，这些"视线"相交于假想的玻璃，在玻璃上呈现的各个点的位置就是三维物体的点在二维平面上的位置。

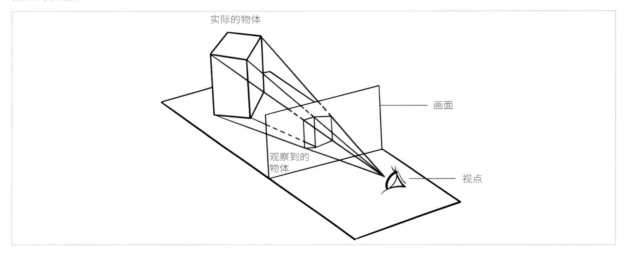

根据以上画面我们可以总结出，形成透视需要具备视点、物体和画面这3个要素。

①视点是指绘画者（观察者）的眼睛所在的位置。

②物体是指客观的构成透视图形状的被观察物，在三维空间中它是立体的。

③画面是指透视的媒介，是透视图形呈现的载体，也就是物体在二维平面上的样子。

3.1.2 消失点/视平线/透视效果

我们将上图中的画面拿出来，延长长方体顶面和底面的4条边，左右两侧分别相交于一个点，这两个点就是消失点，两点之间的连线就是视平线。消失点和视平线可以辅助我们画出准确的透视图。由于视点、物体和画面这3个要素都可以发生相对的位置变化，因此在视点不变的情况下，若物体和画面的相对位置发生变化，那么消失点和透视效果也会发生相应的变化。

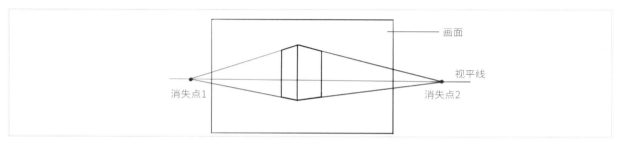

从以上画面我们可以总结出消失点和视平线对物体的透视效果产生了什么影响。

①近大远小，如相同的两根火柴，距离视点近的火柴比距离视点远的火柴看起来要大。

②近实远虚，如相同的两片树叶，对于距离视点近的树叶，我们可以观察到很多细节，如树叶上的纹路，甚至是树叶上的一个小凹坑，但是当我们看距离远的树叶时，可能只能看清它的外形和颜色。

3.2 透视的类别

基于对现实生活的观察，我们一般将透视分为一点透视、两点透视和三点透视，在珠宝设计中绘制透视图时通常只会用到一点透视和两点透视。

3.2.1 一点透视

一点透视指的是只有一个消失点，物体的延长线最终会消失在一个消失点上，这是珠宝设计中较常用的透视方法。

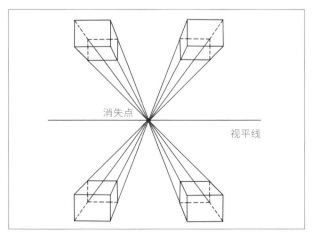

可看到立方体的3个面

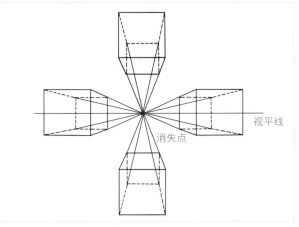

可看到立方体的两个面

从以上画面我们可以总结出物体的不同位置对透视效果产生了什么影响。

①当立方体在视平线以上的位置时，我们可以看到立方体的底面、正面和侧面。

②当立方体在视平线以下的位置时，我们可以看到立方体的顶面、正面和侧面。

③当立方体在视平线或中垂线上时，我们只能看到两个面。

3.2.2 两点透视

两点透视又叫成角透视，即一张图中有两个消失点，物体的延长线最终会消失在两个消失点上。用这种透视方法绘制的图形可加强纵深感，这也是珠宝设计中较常用的透视方法。

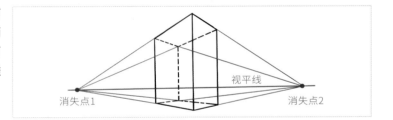

3.2.3 三点透视

三点透视又叫多点透视，用俯视或仰视等角度去看立方体就会形成三点透视，是透视中视觉冲击力最强的一种透视。三点透视下的立方体的每条棱线都不是平行状态，它们的透视线向外延伸可形成3个消失点，其中有两个消失点在视平线上，还有一个消失点在视平线外。三点透视除了增加横向的深度，还增加了竖向的深度，所以这种透视更有立体感，同时还加强了纵深感。

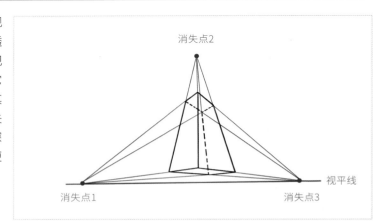

延展：透视规律

下面展示的是几何体分别在一点透视、两点透视和三点透视下的画面，据此我们可以总结出如下规律。

①当视平线在物体的下方时是仰视视角，这时展示的是物体的底面。

②当视平线在物体的上方时是俯视视角，这时展示的是物体的顶面。

③物体距离视平线越近，它的顶（底）面就越小，反之越大。

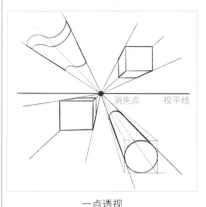

一点透视

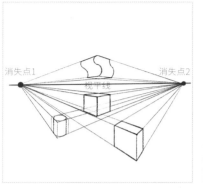

两点透视

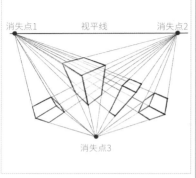

三点透视

由此可见，小体积物体用一点透视或两点透视即可完整地体现出物体的样貌，三点透视一般在建筑或大场景中使用，在珠宝设计中很少见，因此这种方式简单了解即可。

3.3 基本元素的透视画法

设计图中的任何一个物体都是由点线面构成的。无论是平面图还是透视图，只要掌握了不同模式下的点线面等基本元素的透视规律，我们就可以自主地画出各种物体了。

3.3.1 方形/圆形/曲面造型的透视

为了更好地理解物体的透视规律，我们可从方形的透视开始逐步理解圆形和曲面造型的透视，从而更好地将二维图形转化为三维图形。

1.方形的透视

通过改变消失点的位置，可以画出不同效果的正方形透视图。我们可将其看作三维物体的一部分，也可以将其理解为立方体上的某个面在不同观测位置下的透视效果。

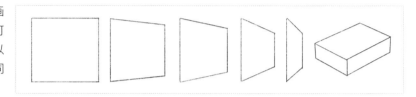

2.圆形的透视

圆形的透视可以借助正方形来理解，要注意圆的直径要与正方形的边长相等，圆弧要与正方形的每条边相切。我们可将其看作三维物体的一部分，也可以将其理解为戒指上的某个面在不同观测位置下的透视效果。

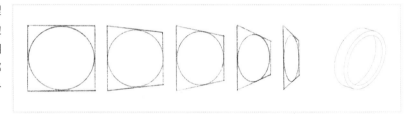

3.曲面造型的透视

在理解曲面造型的透视规律之前，我们需要先明白曲线的透视变化，曲线的透视可以通过网格辅助线来理解。当改变网格的消失点时，曲线与网格的交点同样会发生变化，一条完整的曲线也将变化成有透视变化的曲线。

根据上述内容，我们可以将曲线的透视用到任何一个曲面造型中，从而辅助我们理解三维物体的透视变化。当我们学会了将二维图形转化为三维图形的方法后，就能明白一个三维物体具有多少个面了，在进行了透视的转换后，只要补充表示厚度的面，一个立体的造型就塑造成功了。

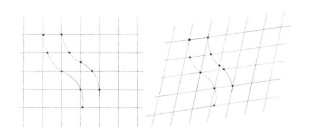

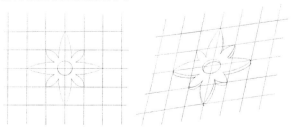

3.3.2 方形元素：祖母绿镶口

包镶是指金属按照宝石的腰棱包裹住宝石，并将其固定；镶口是指镶嵌宝石的金属镶嵌接口。下面演示方形切角平面镶口转换为透视图的过程，从这个过程中我们能够明白二维图形的透视图转换并不复杂。

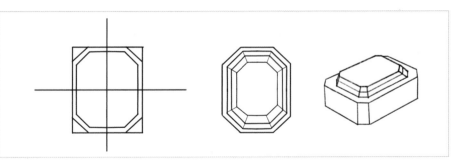

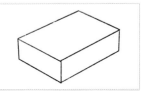

第1步：根据一点透视原理画出一个长方体。

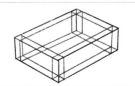

第2步：画出表示镶口的厚度，并为下一步画出祖母绿宝石的切角做准备。

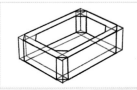

第3步：画出镶口的切角并绘制镶口的立体轮廓，包括我们可以看到的内部结构线。

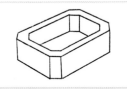

第4步：擦除多余的辅助线，即可完成透视图的绘制。

> **提示**
> 在掌握了一点透视的绘制方法后，我们可以记住这个长方体的形状，在下一次建模时就可以直接画出这个长方体，而不用再借助消失点和视平线。

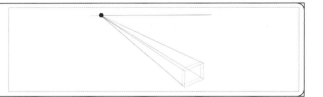

3.3.3 圆形元素：椭圆形宝石镶口

圆形镶口与方形镶口的绘制思路不同，在圆形轮廓转化成透视图的过程中，我们可以思考辅助线在其中起到了什么作用，右侧演示的是椭圆形平面镶口转换为透视图的过程。

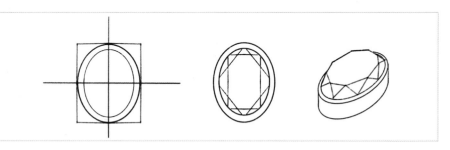

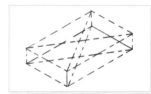

第1步：根据一点透视原理画出一个长方体，将其作为辅助线，并连接它的对角线。

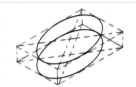

第2步：在长方体的顶面和底面画出两个与辅助线相切的椭圆。

第3步：画出表示镶口的厚度，并与下方的椭圆连接。

第4步：擦除多余的辅助线，即可完成透视图的绘制。

3.4 以戒指为代表的设计图建模

珠宝设计的难点不在于构思,而在于能不能将构思呈现出来。在设计时往往没有实物作为参考,而是将脑海中构思的立体图呈现在平面的纸上,这就需要通过建模的原理画出正确的透视关系,以呈现完整的设计思路。

3.4.1 素圈戒指基础建模

若想在纸上画出三维空间下的戒指,就必须在正确的透视状态下塑造,两点透视是塑造珠宝立体感和结构感的一种重要方式,而一点透视是我们日常绘制珠宝较常用的方法。下面两张图分别是一个戒指在二维空间和三维空间下的状态,接下来我们就根据透视原理来分析戒指的建模思路。

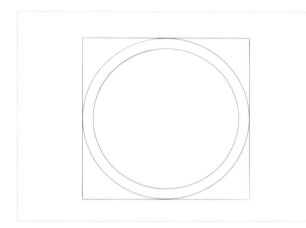
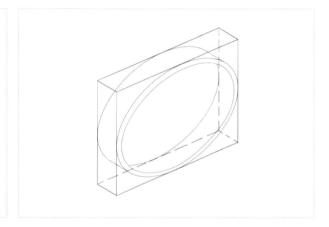

1.一点透视的画法

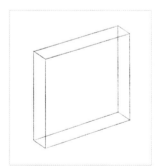
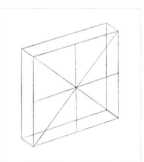
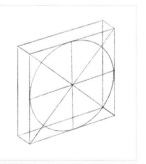
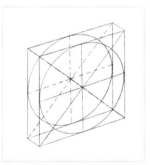

第1步: 画出确定戒指大小的长方体。

第2步: 在前面的面中连接辅助线。先连接对角线找到相交的中心点,再穿过中心点作平行于边的十字中心线。

第3步: 通过连接的辅助线在前面的面中画一个椭圆。

第4步: 用同样的方法在后面的面中画椭圆。

提示

这里的四边形采用正方形的透视画法,椭圆形采用圆形的透视画法。

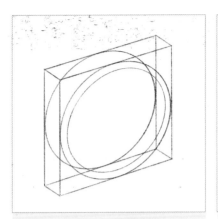

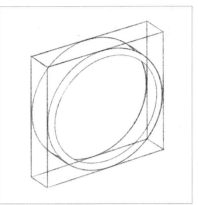

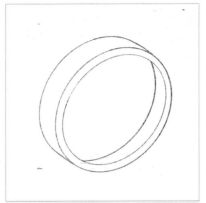

第5步：擦除对角线和中心线，画出确定戒指厚度的内圆。

第6步：连接前后两个面上的圆。

第7步：擦除辅助线，完成戒指的绘制。

2.两点透视的画法

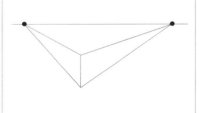

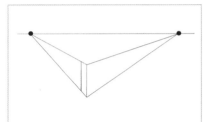

第1步：用一条垂直线段确定戒指的高度，然后自定视平线的位置（红色水平线），这里将视平线画在上方，是以略带俯视的角度去呈现。

第2步：在视平线上自定两个消失点，并从确定高度的线段的两个端点出发，分别连接两个消失点，从而形成4条辅助线。

第3步：在线段的一侧画一条平行线，确定戒指的厚度。

💎✏️ **提示**
戒指的高度是一个固定数值，有时是通过对实物的测量得出数值，有时是根据作品设计需求来确定数值。

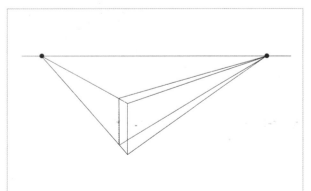

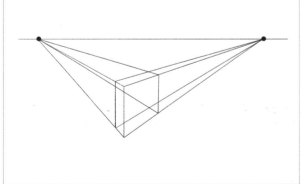

第4步：将确定厚度的线段的两个端点与另一侧消失点连接，形成两条辅助线。

第5步：在线段的另一侧也画一条平行线，确定戒指的宽度，并将该线段的两个端点与另一侧的消失点连接，形成两条辅助线。

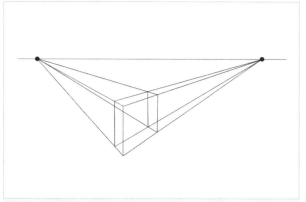
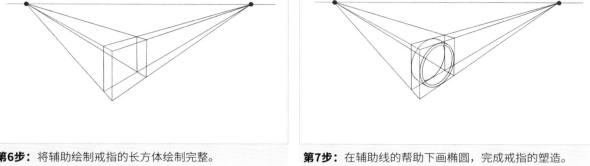

第6步：将辅助绘制戒指的长方体绘制完整。

第7步：在辅助线的帮助下画椭圆，完成戒指的塑造。

提示

在不同的角度下，透视的角度越大，透视的纵深感就越强。前面曾说过两点透视下呈现的纵深感比一点透视所呈现的纵深感更强一些，然而大部分珠宝设计都不需要塑造很强烈的纵深感，因此通常用一点透视绘制即可。

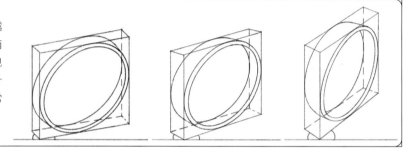

3.4.2 戒指造型建模

我们把上述绘制过程叫作建立模型，简称"建模"。戒指的造型多样、款式丰富，我们可以由基础的素圈戒指模型延伸出其他造型。在绘制素圈戒指模型时，要先了解戒指的结构组成，即戒面、戒圈和内壁。我们是通过先确定戒面的位置，再确定戒指的厚度来绘制的，因此戒面和戒圈对造型的塑造起到了决定性作用。

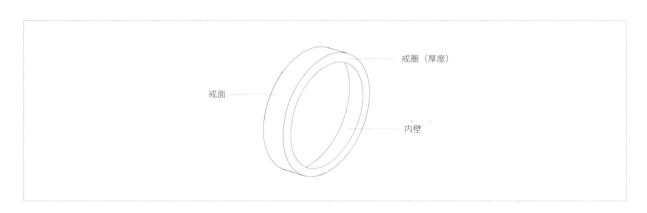

为了进一步理解戒指的建模思路，我们可以将建模过程分为两个部分来看，即戒圈建模和戒面建模。戒圈建模是根据对戒圈横截面的改造来画出不同的戒指，例如横截面是圆形的戒指、横截面是矩形的戒指等；戒面建模是指戒面造型，例如镶嵌了宝石的戒指、马鞍戒指等。通过这两部分的分解，就可以找出戒指的建模规律，而戒指的建模是所有首饰建模里最难的，因此理解了这个思路，其他首饰的建模方法也就很好掌握了。

1.改造戒圈

我们想象用一个平面垂直于戒面最高点的切线去切割戒圈，得到的切面形状就是横截面，下图这个戒指的横截面是矩形。我们把切开的横截面单独提取出来，通过改变横截面的形状就能改变戒指的造型。

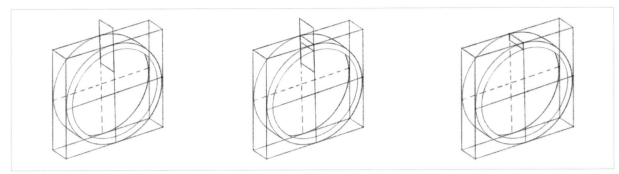

下面我们尝试改变横截面的形状，建立横截面为圆形、半圆形的戒指模型，并按照这种思路对基础模型进行改造，建立一个上宽下窄的戒指模型。

◇ 横截面为圆形的戒指

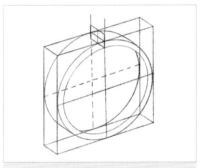

第1步： 将矩形横截面向远离圆心的方向延长，这时会成为一个有透视效果的正方形。

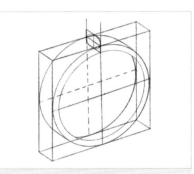

第2步： 在这个延长的横截面中画出一个与边长相切的椭圆（即透视的圆）。

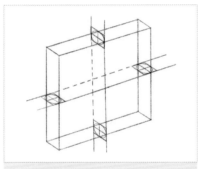

第3步： 按照同样的原理，依次画出底部、左侧和右侧的截面形状，虽然戒指是由无数个横截面组成的，但是我们不需要画出所有的横截面，只需通过这4个横截面就可以掌握整个戒指的横截面了。

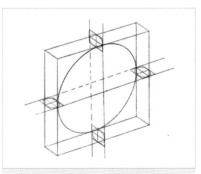

第4步： 画出戒指内侧的轮廓。首先找到每一个横截面上距离圆心最近的点（图中绿点），然后穿过绿点画出一个圆。

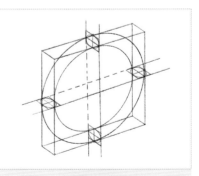

第5步： 画出戒指外侧的轮廓。首先找到每一个横截面上距离圆心最远的点（图中绿点），然后穿过绿点画出一个圆。

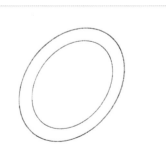

第6步： 擦除多余的辅助线，完成横截面为圆形的戒指的绘制。

◇ **横截面为半圆形的戒指**

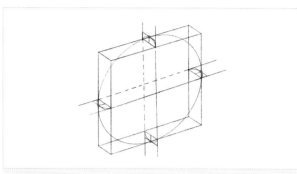

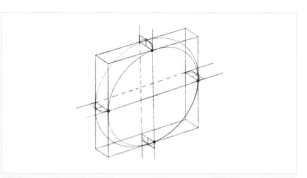

第1步： 将顶部、底部、左侧和右侧的矩形横截面向远离圆心的方向延伸，然后在横截面中画出一个与边相切的半圆形，最后穿过每一个横截面上距离圆心最远的点（图中的绿点）画出一个圆。

第2步： 横截面为半圆形的戒指从外侧到内侧发生了转折，在这种视角下我们能观察到戒指的部分外侧、部分内侧和部分前侧。其画法与横截面为圆形的戒指的画法不同，这里因为前侧的结构会挡住后侧的结构，我们需要找到位于整个戒指前侧的那个平面（图中的红点所在平面）。

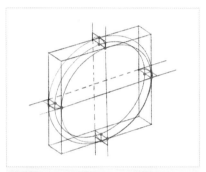

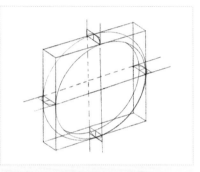

第3步： 确定位于整个戒指后侧的那个平面的位置。首先选择每一个横截面上距离圆心最近的点（图中的蓝点），然后穿过蓝点画出一个圆。

第4步： 擦除被遮挡的结构线。

第5步： 擦除多余的辅助线。

◇ **基础模型改造**

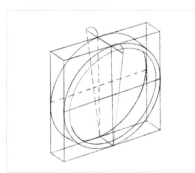

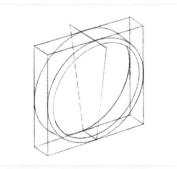

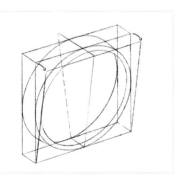

第1步： 利用基础的戒指模型对戒指的宽度进行改造，如红线所示的部分是将顶端的横截面向两侧延伸（绿线标注部分），并将延长的两点连接至对应的底端。

第2步： 为了看得更加清楚，可以先擦除多余的辅助线。

第3步： 根据延伸出的横截面画出一个平面，这个平面看起来是向前倾斜的。

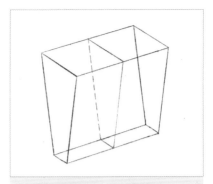

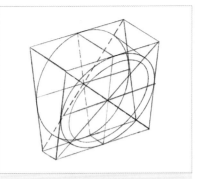

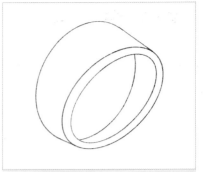

第4步： 按照同样的方式画出后面的平面。

第5步： 在这两个新确定的平面中画出内切圆，并确定戒指的厚度。

第6步： 擦除辅助线和被遮挡的结构线。

2.改造戒面

圆钻是珠宝中经常遇到的一类宝石，它们镶嵌于各种金属中，从而成为可供人们佩戴的首饰。我们在绘制镶钻戒指之前，需要先了解圆钻的透视原理。

◇ 圆钻的透视

圆钻呈现出来的往往是腰部以上的面，不同的角度会产生不同的透视效果。

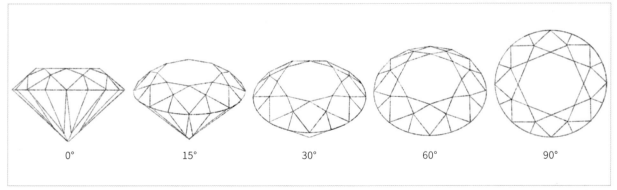

| 0° | 15° | 30° | 60° | 90° |

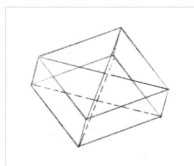

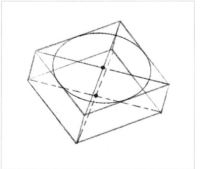

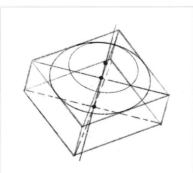

第1步： 根据一点透视原理画出一个长方体。

第2步： 画出确定腰棱的轮廓，并找出穿过圆心的轴，在这个空间中这根轴是穿过圆心的。

第3步： 延长轴线并在轴线上找到一个高于圆心的点，这个点就是可以确定台面圆的圆心，根据圆心可以画出台面的圆形轮廓。

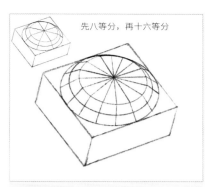

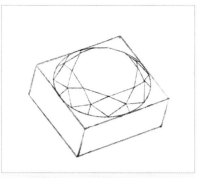

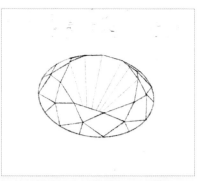

第4步： 将腰部以上的面十六等分，可以先八等分，再十六等分。

第5步： 根据十六等分的辅助线画出刻面线。

第6步： 擦除多余的辅助线，并画出可观察到的宝石的亭部。

问： 为什么一开始不学如何画宝石的亭部结构？

    答： 为了简化初学者对不同刻面宝石琢型的学习，之前只有祖母绿型画出了亭部结构。我们在熟悉了每一种琢型的画法之后，完全可以在台面画出亭部结构，这样做可在上色时加强宝石的纵深感。

◇ 镶钻的戒指

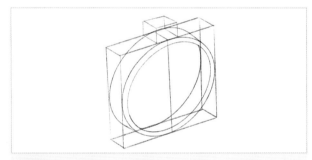

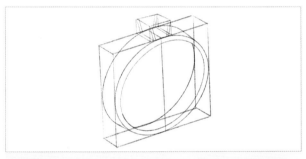

第1步： 在戒圈上方的中心位置画一个长方体辅助线，用来确定宝石的位置和大小。

第2步： 在长方体的内部画出镶爪，这里一共有4个镶爪。

提示
    长方体辅助线应该与戒指在同一个透视角度下。

提示
    镶爪指的是抓住宝石的小爪，常见的镶爪有右侧这些形状。

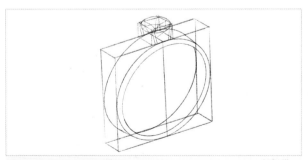

第3步： 根据镶爪画出钻石。

第4步： 擦除多余的辅助线和被遮挡的结构线。

掌握了不同造型的戒指的建模思路之后，那么任何一个造型都可以通过建模绘制出来。"3.4.2 戒指造型建模"对基础戒指模型进行了改造，制作出了一款上宽下窄的戒指，从第4步（见54页）开始我们又可以延伸出素马鞍戒指的画法。

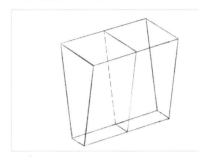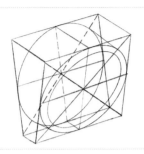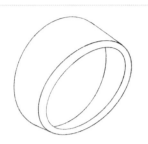

上宽下窄戒指的造型演变

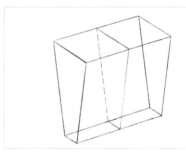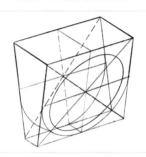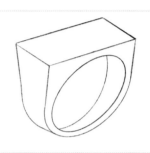

素马鞍戒指的造型演变

　　通过素马鞍戒指的设计流程，我们知道了在建模的过程中要始终符合透视的原则，通过改变结构中的面来一步步改变戒指的造型。根据这种思路，无论我们需要的款式是什么样的，都可以将它们看作由一个个零件组成的整体，每一个零件都可以通过建模的方式绘制出来。

　　素圈戒指可以表现的款式有限，而结合了宝石的戒指（镶嵌类戒指）则有成千上万种款式。镶嵌类戒指的画法比较复杂，需要在理解了宝石的镶嵌方式后才能更好地画出镶嵌部分的细节。镶嵌的种类有很多，常见的有包镶、爪镶、逼镶等，下面对镶嵌类戒指的款式塑造原理进行解析。

1.包镶戒指

　　包镶是指将宝石的整个腰棱用金属包裹，并且几乎不留空隙，从而达到固定的目的。它的优点是可以很好地保护宝石，并且这种镶嵌方式十分牢固，因此对金属的要求不高；它的不足之处也是显而易见的，这种镶嵌方式将宝石腰棱以下的部分都覆盖了，导致宝石露出来的部分较少，因此透光性较差，宝石的闪耀度会降低。包镶所采用的宝石既可以是规则形状的，又可以是不规则形状的，其镶边通常高于宝石的腰棱。

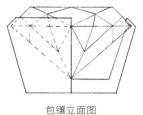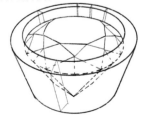

包镶侧面图　　　　　　　　　包镶立面图　　　　　　　　　包镶立体解剖图

 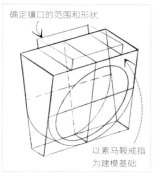 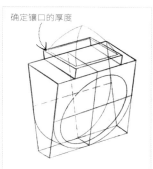 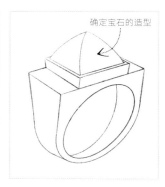

2.爪镶戒指

爪镶的方式常见于刻面宝石,这个名称很形象,就是用金属做的"爪子"抓住宝石。因为刻面宝石通常需要更多的光线照射到宝石表面或进入宝石内部,从而达到视觉上的效果,所以设计者会根据宝石的琢型设计爪镶。爪的数量通常为2~6个,不会少于2个,有的甚至多达8个。除了对爪的数量进行设计,还可以对每个爪的造型进行设计,不同造型的爪会给人不同的视觉感受。

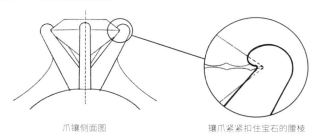

爪镶侧面图　　　　　　　　镶爪紧紧扣住宝石的腰棱

爪镶的优点是只有很少的金属遮挡宝石,能更好地展现宝石的原貌,便于我们从各个角度观赏宝石;它的不足之处是对金属的硬度要求很高,如果金属爪太软,那么会抓不住宝石,导致宝石脱落,因此通常会用18K金来做镶爪,黄金、铂金等质地较软的金属是不能做镶爪的。下图为常见的爪镶结构。

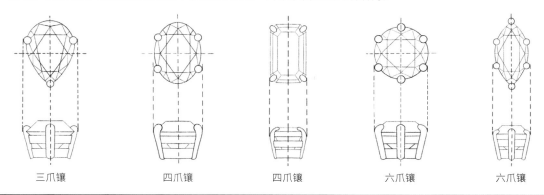

三爪镶　　　　　四爪镶　　　　　四爪镶　　　　　六爪镶　　　　　六爪镶

◇ **提示**

除了以上的爪镶结构之外,还有共用爪的爪镶,叫作柱镶,这种方式常见于多颗连排并且大小差异不大的宝石镶嵌。

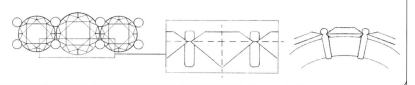

◇ **四爪镶钻戒建模思路**

以常规素圈戒指为基础建模

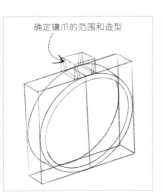
确定镶爪的范围和造型

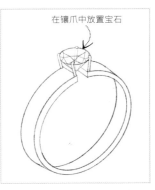
在镶爪中放置宝石

3.逼镶戒指

  逼镶是利用金属特有的张力将宝石悬空夹在戒环中间，两侧的金属合力作用于宝石的腰棱。由于在这种镶嵌方式下的宝石需要承受压力，因此这种镶嵌方式通常用于硬度较高的宝石，如钻石。逼镶比爪镶能更好地让光线进入钻石内部，使钻石更加闪耀，因而近些年成了较为流行的钻石镶嵌方式。

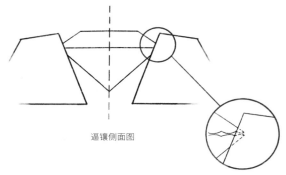

逼镶侧面图

钻石的腰棱被卡在沟槽里

◇ **牛头款戒指建模思路**

以长方体辅助线为基础建模

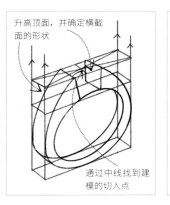
升高顶面，并确定横截面的形状

通过中线找到建模的切入点

在横截面中放置钻石

提示

上图中表现的款式使用的是下图中第1种逼镶镶口，除此之外还有另外3种逼镶镶口比较常见。

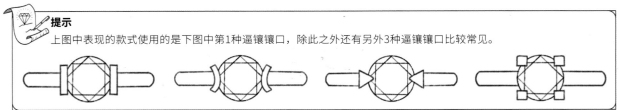

4.群镶戒指

群镶看起来比单颗宝石更加华丽、闪耀，它不是一种镶嵌种类，而是对很多小颗宝石镶嵌的总称，也就是说群镶只是一种款式的名称，既可以是钉镶的形式，又可以是隐秘镶（见65页）的形式。

> 💎✏ **提示**
>
> 这里提到的钉镶通常用于比较小颗的宝石，与柱镶不同的是，钉镶通常用于数量更多和体积更小的群镶宝石。

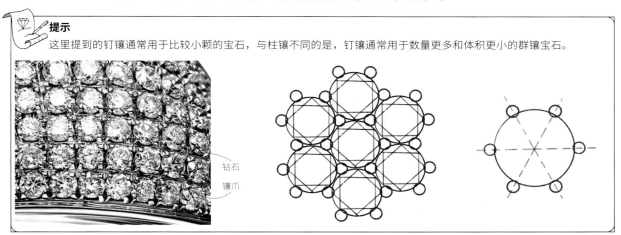

钻石

镶爪

群镶既可以按单排的形式镶嵌，又可以按多排的形式镶嵌，初学者在画平面上的群镶时不容易出错，而当绘制曲面上的群镶时则很容易混乱，其实只要理解了群镶的角度表现起来就很简单了。如下图所示，为每一颗小钻所在的平面作垂线，就会发现这些垂线呈规律的放射状，也就是说每一颗小钻都紧紧贴合在金属表面。如果金属是平面的，那么它们是分布在平面上的；如果金属是曲面的，那么它们则会分布在曲面上。我们在画曲面上的群镶时，为了掌握好角度，可以先作出这样的垂线作为辅助线，无论宝石是什么形状的，镶口是什么样式的，只需要将每一颗宝石位看作一个小平面，无论是一排还是多排，它们的画法都是一样的。

单排群镶戒指

多排群镶戒指

💎 单排群镶戒指的建模思路

宝石的位置随着镶口位置的变化而变化，其所在的平面平行于镶口所在的平面，同时台面要在这个基础上向上拔高。

在戒面上画出网格辅助线

在网格辅助线里画小椭圆

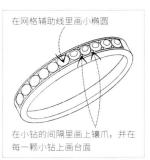

在小钻的间隔里画上镶爪，并在每一颗小钻上画台面

提示

保证每一颗小钻的平面"贴"着金属表面，初学者容易将小钻的位置画高，使小钻看起来就像要掉出来一样，而没有镶嵌在戒指上。为每一颗小钻画出辅助线，可帮助我们找准它们的中心点所在的位置。

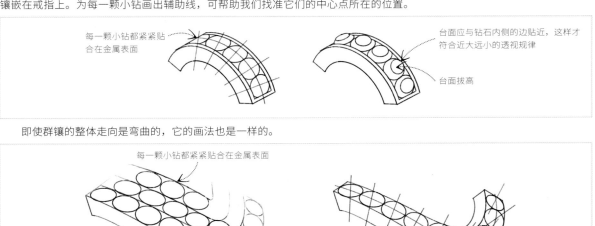

每一颗小钻都紧紧贴合在金属表面

台面应与钻石内侧的边贴近，这样才符合近大远小的透视规律

台面拔高

即使群镶的整体走向是弯曲的，它的画法也是一样的。

每一颗小钻都紧紧贴合在金属表面

◇ **多排群镶戒指的建模思路**

多排群镶和单排群镶的绘制原理一样，只不过多排群镶增加了几排。多排群镶一般镶嵌圆形宝石和方形宝石。需要注意的是，圆形宝石多排群镶通常会错开镶嵌，这是为了充分利用圆形之间的空隙。

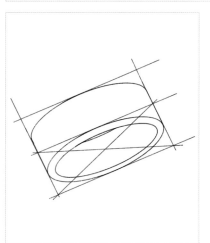

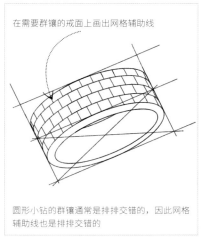

在需要群镶的戒面上画出网格辅助线

圆形小钻的群镶通常是排排交错的，因此网格辅助线也是排排交错的

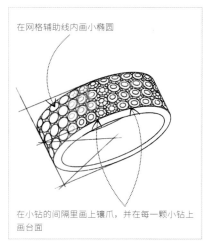

在网格辅助线内画小椭圆

在小钻的间隔里画上镶爪，并在每一颗小钻上画台面

群镶戒指有大小一致的群镶和大小不一致的群镶两种，具体使用哪种画法由群镶的镶嵌形式决定。

大小一致的群镶画法

这里是没有错开的小钻群镶画法，相应的网格辅助线也不需要错开。用这个方法群镶的小钻会比交错群镶的小钻小一些，也就是说这种群镶的镶爪会大一些。

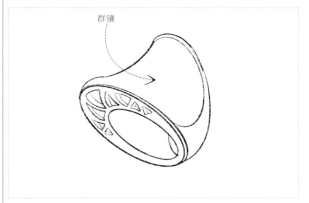

确定要画出的群镶位置

在金属表面画出网格辅助线

注意透视的变化，远离视觉中心的网格越来越小

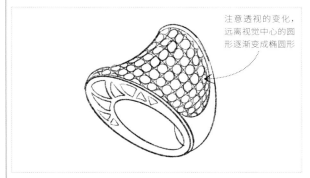

注意透视的变化，远离视觉中心的圆形逐渐变成椭圆形

在每一个网格内画出小钻的外形（这里是小圆钻）

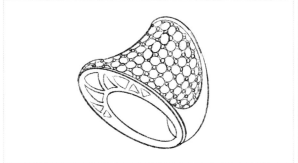

擦除辅助线，在空隙处画上镶爪

大小不一致的群镶画法

大小不一致的群镶设计会更加生动活泼，和大小一致的群镶所带来的视觉效果是完全不一样的。

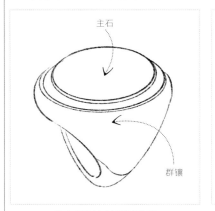

确定要画出的群镶位置

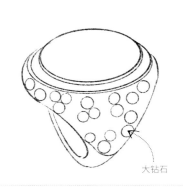

画出尺寸大一些的群镶小钻

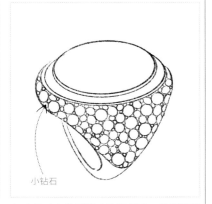

加上尺寸小的群镶小钻和镶爪，注意要将镶钻部分画满，不要留有空白

在珠宝设计中，戒指的精细度较高，必须要通过建模的思路来还原。除了戒指，其他种类的首饰在结构比较复杂的情况下也会通过建模的思路来画出精准的透视图。

3.5.1 吊坠

吊坠的结构比较简单，设计形式多样，只需要考虑吊坠的平面样式就行了。机器人吊坠由若干长方体构成，在前面的学习中我们知道方形是其他造型的基础，由方形可以延伸出其他造型的画法。

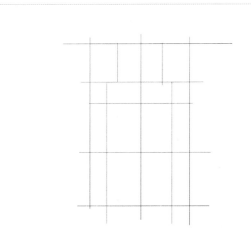

第1步： 画出辅助线，确定机器人外形的大致位置和基本造型。

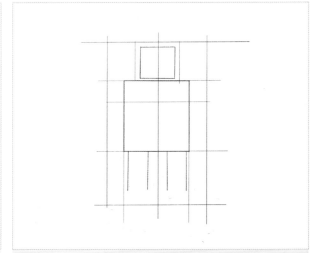

第2步： 用铅笔描绘出机器人的主要部分，分别是躯干、头部、腿，这样就能确定机器人的大致比例和位置。

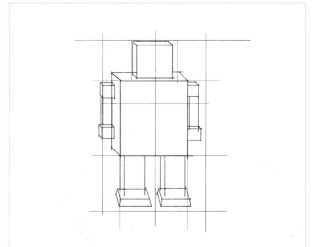

第3步： 用铅笔沿着躯干的主要部分向着一个消失点去画平行线，画出机器人的透视图，这里先不刻画细节，待大的形态掌握准确后再刻画细节即可。

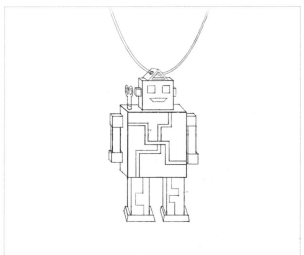

第4步： 将细节和想法完整地表达出来。

手镯的建模思路和戒指非常类似，可以将手镯理解为"大戒指"，区别是手镯需要重点展现的部位通常是镯面，因此要以略带俯视的角度来绘制，这样才能更好地进行展现。除此之外，用金属制成的手镯通常带有闭口，这种手镯要画出开关结构。由于手镯的体积比戒指大了很多，因此不能把图画得太小，要让人能感觉到这是一只手镯，这样画戒指时用到的模板也就用不上了。在平日里，我们需要多练习曲线的画法，以手腕的圈口为基础进行造型的变换。

1.宽面手镯

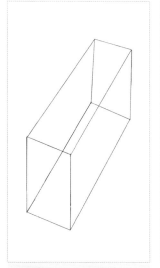

第1步： 画出长方体辅助线，确定手镯的大小和角度。

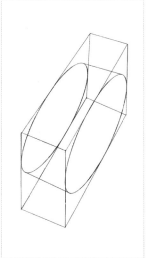

第2步： 画出前方和后方的轮廓，确定手镯的外圈。

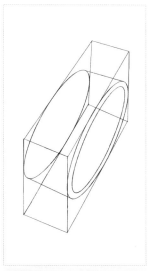

第3步： 画出手镯的内圈，确定手镯的厚度。

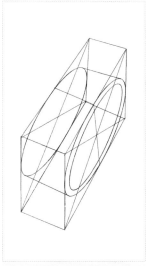

第4步： 做出辅助线。

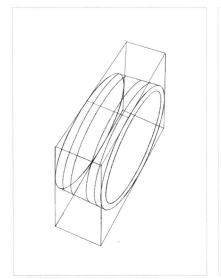

第5步： 将手镯的细节绘制出来。

第6步： 画出前后两层的结构和中间的宝石。

第7步： 将细节和想法完整地表达出来。

2.窄面手镯

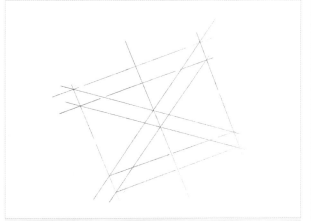

第1步: 画出辅助线,确定手镯的大小和角度。

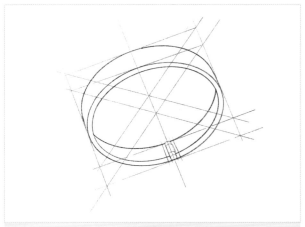

第2步: 画出手镯的外形和锁扣的结构。

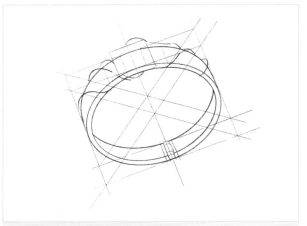

第3步: 为手镯添加镶嵌的造型。

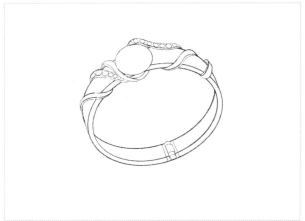

第4步: 将细节和想法完整地表达出来。

延展:其他镶嵌种类

除了戒指,吊坠、胸针、手镯等首饰也广泛使用镶嵌的方式,且设计样式更为丰富。

轨道镶

轨道镶是将多颗形状、大小类似的宝石紧密相连成排,并镶嵌于由金属壁形成的轨道中。从每颗宝石的角度来看,其镶嵌方式与逼镶相同。

轨道镶立体图及侧面图

隐秘镶

　　隐秘镶又名"无边镶"，有多颗宝石紧密相接，并且宝石相接处没有金属露出，常用于方形刻面和梯形刻面，有很好的视觉效果。

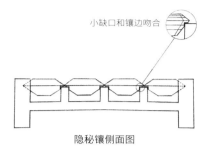

隐秘镶侧面图

藏镶

　　藏镶又名"吉卜赛镶"，这种方法是在金属上钻一个圆孔，用镶锥把宝石放进去，再通过敲击来挤压金属，使其压向宝石的腰棱，从而达到固定的目的，宝石腰棱以下的部分都藏在了镶口中。这种方法与逼镶一样，也不适用于硬度较低的宝石。

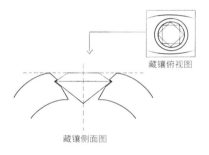

藏镶俯视图

藏镶侧面图

孔镶

　　孔镶是将宝石打孔后，用黏合剂将金属和宝石结合，通常用于珍珠的镶嵌。

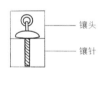

半孔镶

镶头

镶针

全孔镶

缠绕镶

　　缠绕镶通常用于宝石原石或不规则形状宝石的镶嵌，在首饰制作技法中也属于金属编织工艺。我们可以将金属与宝石的结合（镶嵌）运用在各类镶嵌类珠宝首饰的设计中。

根据宝石的形状缠绕

缠绕的方式没有限制

3.6 以戒指为代表的三视图表现

　　无论是单颗宝石还是一件完整的首饰，都是一件存在于三维空间中的实际物体，单纯地从某一个角度描绘很难表现出它的全貌。标准的三视图制图是珠宝设计师必须掌握的技能之一，能锻炼设计师的立体构图思维能力。

3.6.1 三视图的原理

　　三视图由正视图、侧（右）视图和顶视图组成。三视图最早被应用于建筑制图和工业制图中，可方便读图者对物体进行全方位的了解，使设计方案和制作出的实物基本一致。特别是在需要精准地加工时，或在制作不对称的物体且立体图不能直观地展示出物体的全貌时，又或需要表现某些特殊结构的细节时，三视图的绘制就显得很有必要了。

　　下面对三视图画法进行讲解。先用铅笔在纸上定位并构图，然后画出三维坐标轴。我们可将此内容引申到一枚马鞍戒指上。

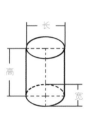

立体图

三视图

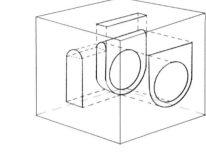

马鞍戒指的三视图

提示
三维坐标轴是画三视图常用的坐标轴，可作为绘图中的辅助线。

3.6.2 三视图的画法

　　在珠宝设计中，用三视图绘制女款戒指非常常用，因此戒指的三视图画法非常有必要学习。以下为六爪镶钻戒不同角度的照片，经过游标卡尺的测量，可以得到尺寸数据。

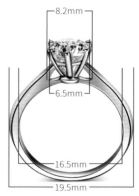

1.绘制三视图

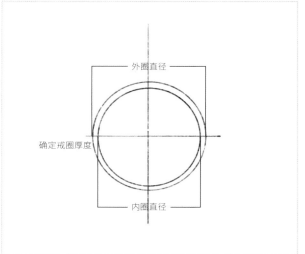

第1步： 绘制戒圈，借助十字中心线画出戒圈的正视图，注意戒圈的外圈直径、内圈直径。

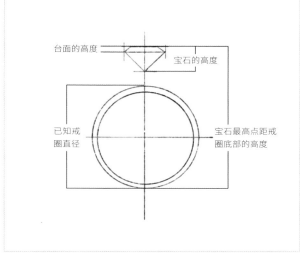

第2步： 绘制宝石，注意宝石最高点距戒圈底部的高度及宝石本身的高度。

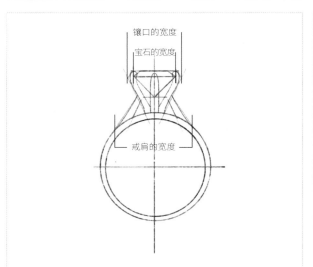

第3步： 绘制镶爪，注意戒指各个部位的宽度。

第4步： 绘制细节，将完整的镶爪造型塑造出来，擦除辅助线得到戒指的正视图。

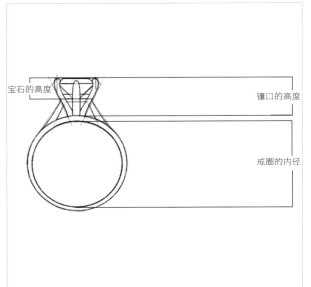

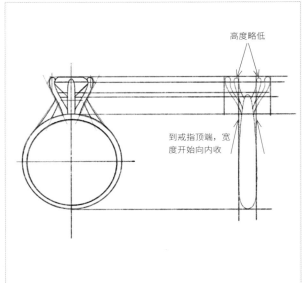

第5步： 向右侧画出辅助线，确定侧（右）视图的高度，包括宝石的高度、镶口的高度，这些辅助线之间都是相互平行的。

第6步： 画出侧视图的外轮廓和细节。

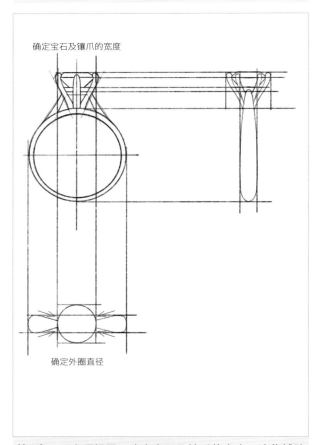

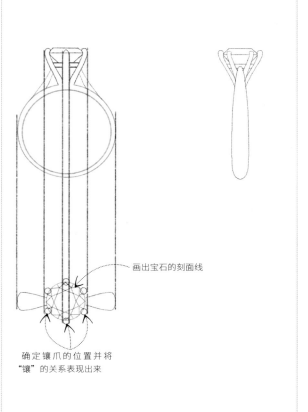

第7步： 画出顶视图，确定宝石及镶爪的宽度，这些辅助线之间都是相互平行的。

第8步： 画出顶视图中的细节，包括镶爪和宝石刻面线。

2.检验三视图是否精准

顶视图中的宽度和侧（右）视图中的宽度是一致的，因此只要建立这两个视图的联系，看相同的参数是不是都能对应上，就能判断每一个视图画得是否有偏差。取一个参考点，然后向右下方作一条辅助线。

取侧视图和顶视图中的有效尺寸向45°辅助线上作平行线，如果相应线条的交点全部集中在45°辅助线上，那就说明三视图是精准的。

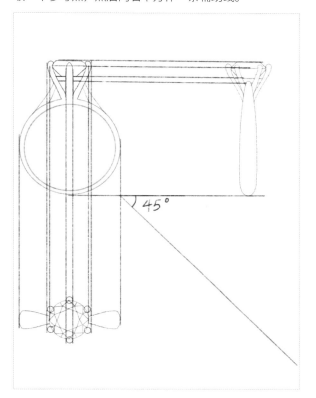 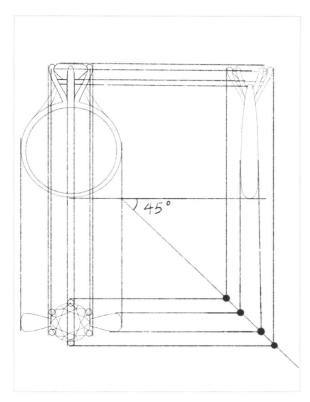

擦除所有辅助线，为了使画面更加协调，也可以在右下方画出戒指的立体图。

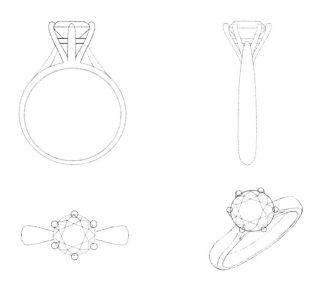

观察下面几款复杂的戒指三视图，会发现在刻画过程中有一些复杂的细节或转折是无法通过辅助线来引导的，这就锻炼了设计师的空间塑造能力。在熟练掌握了三视图的绘制方法后，不需要将三视图的辅助线全部绘制出来，我们只需要画出几条关键的辅助线即可。

◇ **花苞戒指**

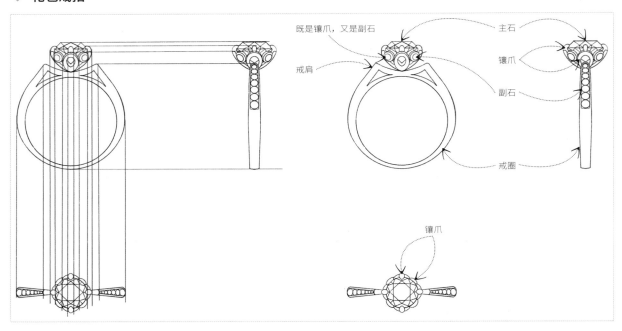

◇ **旋转戒指**

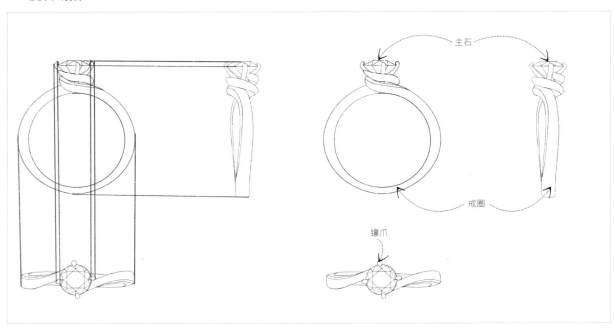

◇ **男士马鞍戒指**

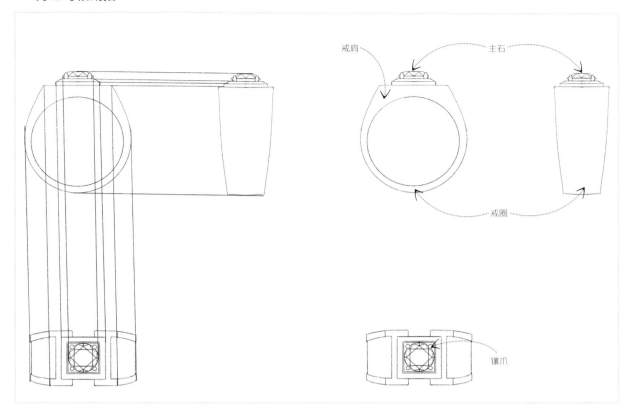

◇ **玫瑰花戒指**

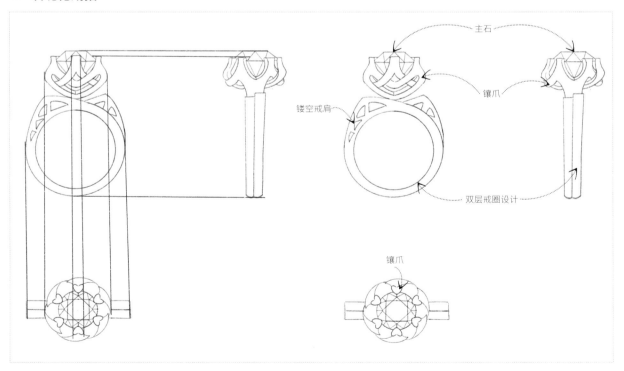

◇ **水滴围镶戒指**

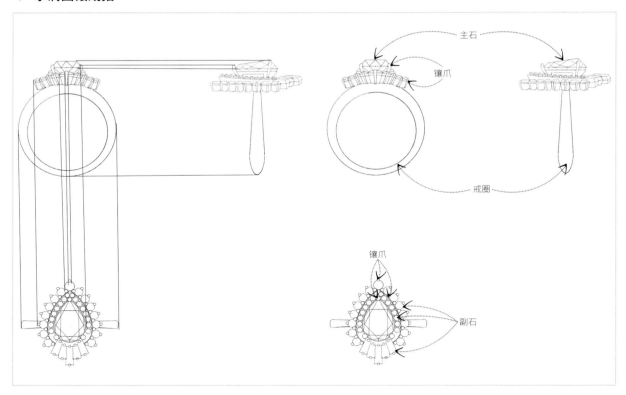

◇ **几何缠绕戒指**

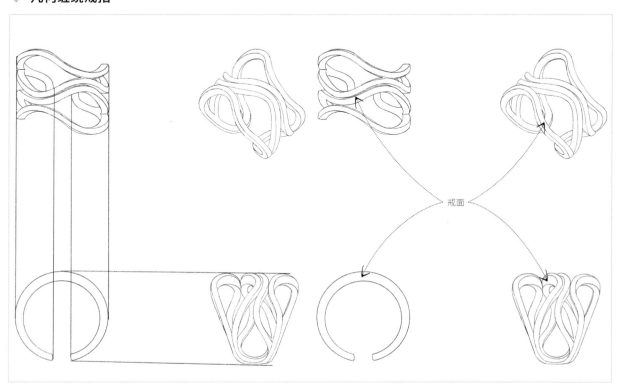

◇ 水滴皇冠戒指

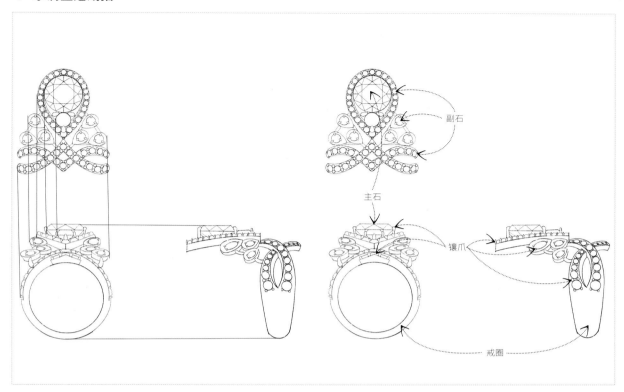

副石

主石

镶爪

戒圈

◇ 独角兽戒指

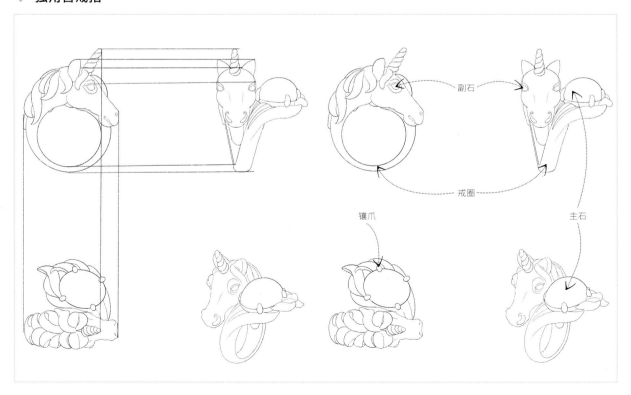

副石

戒圈

镶爪

主石

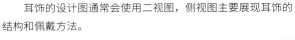

在绘制设计图时，需要用三视图表示的首饰大多数为戒指，对于其他首饰来说，如果没有特殊的造型说明，那么一般用二视图即可。

胸针的设计图通常会使用二视图，侧视图主要展现胸针的结构和佩戴方法。

耳饰的设计图通常会使用二视图，侧视图主要展现耳饰的结构和佩戴方法。

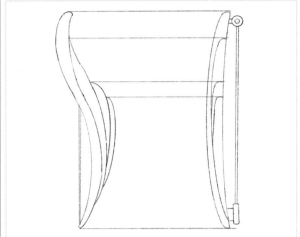

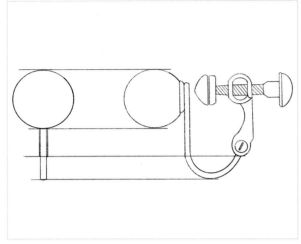

吊坠通常不用三视图，只有在立体图无法完整展示全貌或有歧义的情况下才用三视图展示。例如，这只小海豚和身下海浪造型的厚度比例在只有两个视图的情况下是不明确的。

手镯通常需要直接绘制立体图，只有在立体图无法完整展示全貌或有歧义的情况下才用三视图展示。例如，在猫头的造型中，猫头的长宽高无法准确地在两个视图中表现完整。

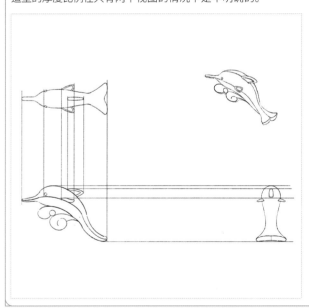

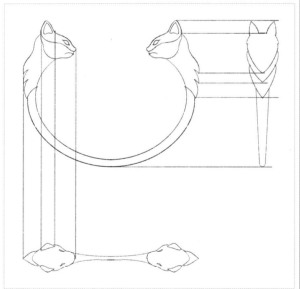

CHAPTER 4

第 *4* 章

色彩与上色技法

　　色彩是视觉传达的直接要素，不同的色彩可传达出不同的感受，不同的色彩搭配又能营造出不同的效果。色彩作为一门学科而存在，我们只有认识和了解它，才能在今后的设计中知道如何配色，通过不同的色彩来得到理想的效果。学会了配色还远远不够，我们还需要知道如何在珠宝手绘中运用色彩，也就是如何将想要的效果画出来，这时候就需要进一步学习上色技法，掌握笔和水彩颜料这两种工具的使用技巧。

4.1 色彩的搭配技巧

学习色彩的目的，一是了解色彩的构成，以便更好地使用颜料调色，二是了解色彩之间的关系，以便通过配色对珠宝做进一步的设计。

> **提示**
>
> 在绘画表现上，固有色、光源色、环境色是3种基本的色彩类型，在这里我们可对这3个概念做一下简单了解。固有色是指物体在常态光源下呈现出来的色彩；光源色是指由各种光源发出的光，光波的长短、强弱、比例、性质不同，而形成不同的色光；环境色是指在太阳光照射下，环境所呈现的颜色，受光越强的物体环境色越复杂，如观察不锈钢盆，盆上会映出周围很多种物体的色彩。

4.1.1 认识颜色

颜色受到色相、纯度和明度这3个基本属性的控制，认识了它们就能开启我们的调色之路了。

1.色相

色相是色彩所呈现出来的质地面貌，是色彩的首要特征，也是区别不同色彩的标准。自然界中的色相是无限丰富的，如紫红色、银灰色和橙黄色等。色相也是对各类色彩相貌的称谓，如在一盘颜料中我们可以轻易地识别出红、黄、绿、紫等各种颜色。下面是24种基本色相。

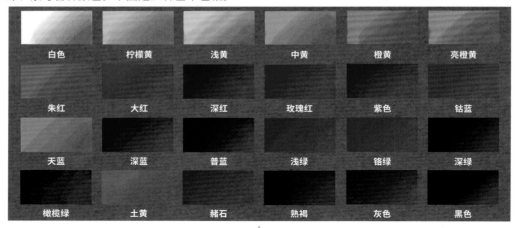

白色	柠檬黄	浅黄	中黄	橙黄	亮橙黄
朱红	大红	深红	玫瑰红	紫色	钴蓝
天蓝	深蓝	普蓝	浅绿	铬绿	深绿
橄榄绿	土黄	赭石	熟褐	灰色	黑色

> **提示**
>
> 我们可以用自己现有的颜料制作色卡，色卡是一种预设工具，有助于初学者提升对色彩的敏感度，从而对色彩进行有效的选择。每一种品牌的颜色名称可能会有差别，但是在视觉的运用上没有多大的差异，所以不用纠结于此。

◇ 三原色

我们常说的三原色在光学和美术这两个领域中有所区分，因为珠宝设计属于美术范畴，所以本书仅对美术中的三原色进行讲解。严格的美术三原色应该为品红色、黄色、青色，并广泛应用于印刷业。而颜料的三原色是指红、黄、蓝，这里的红、黄、蓝是泛指，也就是说纯度高的红色、黄色、蓝色都可以叫作颜料的三原色。而不同三原色的选取，也只是影响可调配出的颜色丰富度的问题，因此对颜料三原色的规定并没有那么严格。

红色	黄色	蓝色

将三原色等比例混合能调和成黑色，黑色、白色和灰色（白色和黑色的混合）属于无彩色；而三原色和白色经过两两混合或三者、四者的混合就可以得到我们需要的各种颜色了。下面我们就以三原色为基础，帮助大家了解如何去调色。将三原色两两相加可以得到3种新的颜色，这3种新的颜色是由原色得来的，因此这3种颜色被称为二级色。

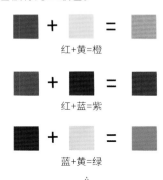

红+黄=橙

红+蓝=紫

蓝+黄=绿

💎 **提示**

市面上普通的成品颜料没有符合标准的三原色，也就是说将颜料中的红色、黄色和蓝色等比例混合后很难得到真正的黑色，不过这些成品颜料一般会有纯黑色，供我们直接使用。

同理，在新得到的3种二级色中再次添加原色，我们就可以得到三级色，如橙色（二级色）＋黄色（原色）=橙黄色（三级色），由此我们可以得到一个简单的色环。

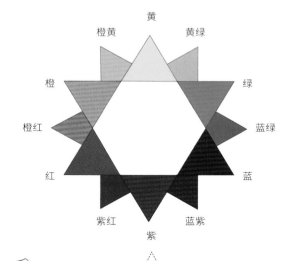

💎 **提示**

色相是由原色、二级色和三级色等多种颜色构成的。在绘画中，大多是用两个或两个以上的不同色相的颜料调和的混合色（二级以上的颜色）。

💎 **色环**

色环上的颜色是通过相邻色混合得到的，我们将相邻色称作邻近色，除了邻近色，还有相似色和互补色。将简单的色环进一步混合邻近色，就可以得到更加详细的色环。

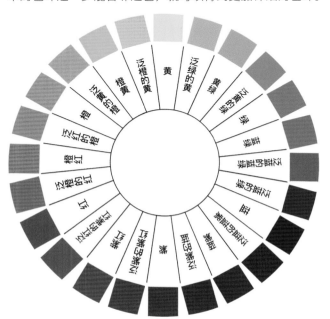

①邻近色是在色环中60°角内的颜色，如黄色和橙色。

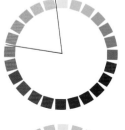

②相似色是在色环中90°角内的颜色。

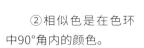

③互补色也叫对比色，即在色环中每一种颜色相对（呈180°角）的颜色。互补色通常都有非常强烈的对比，如红色和绿色。

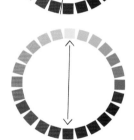

2.纯度和明度

在制作色环的过程中通过观察可发现，各种色彩之间好像都有联系，又不完全相同，我们可用纯度和明度来形容色彩之间的关系。纯度是相对的，如大红色是最纯的，但是混入一定的黄色，那么对于大红色而言，纯度就降低了，同时又变成了橙色的纯色；明度也是相对而言的，如白色相对于柠檬黄是高明度颜色，而柠檬黄相对于普蓝是高明度颜色。下面我们就来具体学习色彩的纯度和明度这两个要素。

◇ 纯度

色彩的纯度又称饱和度，是指原色在色彩中所占据的百分比，可用来表现色彩的浓淡和深浅。纯度最高的色彩就是原色，随着纯度的降低，色彩就会变淡，当纯度降到最低时，该色彩就会失去色相，并变为无彩色（黑色、白色和灰色）。

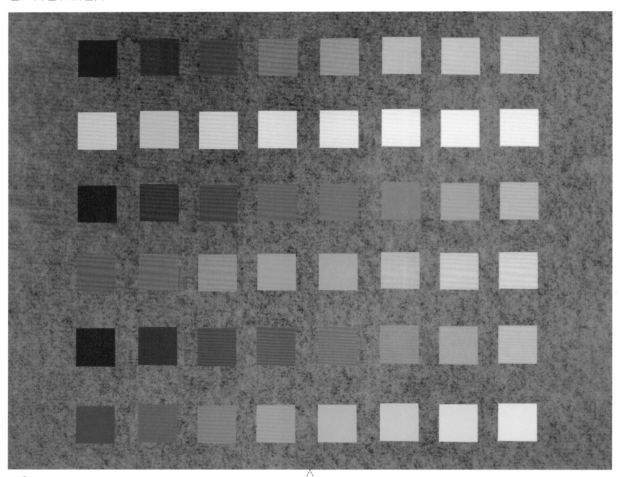

问：如何改变色彩的纯度？

答： 改变色彩的纯度有以下5种方式。

①加白。纯色混合白色会降低色彩的纯度，提高明度，同时色调偏冷。

②加黑。纯色混合黑色会降低色彩的明度，颜色也会变得深沉、幽暗。

③加灰。当纯色混合不同程度的灰色时，色彩的纯度会降低，色彩变得浑浊。在纯色中适当添加灰色，可使其具有柔和的特点。

④加互补色。任何纯色都可以用相应的互补色冲淡。

⑤加水（稀释）。当纯色混合不同程度的水时，色彩的纯度会逐步降低，同时也提高了明度。

💎 明度

色彩的明度又称亮度，不同的颜色会有明暗的差异，相同的颜色也会有明暗和深浅的变化。明度最高的色彩就是原色，随着明度的降低，色彩就会变稀薄，当明度降到最低时，便在纸张上看不出颜色了。

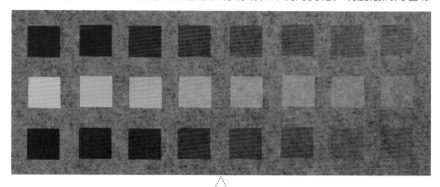

问：如何改变色彩的明度？

答： 加水稀释。由于稀释后颜色会变稀薄，因此可以用于颜色的叠加，往往最上面一层的颜色会透出下面的颜色。

4.1.2 色彩配色

配色是将颜色安排在适当的位置，以达到理想的设计效果。美术中的配色是通过色彩三要素（色相、纯度、明度）的调和和对比来完成的。在此之前，我们已经了解了邻近色、相似色和互补色等的概念，在配色的环节中我们还需要了解什么是单色相配色、色环配色和色调配色。

💎 单色相配色

单色相配色是指同一色相通过不同的明度和纯度搭配的色调。

绿色　　　　　　蓝色　　　　　　黄色

💎 色环配色

在色环上任意抽取纯色进行配色，它们既可以是互补色，又可以是邻近色、相似色。

互补色配色　　　邻近色配色　　　相似色配色

💎 色调配色

色调是指色彩的基调，如冷色调、暖色调，即整体配色会给观察者以冷或暖的感知。冷暖色调的划分可以借助色环，但是需要注意冷暖色调也是相对的，如a颜色相对于b颜色是冷色调，相对于c颜色则是暖色调。除了冷暖色调，常见的还有灰色调，如"高级灰"就是对所有灰色调的统称。

暖色调配色　　　冷色调配色　　　粉色调配色　　　灰色调配色

💎 提示

色调可以比喻成相机中的滤镜，起到统一画面色彩风格的作用。

上色需要用到的工具对上色的效果会有一定影响，其中起到较大影响的是笔、水和白色颜料。

4.2.1 笔的用法

用蘸有颜料的画笔可绘制出不同的笔触，这是我们学习用笔的目的。

1.选笔

准备几支型号不一的水粉笔，推荐使用温莎牛顿（蓝杆）的水粉笔，一般常用的型号有00#、0#、1#、2#和4#。

2.用笔

毛笔是珠宝设计手绘中的主要上色工具，很多初学者是第一次接触毛笔，往往会因不熟悉而不知如何下笔。首先要了解毛笔的结构，笔头由笔尖、笔腹、笔根组成，不同效果的画面需要用不同的部位去画。

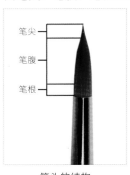

笔头的结构

笔与纸张的接触位置：笔尖

笔与纸张的接触位置：笔腹

4.2.2 水的用法

水是水彩颜料的媒介，水彩颜料必须经过水的调和才能使其达到一定的浓度。

1.水的作用

水可以与水彩颜料融合，起到调和、稀释等作用，它有以下几种用法。

①水作为媒介可以与颜料融合，便于我们取色和调色。

②适当的水可以起到润滑的作用，根据不同的蘸水量，可在纸上表现出不同的笔触。

③调和的水量的多少能决定色彩的浓淡。

④大量干净的水可以把笔上的颜料清洗干净，为下一次上色做准备。

2.水的用量

根据水的不同用量，我们将笔分成湿笔、正常和干笔。笔在不同的状态下，画出来线条的感觉是完全不一样的。

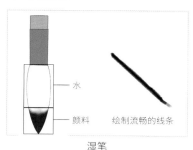

◇ 大量水

水
颜料
绘制流畅的线条
湿笔

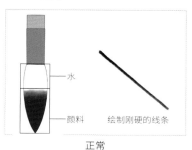

◇ 适量水

水
颜料
绘制刚硬的线条
正常

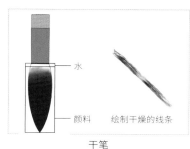

◇ 少量水

水
颜料
绘制干燥的线条
干笔

> **提示**
> 一般不要在笔上蘸太多的水和颜料，着色前用吸水海绵吸走多余的水分和颜料，以保证多余的颜料不会污染纸上的其他部位。

4.2.3 白色颜料的用法

白色在珠宝手绘中起到了非常重要的作用，不仅可以调和出不同纯度的颜色，还具有"画龙点睛"的作用，可展现珠宝的光泽魅力。

1.调和颜色

用固有色调和不同程度的白色可以简单地区分物体的明暗面，此外，用固有色调和同色系颜色也可以达到同样的目的。

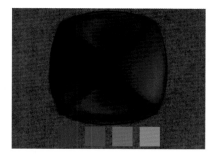

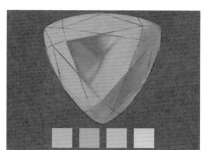

2.点画高光和刻面线

珠宝手绘对高光的要求很高，即需要通过高光体现出珠宝纯白且明亮的效果。白色颜料不仅可以用来调和颜色，还常用于点高光或描绘刻面线。珠宝的透光感就是通过高光和刻面线表现的，所以白色颜料的用量非常大，这也是我们需要单独准备一罐纯白色水粉颜料的原因。

点高光

画刻面线

> **提示**
> 水粉颜料的覆盖力强，不容易透出下面的色彩，用纯白色的水粉颜料来描绘刻面线和高光比用纯白色的水彩颜料更容易出效果。

4.3 不同的上色技法

用笔的不同部位配合水彩颜料可画出不同的笔触，不同的上色技法可表现出不同的材质，如宝石的光滑与粗糙、宝石上的渐变和花纹等。

4.3.1 涂

用途： 又叫作"平涂"，用于表现大面积、颜色单一的区域。
用笔： 大号笔、侧峰。
用水： 水分不宜过少。

用大号笔平整地涂满区域内的颜色，颜料要厚薄适中，用笔要轻松、平稳，适用于平涂宝石内部，画出底色或背景色等。用笔腹贴于纸面，笔杆下压，这样画出的面积更大，颜色也更完整。

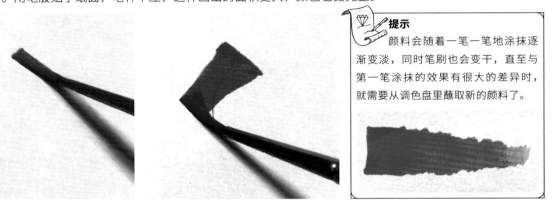

> **提示**
>
> 颜料会随着一笔一笔地涂抹逐渐变淡，同时笔刷也会变干，直至与第一笔涂抹的效果有很大的差异时，就需要从调色盘里蘸取新的颜料了。

4.3.2 揉

用途： 又叫作"晕染"，用于产生渐变效果。
用笔： 大号笔、侧峰。
用水： 水分不宜多，否则水分会流动且无法覆盖底色。

用大号笔将颜色混合或稀释，使其自然地过渡，用这种笔法画出的效果更加细腻柔和，如画透明宝石的底色通常会用到该笔法。

1.不同颜色间的晕染

先平涂一种颜色，再换另一支蘸有其他颜料的画笔从另一端平涂，并一笔一笔地向之前的颜色靠近，两种颜色融合后就会形成过渡色，如黄色和蓝色可混合为绿色。

2.注意事项

第1点：第2笔颜料的含水量要与第1笔相当。通过前面的学习我们了解到水彩是水与颜料的结合，水作为非常重要的媒介，其用量决定了画出的效果，因为水是有流动性的，水分多的一方会向水分少的一方流动。

①当第2笔的颜料和水分比第1笔多时，它会向第1笔流动，从而在没有笔的参与下与第1笔所画的颜料融合，形成非常重的水痕。

②当第2笔的颜料和水分比第1笔少时，笔接触到第1笔颜料时会反向吸收水分，这样不仅第2笔的颜色画不上去，还会使先前的颜色看起来就像缺失了一块。

第2点：先涂浅色再涂深色。水彩的覆盖性很弱，也就是说重色可以覆盖浅色，而浅色无法覆盖重色。

①先浅后深，这样颜色的过渡才自然。

②先深后浅，浅色不容易晕开，使过渡区域形成水痕，甚至产生结块感。

4.3.3 点

用途：多用于画高光。
用笔：小号笔、笔尖。
用水：水分不宜多，否则会流动且无法覆盖底色。

选择笔头较为挺直的笔蘸取厚实的颜料在纸张上点画出笔触，通常只会用到笔尖，下笔要干脆、轻快，如高光就是用点的笔法，用以凸显宝石的光滑透亮感。笔杆应大致垂直于纸张，同时用笔尖快速点画。

4.3.4 勾

用途：用于勾画轮廓和刻面线。
用笔：最小号的笔、笔尖。
用水：水分不宜多，否则会流动且无法覆盖底色。

用小号笔的笔尖勾勒线条，绘制时，颜料含水量与所要达到的刻画效果有关。如果颜料的含水量多，那么勾勒出的线条十分流畅，但是颜色较淡，反之勾勒出的线条会显得刚硬，但是流畅度降低，同时颜色较浓，如勾勒刻面宝石的刻面线时，受光面需要刚硬的线条，背光面需要弱化线条。笔杆垂直于纸张拉出线条，可以根据习惯边画边调整纸张的方向，这样会更顺手。

用途： 又叫作"枯笔画法"，用于画色斑、特殊的肌理部分。
用笔： 最小号的笔、侧峰。
用水： 水分宜少。

扫属于干笔画法，也就是说笔的水分很少，因此蘸取的颜色不宜太多，同时用笔要快、干脆。通常是将笔提起，然后用笔的前端在纸的表面快速擦扫，营造出似有似无的效果，不会因太突兀而抢了主高光的风头。

1.竖扫

用笔尖竖着扫，由于水分较少，因此笔上仅有的颜料在擦过纸张后会形成如下效果。

用笔尖短促地竖扫可对特殊光效（星光）进行处理。

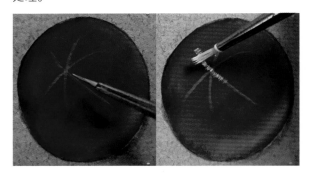

提示
想要笔尖在分叉的状态下竖扫，可以预先在稿纸上将笔尖蹭开，也可以用手轻轻拨动笔尖使其分叉。

2.横扫

用笔腹横着扫，比起竖着扫，效果要柔和很多。在横扫的过程中加大用笔的力度，可以表现不同程度的干笔痕迹。

在横扫的过程中笔毛也会呈分叉的状态，可绘制出较自然的色斑，色斑之间的颜色过渡更加自然。

4.4 初学者在色彩表现中的常见问题

　　初学者在上色时，如果对色彩的关系把握不准确或使用绘画工具时不仔细，很容易使画面出现脏、花和灰等问题。这些都是初学者经常会遇到的问题，其中大部分问题都是对画面整体和局部的关系处理不当造成的。我们应该养成从整体到局部，再回到整体的绘画习惯。一幅好的设计作品，应该具有基本的明暗关系，并且层次鲜明，在统一的色调中要有细节的刻画。

画面的颜色脏是指颜色看起来浑浊、不透亮，主要原因是画面的颜色搭配不和谐。出现这种情况往往是因为混合的颜色太多（笔没有清洗干净）或上色的次数过多，另一个原因就是宝石"不干净"。其实没有一种颜色是脏的，这些看起来脏的颜色只是放在了错误的位置。

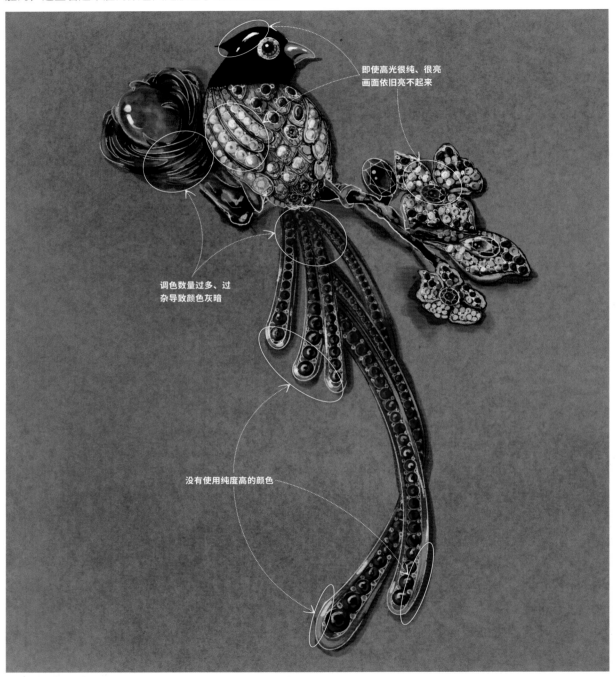

即使高光很纯、很亮
画面依旧亮不起来

调色数量过多、过
杂导致颜色灰暗

没有使用纯度高的颜色

解决方法
①调整画面至统一色调，在统一的色调里塑造细微的变化。②减少调色的数量。③减少上色的次数。

4.4.2 花（碎）

　　画面花表现在上色后宝石像是碎了好几块，造成这个现象的主要原因是笔触太小或过多地抠画细节，使宝石看起来细碎、颜色凌乱。

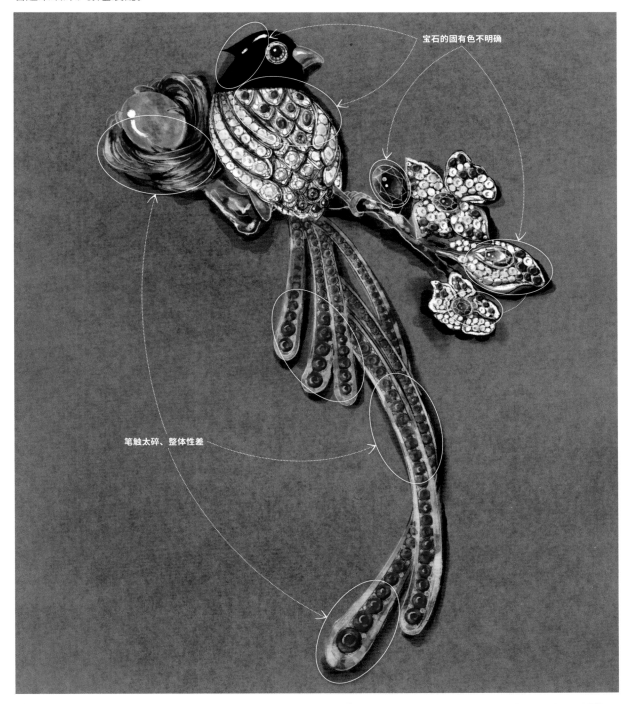

解决方法

重新确定画面整体的明暗关系，用大笔触整理显得碎的部位。

初学者常常感觉宝石怎么画都亮不起来，整体的效果显得灰蒙蒙，也就是画面的明暗对比不明显，冷暖对比也较弱。

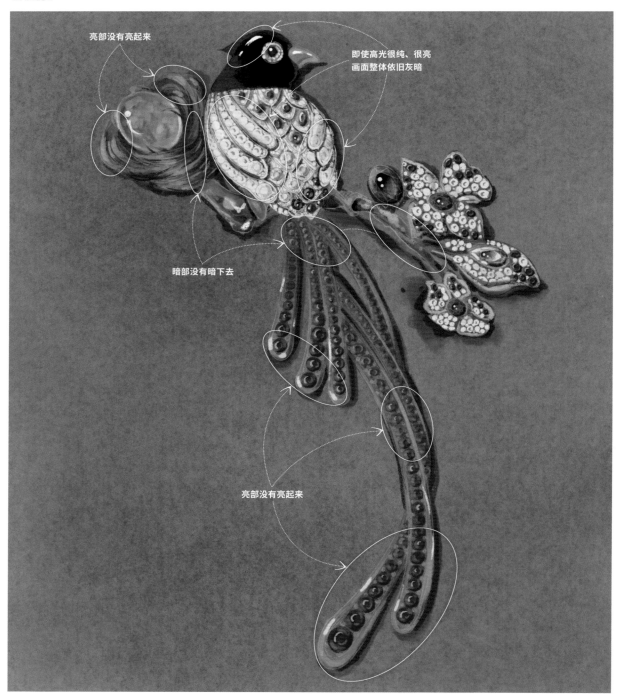

亮部没有亮起来

即使高光很纯、很亮 画面整体依旧灰暗

暗部没有暗下去

亮部没有亮起来

解决方法

为宝石添加一些明度较高的亮色或提高整体颜色的纯度。

第 *5* 章

宝石的表现方法与技巧

　　世间常见的宝石多达几十种，不同的宝石有不同的特质，我们主要通过两个方面来表现这些珠宝的质地：一是通过宝石的花纹或颜色（即固有色）来表现，如绿松石或蓝宝石等；二是通过宝石的质感来表现，如透明或不透明、粗糙或细腻等。按照正常的珠宝手绘流程，线稿绘制完成后就需要对宝石着色，也就是通过对单颗宝石的着色来表现其质感。为了能让读者轻松掌握不同宝石的画法，本章根据琢型和质感对宝石进行了细分，当我们掌握某种宝石的表现方法后，便能掌握这一类宝石的表现方法了。

5.1 透明素面宝石

　　素面宝石通常为侧面看起来有弧度的蛋面，既有椭圆蛋面、圆蛋面，又有三角形蛋面和四边形蛋面，四边形蛋面又叫糖山。素面宝石的颜色很丰富，有单色的也有双色的，还有像猫眼石那样带有特殊花纹的。本节主要通过透明素面宝石学习透明材质的表现方法。

◇ 顶视图明暗关系

红色代表亮面，越红则越亮；蓝色代表暗面，越蓝则越暗

◇ 侧视图明暗关系

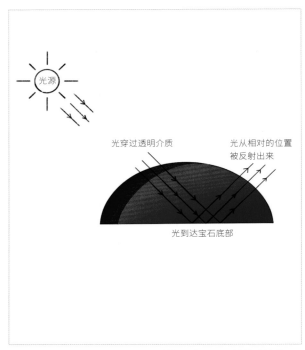

红色代表亮面，越红则越亮；蓝色代表暗面，越蓝则越暗

◇ 结论

　　①透明素面宝石是透明的，因为光可以在透明介质中传播，当光到达透明宝石底部后开始反射，所以宝石形成了右下方（背光面）很亮、左上方（受光面）很暗的特征。

　　②由于受光面的反光是没有任何损耗的，因此高光永远在受光面上。

◇ 绘制流程

　　①确定宝石的外轮廓。

　　②在轮廓内部填充固有色。

　　③画出宝石的受光面（暗面）。

　　④画出宝石的背光面（亮面）。

　　⑤点画出宝石的高光和反光，注意反光要弱于高光。

　　⑥阴影既可以在上色之前绘制，又可以在上色完成后绘制。

5.1.1 椭圆形红宝石

椭圆形红宝石以红色碧玺为例。碧玺是电气石的工艺品名，常被琢型成刻面或素面，当其内部不够干净时就会被做成素面宝石。

工具：
水粉笔、高克重康颂灰色卡纸、颜料。

效果图色板：

① ② ③ ④

第1步： 用模板尺画出椭圆形外轮廓。

第2步： 用深红色①平涂红宝石，将轮廓内部铺满。

暗面在受光面

第3步： 用深红色调和赭石②，然后平涂红宝石的暗面，并从左上方向右下方晕染。

亮面在背光面

第4步： 用深红色调和白色③，然后平涂红宝石的亮面，并从右下方向左上方晕染。

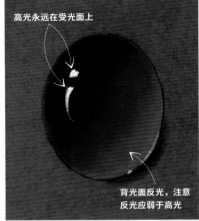

高光永远在受光面上

背光面反光，注意反光应弱于高光

第5步： 用白色④点画出红宝石的高光和反光。

5.1.2 圆形绿宝石

圆形绿宝石以绿翡翠为例。翡翠属于玉石，因此价格高昂，常常被雕琢成素面宝石（包括雕刻件），这是一种损耗较小的琢型。

工具：
水粉笔、高克重康颂灰色卡纸、颜料。

效果图色板：

① ② ③ ④

第1步：用模板尺画出圆形外轮廓。

第2步：用深绿色①平涂圆形，将轮廓内部铺满。

第3步：用深绿色调和少量黑色②，然后平涂翡翠的暗面，并从左上方向右下方晕染。

第4步：用浅绿色③平涂翡翠的亮面，并从右下方向左上方晕染。

第5步：用白色④点画出翡翠的高光和反光。

前面两个例子都是对单色并且外形简单的宝石，下面增加一些难度，对双色和外形复杂的素面宝石进行介绍。

水滴形双色宝石以紫黄水晶为例,水晶常见的颜色有白色、黄色、紫色和粉色,天然的水晶经常会出现两种颜色(该案例是紫色和黄色)伴生在一起的现象。

工具:

水粉笔、高克重康颂灰色卡纸、
颜料。

效果图色板:

① ② ③ ④

⑤

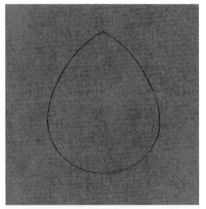

第1步: 用模板尺画出水滴形外轮廓。

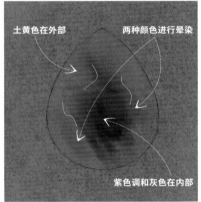

土黄色在外部　　　两种颜色进行晕染

紫色调和灰色在内部

第2步: 分别用土黄色①和紫色调和灰色②平涂紫黄水晶,同时土黄色在外部,紫色调和灰色在内部,在运笔的过程中晕染这两种颜色,使之形成过渡。

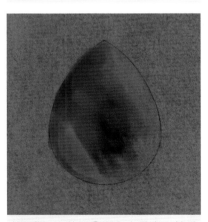

第3步: 用熟褐③调和大量水,然后平涂紫黄水晶的暗面,并从左上方向右下方晕染。

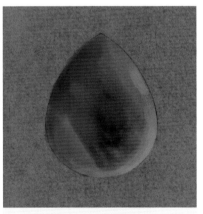

第4步: 用中黄色④平涂紫黄水晶的亮面,并从右下方向左上方晕染。

第5步: 用白色⑤点画出紫黄水晶的高光和反光。

糖山是宝石的造型之一，可以是任何一种颜色的宝石（如红宝石、祖母绿和蓝宝石等）。当宝石的颜色好而内含物或裂隙较多时就可以切割成糖山造型，这样既展现了颜色，又能弱化宝石本身的不足。

⊜ 工具：
水粉笔、高克重康颂灰色卡纸、颜料。

👁 效果图色板：

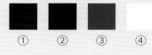

① ② ③ ④

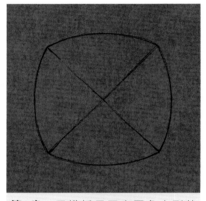

第1步： 用模板尺画出圆角方形外轮廓。

第2步： 用翠绿色调和灰色①，然后平涂糖山宝石，将轮廓内部铺满。

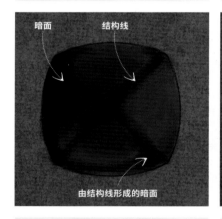

暗面　　　结构线　　　由结构线形成的暗面

第3步： 从整体上看，光源默认在左上方，暗面始终在受光面。用深绿色调和灰色②，然后平涂结构线及暗面。与有弧度的蛋面不同，糖山宝石的暗面应根据棱的结构进行晕染。

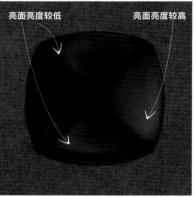

亮面亮度较低　　　亮面亮度较高

第4步： 从整体上看，糖山宝石主要的亮面仍然在右下方。同时，因为糖山宝石造型特殊，所以其他部分也会有由反光形成的亮面，注意其他部分亮面的亮度不要超过右下方亮面的亮度。用铬绿③平涂糖山宝石的亮面，并根据棱的结构进行晕染。

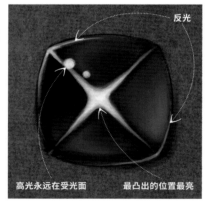

反光　　　高光永远在受光面　　　最凸出的位置最亮

第5步： 用白色④点画出糖山宝石的高光和反光，与有弧度的蛋面不同，对角线棱的高光应该在中心处最亮，而四周呈弱化的状态，就像一颗闪光的四角星。

　　不透明素面宝石的表面既有布满花纹的，也有纯色的。花纹和特殊的光泽是某些不透明素面宝石的特色，如绿松石的铁线花纹、珍珠的珠光和晕彩、猫眼石的"眼线"等。它们的琢型也以底面平的蛋面为主，这里要特别说一下珍珠，珍珠是天然形成的外观，不需要琢型，通常是球体或异形。本节主要通过不透明素面宝石学习不透明材质颜色的表现方法。

◇ 顶视图明暗关系

红色代表亮面，越红则越亮；蓝色代表暗面，越蓝则越暗

◇ 侧视图明暗关系

红色代表亮面，越红则越亮；蓝色代表暗面，越蓝则越暗

◇ 结论

　　①光线无法穿透不透明的宝石，当光线投射到宝石表面时会即刻被反射，宝石的左上方（受光面）就会显得明亮，而右下方（背光面）无法接收到大部分的光线，因此会暗下来。少量的光线或周围的物体也会对宝石的边缘造成反射，这也是为什么最暗的地方在明暗交界线处而不是在右下方。

　　②因为不透明素面宝石阻止了光的穿透，并将光线从表面反射回去，所以其受光面最亮，这一点与透明素面宝石是相反的。

　　③由于受光面的反光是没有任何损耗的，因此无论何时高光永远在受光面。

◇ 绘制流程

　　①确定宝石的外轮廓。

　　②在轮廓内部填充固有色。

　　③画出宝石的明暗交界线。

　　④画出宝石的背光面（暗面）。

　　⑤画出宝石的受光面（亮面）。

　　⑥点画出宝石的高光和反光，注意反光要弱于高光。

　　⑦画出阴影。阴影既可以在上色之前绘制，又可以在上色完成后绘制。

问：为什么不透明素面宝石的亮面、暗面与透明素面宝石是相反的？

答：从物理学的角度来说，三维空间中的物体都是有体积的，要想在平面中表现物体的体积感，需要具备亮面、暗面和阴影3个基本要素，如人们在面对阳光时，脸和腹部是受光面（亮面），后脑勺和背部是背光面（暗面），脚下的影子为阴影。人体是不透光的，这个例子就类似不透明素面宝石的明暗关系原理。

如果用光线照射桌面上的一滴水，我们会发现被光线照射的这一侧没有背光面亮，这是因为水滴是透明的，光线可进入其内部，并在到达水滴的边缘后被反射回来，所以水滴的背光面变成了亮面，而受光面变成了暗面，这个例子就类似透明素面宝石的明暗关系原理。不过，无论宝石是透明的还是不透明的，阴影的方向永远与光源相反。

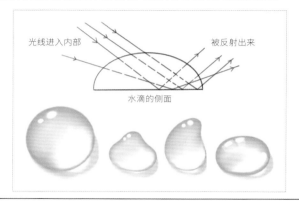

5.2.1 椭圆形蓝宝石

椭圆形蓝宝石以青金石为例。青金石的颜色很有代表性，在古代是皇家和高级别大臣的专用宝石。

🗄 **工具：**
水粉笔、高克重康颂灰色卡纸、颜料。

🎨 **效果图色板：**

① ② ③ ④ ⑤

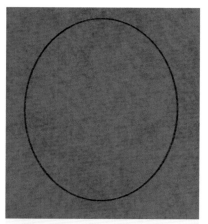

第1步： 用模板尺画出椭圆形外轮廓。

第2步： 用普蓝①平涂青金石，将轮廓内部铺满。

明暗交界线

第3步： 用普蓝调和少量黑色②，画出青金石的明暗交界线。

第4步： 用普蓝调和微量黑色③，平涂青金石的暗面，并从明暗交界线向右下方晕染。

第5步： 用普蓝调和白色④，然后平涂青金石的亮面，并从左上方向右下方晕染。

第6步： 用白色⑤点画出青金石的高光和反光。

5.2.2 圆形珍珠

由于珍珠是球体，并且有着特有的光泽，因此其明暗关系会与前面描述的不透明素面宝石的明暗规律有差异。在画珍珠时，可将其分为弱晕彩珍珠和强晕彩珍珠两种。

1.弱晕彩珍珠

晕彩有强弱之分，此处介绍的珍珠晕彩较弱，这类珍珠看起来就是本来的颜色。

提示

本节案例介绍了柔光珍珠和强光珍珠，注意珍珠光泽度的强弱与珍珠表面是否光滑、珍珠的体色及品种等有关，与有无晕彩并没有直接关系。

◇ 明暗关系示意图

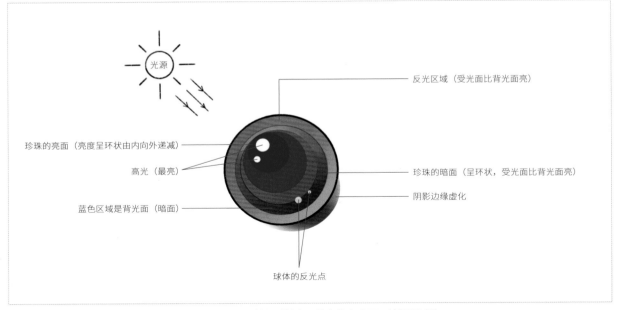

红色代表亮面，越红则越亮；蓝色代表暗面，越蓝则越暗

◇ 香槟色柔光珍珠

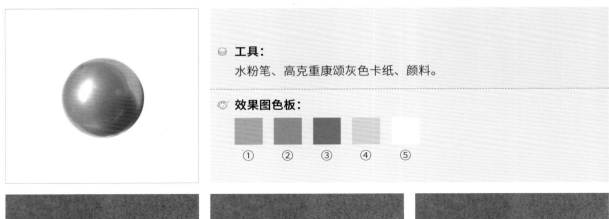

⊜ **工具：**
水粉笔、高克重康颂灰色卡纸、颜料。

🎨 **效果图色板：**
① ② ③ ④ ⑤

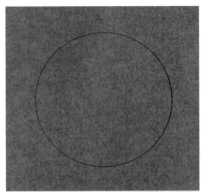

第1步： 用模板尺画出圆形外轮廓。

第2步： 用白色调和微量灰色和橙黄色①，然后平涂珍珠，将轮廓内部铺满。

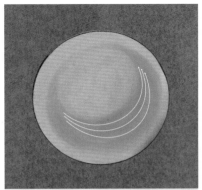

第3步： 用灰色调和橙黄色和白色②，以画弧线的方式一笔一笔地叠加珍珠的暗面。

第4步： 用灰色调和橙黄色③，然后加强暗面，凸显珍珠的立体感。

第5步： 用白色调和水④，然后点画珍珠的亮面和边缘，珍珠的边缘不能太实，要画得虚一些。

第6步： 用白色⑤调和水并点画高光和反光。柔光珍珠的高光不强，可以用少量水调和白色画出减弱了强度的高光。

◇ 浅金色柔光珍珠

◎ **工具：**
水粉笔、高克重康颂灰色卡纸、颜料。

◇ **效果图色板：**

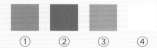

① ② ③ ④

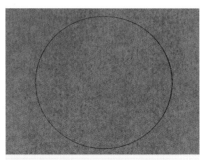

第1步： 用模板尺画出圆形外轮廓。

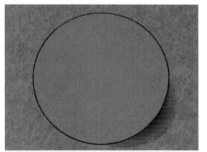

第2步： 用中黄色调和土黄色①平涂珍珠，将轮廓内部铺满。

第3步： 用土黄色②以画弧线的方式一笔一笔地叠加珍珠的暗面。

第4步： 继续用土黄色②晕染暗面，使暗面看起来更自然。

第5步： 用中黄色③画出珍珠的亮面和边缘，珍珠的边缘不能太实，要画得虚一些。

第6步： 用白色④调和水并点画高光和反光。柔光珍珠的高光不强，可以用少量水调和白色画出减弱了强度的高光。

◇ **金黄色强光珍珠**

◎ **工具:**

水粉笔、高克重康颂灰色卡纸、颜料。

🎨 **效果图色板:**

① ② ③ ④

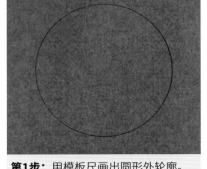

第1步: 用模板尺画出圆形外轮廓。

第2步: 用中黄色平涂珍珠,将轮廓内部铺满。

第3步: 用中黄色调和土黄色①,然后以画圈的方式画暗面。

第4步: 用土黄色调和中黄色和少量橙黄色②,然后一边平涂一边晕染,一遍又一遍地强调暗面。

第5步: 继续使用上一步调和的颜色向右下方晕染,直到颜色的过渡自然。

第6步: 用白色调和浅黄色③,仍旧以画圈的方式画出珍珠的反光和亮面。

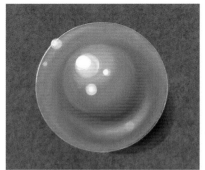

第7步: 用白色④点缀珍珠的高光和反光。由于强光珍珠的光泽度强,高光很亮,因此需要用白色来点画高光,为了加强光泽感,往往要点画三个以上高光点。

2.强晕彩珍珠

强晕彩珍珠具有丰富的晕彩颜色，应在珍珠的两侧边缘添加晕彩明暗关系示意。

明暗关系

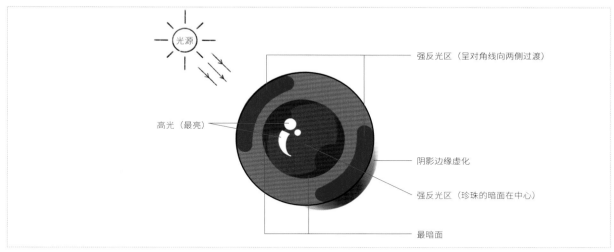

红色代表亮面，越红则越亮；蓝色代表暗面，越蓝则越暗

黑珍珠

工具：
水粉笔、高克重康颂灰色卡纸、颜料。

效果图色板：

| ① | ② | ③ | ④ | ⑤ | ⑥ |

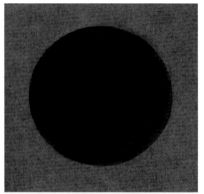

第1步： 用模板尺画出圆形外轮廓。

第2步： 用灰色①平涂珍珠，将轮廓内部铺满。

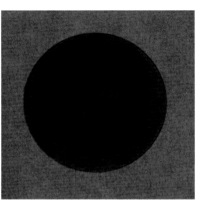

第3步： 用黑色②以画圈的方式画暗面，同时在边缘处进行适当的晕染，以达到虚化的目的。

第4步： 用灰色调和白色③，并勾画出两处亮面。

第5步： 黑珍珠表面有丰富的晕彩颜色，可用绿色系④和紫色系⑤在珍珠的周围扫几笔晕彩，注意两种晕彩的颜色不要重叠。

第6步： 用白色⑥点缀珍珠的高光部分。

问：什么是晕彩？哪些颜色可以调和出晕彩的颜色？

答： 这里的晕彩是指在珍珠表面形成的彩虹色，随着珍珠或光源的移动，晕彩会发生变化。关于晕彩的成因，科学的解释是光波因薄膜反射或衍射而发生干涉作用，致使某些颜色被过滤掉，而另一些颜色被加强时所看到的颜色效应。晕彩主要有红、黄、绿、蓝、橙、紫等颜色或多种颜色的组合，在贝壳的内部、不是很圆的珍珠上往往更丰富。

在手绘的过程中，晕彩要在固有色画好之后再扫画上去，并且要用明度较低的色彩进行调和，同时要调得薄一些，因为晕彩是伴色，不能改变了固有色。

5.2.3 异形珍珠

异形珍珠指的是非圆形珍珠，其晕彩往往很丰富，明暗关系往往是根据它的造型决定的。近些年形状奇特的异形珍珠渐渐受到设计师的喜爱，这是因为其独特的样貌不可替代，而且它的各种形状还能激发想象力，并与设计进行完美的结合。

◇ 明暗关系

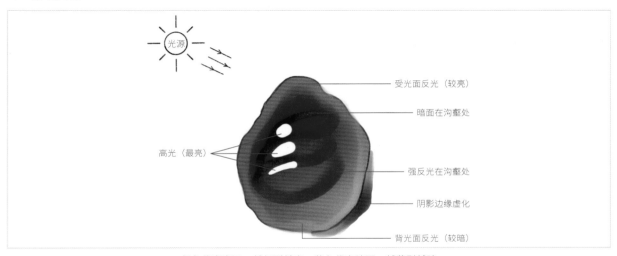

红色代表亮面，越红则越亮；蓝色代表暗面，越蓝则越暗

◇ 异形珍珠

🗄 **工具:**

水粉笔、高克重康颂灰色卡纸、颜料。

🎨 **效果图色板:**

① ② ③ ④ ⑤ ⑥ ⑦

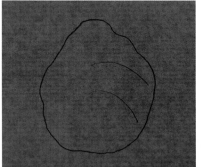

第1步: 画出异形珍珠的外轮廓,并大致勾勒出它的结构线。

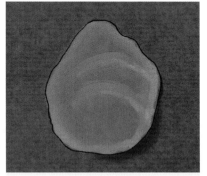

第2步: 在铺底色的时候就要初步区分明暗关系,表现出珍珠的体积感。用白色调和浅黄色和微量灰色①,画出珍珠的边缘和沟壑处,其余地方用白色调和紫色和微量灰色②进行平涂。

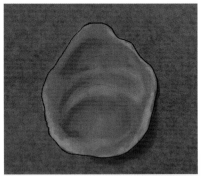

第3步: 用紫色调和灰色和白色③,然后加强珍珠的暗面。

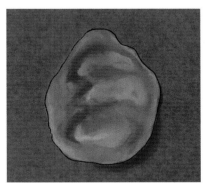

第4步: 用白色调和紫色④,白色调和天蓝色⑤,在珍珠的两侧点画出其特有的晕彩。

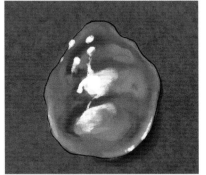

第5步: 用白色⑥点画出珍珠的高光和反光。最凸出的部分和接近光源的位置都是需要点画高光的地方,用笔腹往下轻压,当明显感觉接触到纸时向一个方向提笔,可以画出更有层次感的笔触。

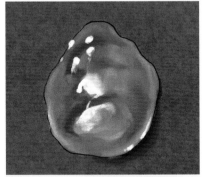

第6步: 为了使珍珠的色彩更加生动,用白色调和浅黄色⑦在边缘处丰富它的晕彩。

提示

为避免初学者将画面画花,可以选择不画这个步骤。

5.3 不透明花纹宝石

不透明花纹宝石属于不透明的素面宝石，具有不透明素面宝石的所有特点，如外形多为有弧度的蛋面。与不透明素面宝石不同的是，这是一类表面有花纹和杂质的宝石。

5.3.1 绿松石

绿松石的表面具有特有的铁线，有的铁线很少，有的则会布满整个宝石，也正是因为铁线的特殊性，绿松石成为观赏性很高的宝石。

🖴 **工具：**
水粉笔、高克重康颂灰色卡纸、颜料。

🎨 **颜料：**

① ② ③ ④ ⑤ ⑥

第1步： 用模板尺画出椭圆形外轮廓。

第2步： 用白色调和天蓝色和浅绿色①，然后平涂绿松石，将轮廓内部铺满。

第3步： 用深绿色调和黑色②，然后画出绿松石的明暗交界线，并向右下方晕染。这里不需要单独画出暗面，因为花纹宝石的刻画重点在于花纹。

第4步： 用深绿色调和白色③，然后平涂绿松石的亮面，并从左上方向右下方晕染。

第5步： 用熟褐④勾画绿松石的铁线花纹，勾画时要有力度。

第6步： 用土黄色⑤丰富铁线花纹的层次，在上一步勾画的铁线中再画一些细小的铁线。

第7步： 用白色⑥点画出绿松石的高光和反光。

提示

绿松石的铁线走势像梅花的枝条，梅花的枝条每一小节都有转折和顿挫，据此画出的花纹形状会更自然一些。

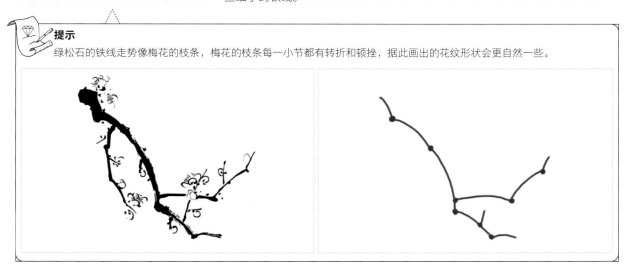

5.3.2 玛瑙

玛瑙的种类有很多，既有透明的，又有不透明的，同时颜色有棕色、红色、黄色、白色和绿色等，这里主要学习条形纹路明显的玛瑙。

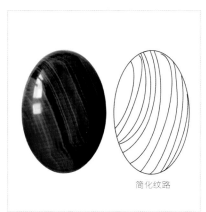

简化纹路

🗂 工具：

水粉笔、高克重康颂灰色卡纸、颜料。

🎨 颜料：

①	②	③	④

⑤	⑥	⑦

第1步： 用模板尺画出椭圆形外轮廓。

第2步： 用熟褐调和土黄色①，然后平涂玛瑙，将轮廓内部铺满。

第3步： 用熟褐调和黑色②，然后画出玛瑙的明暗交界线，并向右下方晕染。这里不需要单独画出暗面，因为花纹类宝石的刻画重点在于花纹。

第4步： 用赭石调和土黄色③，然后平涂玛瑙的亮面，并从左上方向右下方晕染。

第5步： 用赭石④叠加熟褐⑤，再用熟褐⑤叠加赭石④，如此往复，两个色块间保持不同的间隔，并一条一条地向右侧画。

土黄色的细长花纹在亮面应多而长

土黄色的细长花纹在暗面应少而短

第6步： 用土黄色⑥丰富花纹的层次。挑选其中几条花纹，然后用小号勾线笔上色，丰富花纹的层次。

第7步： 用白色⑦点画出玛瑙的高光和反光，注意反光要弱于高光。

5.3.3 星光红宝石

星光红宝石属于红宝石，常见的红宝石是刻面的，星光红宝石是红宝石中的特殊品种。特殊的内部构造使它在打磨之后在光照下形成星光效应，所以也属于星光宝石。常见的星光宝石还有星光蓝宝石、星光粉水晶等。

🖬 **工具：**
水粉笔、高克重康颂灰色卡纸、颜料。

🎨 **效果图色板：**

① ② ③ ④

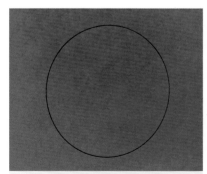

第1步： 用模板尺画出圆形外轮廓。

第2步：用红色调和玫瑰红①平涂星光红宝石，将轮廓内部铺满。

第3步：用深红色调和黑色②，然后画出星光红宝石的明暗交界线，并向右下方晕染。这里不需要单独画出暗面，因为花纹类宝石的刻画重点在于花纹。

第4步：用玫瑰红调和白色③，然后平涂星光红宝石的亮面，并从左上方向右下方晕染。

第5步：用白色④浅浅地描绘出星光的大致位置，星光由6条弧形长线组成，并呈放射状。

第6步：用白色以扫的笔法画出一条条平行小短线，以描绘星光线，越靠近发散中心的平行线越长。

第7步：用白色点画出星光红宝石的高光和反光。

5.3.4 黑欧泊

黑欧泊的透明度很低，再加上表面的色斑比较丰富，因而我们通常将它看作有特殊花纹的不透明素面宝石。

🗄 **工具：**

水粉笔、高克重康颂灰色卡纸、颜料。

- - - - - - - - - - - - -

🎨 **效果图色板：**

① ② ③ ④ ⑤

⑥ ⑦ ⑧ ⑨

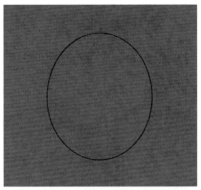

第1步：用模板尺画出椭圆形外轮廓。

第2步：用普蓝①平涂黑欧泊，将轮廓内部铺满。

第3步：用普蓝调和黑色②画出黑欧泊的明暗交界线。

第4步：用普蓝调和白色③平涂黑欧泊的亮面，并从左上方向右下方晕染。

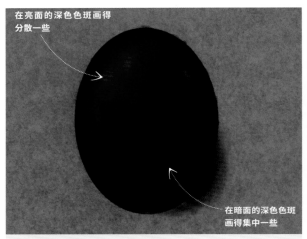

在亮面的深色色斑画得分散一些

在暗面的深色色斑画得集中一些

第5步：用深绿色④扫画出深色色斑。深色色斑在亮面分布得少而分散，在暗面分布得密而集中，这样才会和宝石的整体色调保持一致。

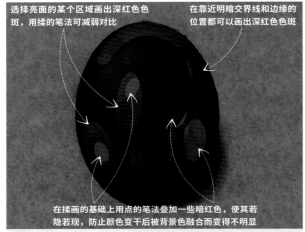

选择亮面的某个区域画出深红色色斑，用揉的笔法可减弱对比

在靠近明暗交界线和边缘的位置都可以画出深红色色斑

在揉画的基础上用点的笔法叠加一些暗红色，使其若隐若现，防止颜色变干后被背景色融合而变得不明显

第6步：用深红色⑤画出深红色色斑，这里要用柔和一点的笔法来画，以免在暗面画深红色色斑过于显眼。

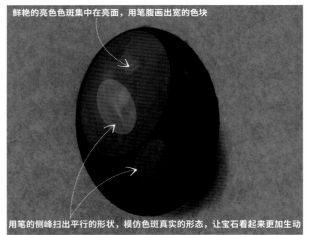

鲜艳的亮色色斑集中在亮面，用笔腹画出宽的色块

用笔的侧峰扫出平行的形状，模仿色斑真实的形态，让宝石看起来更加生动

第7步：用亮橙黄⑥画出亮色色斑，因为黑欧泊色斑的特殊性，亮色的颜料要浓稠一些，这样才不容易透出下面的颜色，并使颜色更加鲜艳，这也是为了模仿色斑真实的形态。这里用干笔以扫的笔法来画。

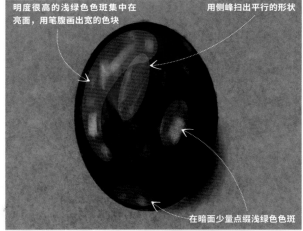

明度很高的浅绿色色斑集中在亮面，用笔腹画出宽的色块

用侧峰扫出平行的形状

在暗面少量点缀浅绿色色斑

第8步：用浅绿色画出亮色色斑，和上一步的处理方式相同，亮色的颜料要浓稠一些，并以扫的笔法来画，可以在浅绿色中适当添加一些白色⑦，以提高绿色的明度。

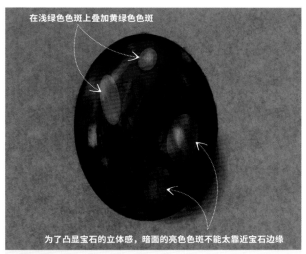

在浅绿色色斑上叠加黄绿色色斑

为了凸显宝石的立体感，暗面的亮色色斑不能太靠近宝石边缘

第9步： 叠加黄绿色（柠檬黄调和浅绿色⑧）色斑，可增加色斑的层次，起到统一色调的作用。

提示
在画色斑的时候，每一种不同颜色的色斑要在前一步的画面干透以后再画，这样才不容易混合成脏色。

第10步： 用白色⑨点画出高光和反光。为了展现黑欧泊的色斑，这里也需要用到干笔，以便于弱化高光。

问： 为什么不能用水调和白色来弱化高光呢？
答： 因为黑欧泊的底色很厚重、颜色也很丰富，水的参与容易溶解其他颜色，使画面变脏。

5.4 半透明花纹宝石

　　半透明花纹宝石与透明素面宝石的明暗关系相似，因为这类宝石的花纹通常是由光学效应形成的，所以花纹不仅停留在宝石表面，还在宝石的内部。半透明宝石中的花纹需要画得通透一些，也就是注意笔的湿润度，避免笔和颜料过干。

5.4.1 火欧泊

　　火欧泊的花纹与黑欧泊相差不多，但是火欧泊的透明度比黑欧泊高很多，因此它的明暗关系要遵循透明素面宝石的明暗规律。

🍥 **工具：**
水粉笔、高克重康颂灰色卡纸、颜料。

🎨 **效果图色板：**

① ② ③ ④ ⑤ ⑥ ⑦

第1步： 用模板尺画出椭圆形外轮廓。

第2步： 用灰色①平涂火欧泊，将轮廓内部铺满。

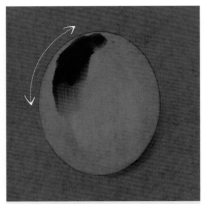

第3步： 用深蓝色②画花纹，先用大号笔涂抹一笔，再向两侧晕染。这里可以准备两支笔，一支笔用来上色，另一支笔蘸清水，用于晕染笔触。

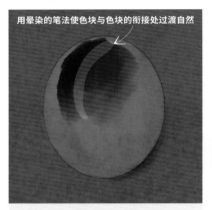

用晕染的笔法使色块与色块的衔接处过渡自然

第4步： 用深红色③画花纹，用揉的笔法向蓝色晕染，使两种颜色自然地融合在一起，过渡部分呈现混合后的紫色。

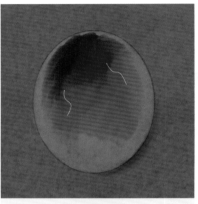

第5步： 用橙黄色④画花纹，并自然地向蓝色和红色区域晕染。

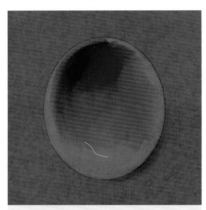

第6步： 用天蓝色⑤画花纹，并向橙黄色区域晕染。

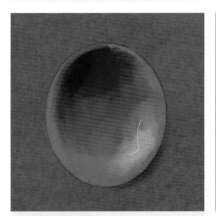

第7步： 用浅黄色⑥画花纹，并自然地向天蓝色和橙黄色区域晕染。

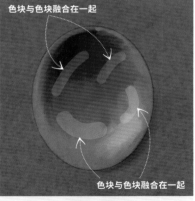

色块与色块融合在一起

色块与色块融合在一起

第8步： 用一支干净并蘸了水的笔进一步将各个色块之间的边缘晕染，使色块与色块之间过渡得更加自然，同时也体现出火欧泊的光泽度和通透性。

第9步： 用白色⑦点画出火欧泊的高光和反光。

猫眼石指的是能形成猫眼这种特殊光学效应的宝石，常见的是金绿猫眼石。金绿猫眼石的透明度较高，它的明暗关系要参考透明素面宝石。猫眼石的"眼线"在中间，通常需要画1～3条。

⊜ **工具：**
　　水粉笔、高克重康颂灰色卡纸、颜料。

🎨 **效果图色板：**

　　①　　②　　③　　④　　⑤

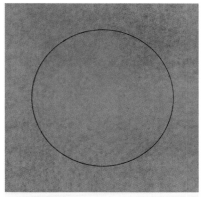

第1步： 用模板尺画出圆形外轮廓。

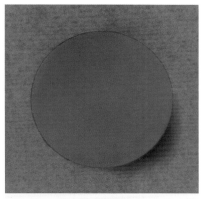

第2步： 用橄榄绿调和大量水①平涂猫眼石，将轮廓内部铺满。

第3步： 用橄榄绿②平涂猫眼石的暗面，并从左上方向右下方晕染。

第4步： 用橄榄绿调和柠檬黄③，然后平涂猫眼石的亮面，并从右下方向左上方晕染。

第5步： 画出猫眼石的"眼线"光效，用白色调和水在猫眼石的中部勾画一条线，在左侧不远处勾画一条短线，再紧贴右侧用白色调和浅绿色④勾画一条线。

第6步： 用白色⑤点画出猫眼石的高光和反光，此外，还需要用白色强化中间的"眼线"，增加其亮度，凸显猫眼石的立体感。

　　刻面宝石都是透明或近透明的，刻面的作用就是要使光线进入宝石后进行反复的折射和反射，因而不透明的宝石做成刻面就没有了意义。刻面的样式有很多，有的样式是专门为某一种宝石设计的，如圆形刻面是较能凸显火彩（钻石的光彩）的琢型。

◇ **顶视图明暗关系**

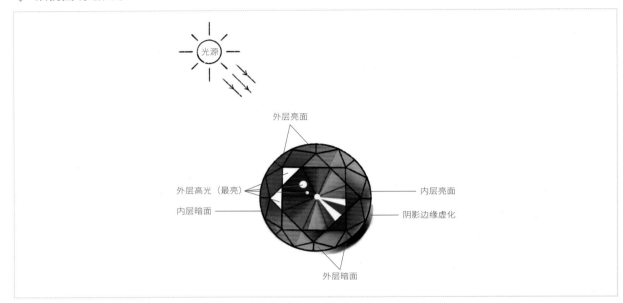

红色代表亮面，越红则越亮；蓝色代表暗面，越蓝则越暗

◇ **立体明暗关系**

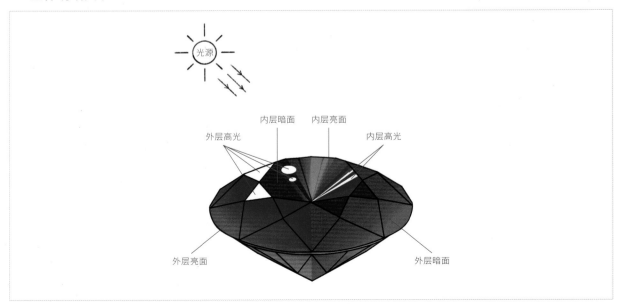

红色代表亮面，越红则越亮；蓝色代表暗面，越蓝则越暗

◇ **结论**

　　①众所周知，光可以在透明介质中传播，由于宝石的透明度非常高，当原石切割成刻面后，光进入宝石内部会经过反复折射和反射，因此刻面宝石特别亮。

　　②刻面的内部结构分为上下两层，可使光进行反复折射和反射，所以它的明暗关系需要从内外两个层面来看待，也就是台面和风筝面，这两层的明暗关系是成反比的。

　　③台面本身只有一个平面，是没有其他结构的，我们在台面所画的放射状结构，其实是透过台面观察到的亭部结构。

　　④无论何时高光永远在受光面。

◇ **绘制流程**

①确定宝石的外轮廓和刻面线。

②在轮廓内部填充固有色。

③画出宝石的背光面（暗面）。

④加强宝石的暗面。

⑤画出宝石的受光面（亮面）和反光。

⑥点画出宝石的高光并勾画刻面线。

⑦阴影既可以在上色之前绘制，又可以在上色完成后绘制。

5.5.1 圆形白宝石

　　同样颜色、同样琢型的钻石和普通宝石的画法是有区别的。我们生活中常见的圆形白色宝石是钻石，其实除了钻石经常会用到圆形琢型，还有很多其他宝石也会用到圆形琢型（如白色的刚玉、白色的绿柱石等）。下面通过普通刻面宝石和钻石的画法对这两种画法进行区分。

1.圆形宝石

◎ **工具：**

水粉笔、高克重康颂灰色卡纸、颜料。

◎ **效果图色板：**

① ② ③ ④ ⑤

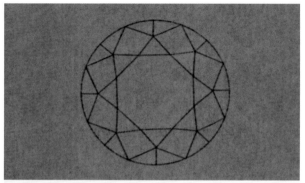

第1步： 画出圆形外轮廓和刻面线。

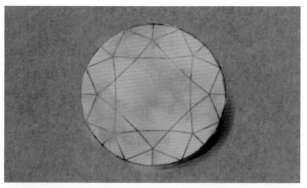

第2步： 用灰色调和白色①，然后平涂宝石，将轮廓内部铺满。

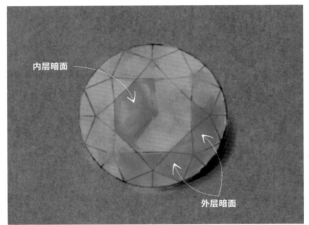

内层暗面

外层暗面

第3步：用灰色②平涂宝石的暗面。

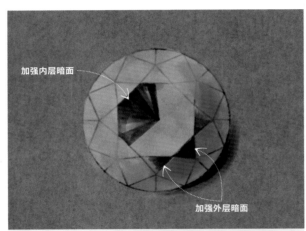

加强内层暗面

加强外层暗面

第4步：用黑色调和灰色③，然后一笔一笔地去强调暗面。

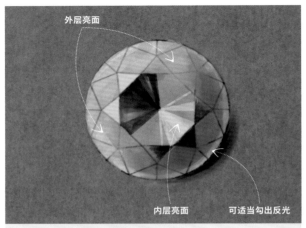

外层亮面

内层亮面

可适当勾出反光

第5步：用白色调和灰色④，然后平涂宝石的亮面和反光。

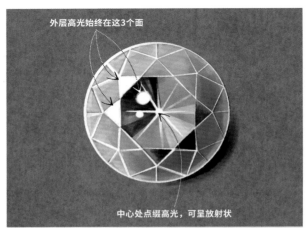

外层高光始终在这3个面

中心处点缀高光，可呈放射状

第6步：用白色⑤点画高光，并勾画出刻面线。

2.圆形钻石

🗄 **工具：**
水粉笔、高克重康颂灰色卡纸、颜料。

🎨 **效果图色板：**

① ② ③ ④ ⑤

💎 **提示**

钻石是一类比较特殊的宝石，它有着强光泽、强反射和强火彩等特点，即使与其他宝石具有相同的颜色和琢型，它也会呈现出完全不一样的视觉效果。通过观察，我们可以发现钻石里有很多小刻面被反射出来，就像碎玻璃渣一样。

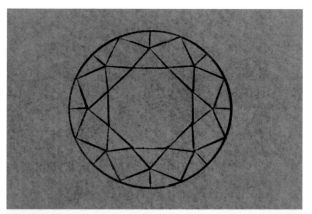

第1步： 画出圆形外轮廓和刻面线。

第2步： 用灰色调和白色①，然后平涂钻石，将轮廓内部铺满。

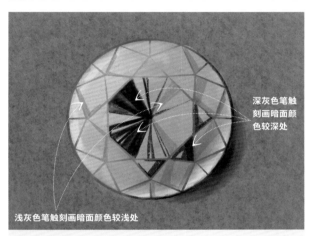

深灰色笔触刻画暗面颜色较深处

浅灰色笔触刻画暗面颜色较浅处

第3步： 画出钻石的暗面，用不同程度的灰色（浅灰色②、深灰色③）一笔一笔地平涂各个部位的暗面，体现出钻石的质感。注意这里不是用晕染的笔法，而是要刻意保留笔触。

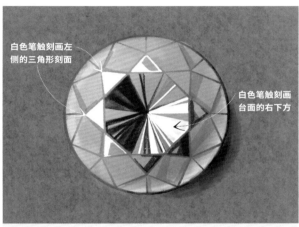

白色笔触刻画左侧的三角形刻面

白色笔触刻画台面的右下方

第4步： 画出钻石的亮面，用白色⑤一笔一笔地平涂台面的右下方和左侧的三角形刻面。注意这里同样不是用晕染的笔法，而是要刻意保留笔触。

笔触密集

笔触稀疏

第5步： 用白色调和少量水④，同样一笔一笔地去平涂钻石的其他亮面，表现出其独有的类似碎玻璃渣的效果，要与最亮部分的亮面有所区分，并且越靠近光源的地方笔触越密集。

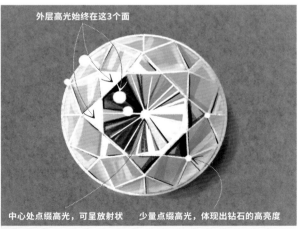

外层高光始终在这3个面

中心处点缀高光，可呈放射状　　少量点缀高光，体现出钻石的高亮度

第6步： 用白色⑤点画出钻石的高光，并勾画出刻面线。

除了常见的白色宝石，还有其他颜色的宝石，如黄色、粉色、蓝色和绿色等。在刻画其他颜色的刻面宝石时，一定要先看看宝石是钻石还是非钻石，这是由于钻石具有强折射和强反光的特性，同一颜色、同一琢型的钻石和其他宝石（非钻）的画法有所不同，如黄色心形钻石要比黄色心形托帕石的画法复杂一些。

1.心形宝石

🝆 **工具：**
水粉笔、高克重康颂灰色卡纸、颜料。

🎨 **效果图色板：**

① ② ③ ④

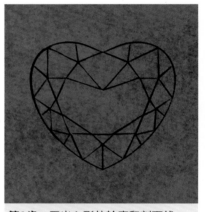

第1步： 画出心形外轮廓和刻面线。

第2步： 用柠檬黄①平涂宝石，将轮廓内部铺满。

第3步： 用中黄色调和微量熟褐②，然后平涂宝石的暗面。

第4步： 用熟褐调和微量柠檬黄③一笔一笔地去强调宝石的暗面。

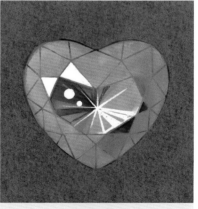

第5步： 用白色④平涂宝石的亮面，并点画出高光。

第6步： 用白色④勾画出刻面线。

2.心形钻石

⊜ **工具：**
水粉笔、高克重康颂灰色卡纸、颜料。

🎨 **效果图色板：**

① ② ③ ④ ⑤

第1步： 画出心形外轮廓和刻面线。

第2步： 用柠檬黄①平涂钻石，将轮廓内部铺满。

第3步： 画出钻石的暗面，用中黄色②一笔一笔地去平涂台面和风筝面，此外，还需要挑选其他刻面进行刻画，目的是画出钻石特有的质感。注意这里不是用晕染的笔法，而是要刻意保留笔触。

第4步： 用熟褐③强调钻石的暗面，同样需要多挑选一些刻面进行刻画。

第5步： 用白色⑤画出钻石的亮面，然后用白色调和浅黄色④挑选一些小刻面进行刻画，表现出钻石独有的类似碎玻璃渣的效果。

第6步： 用白色⑤点画出钻石的高光和反光，并勾画出刻面线。

5.5.3 水滴形红宝石

下面介绍的就是我们常说的位列四大宝石之一的红宝石，是刚玉的一种。高端的红宝石稳重大气，是珠宝设计师眼中的王后。

💿 **工具：**
水粉笔、高克重康颂灰色卡纸、颜料。

🎨 **效果图色板：**

① ② ③ ④

第1步： 画出水滴形外轮廓和刻面线。

第2步： 用玫瑰红①平涂宝石，将轮廓内部铺满。

第3步： 用大红色调和深红色②，然后平涂宝石的暗面。

第4步： 用深红色③一笔一笔地去强调宝石的暗面。

第5步： 用白色④平涂宝石的亮面，并点画出高光。

第6步： 用白色④勾画出宝石的刻面线。

黄宝石指的是黄色宝石，下面介绍的是黄色的托帕石。

🖴 **工具：**
水粉笔、高克重康颂灰色卡纸、颜料。

🎨 **效果图色板：**

① ② ③ ④

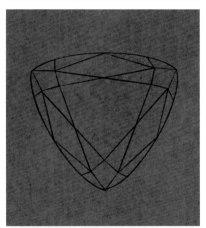

第1步： 画出三角形外轮廓和刻面线。

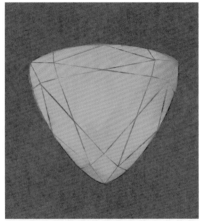

第2步： 用柠檬黄①平涂宝石，将轮廓内部铺满。

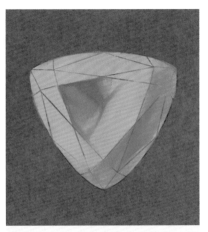

第3步： 用中黄色调和土黄色②，然后平涂宝石的暗面。

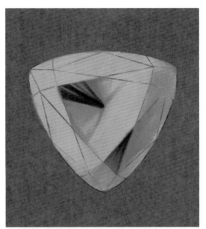

第4步： 用熟褐③一笔一笔地去强调宝石的暗面。

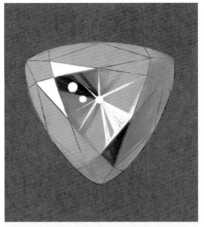

第5步： 用白色④平涂宝石的亮面，并点画出高光。

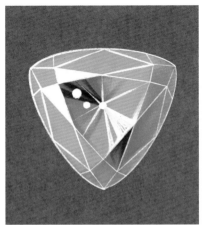

第6步： 用白色④勾画出宝石的刻面线。

5.5.5 正方形蓝宝石

这里的蓝宝石指的是坦桑石，它和我们俗称的四大宝石之一的蓝宝石非常相像，因此两者的画法是一样的。此外，蓝宝石和坦桑石的蓝色都是稳重而深沉的蓝色。

工具：
水粉笔、高克重康颂灰色卡纸、颜料。

效果图色板：

① ② ③ ④

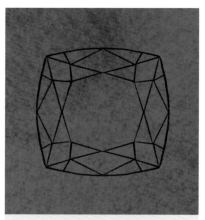

第1步： 画出正方形外轮廓和刻面线。

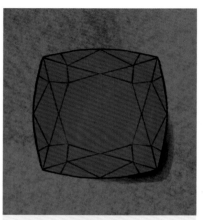

第2步： 用深蓝色调和大量水①平涂宝石，将轮廓内部铺满。

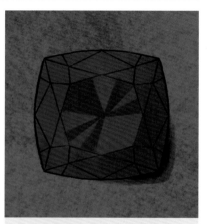

第3步： 用深蓝色②平涂宝石的暗面。

第4步： 用深蓝色调和普蓝③一笔一笔地去强调宝石的暗面。

第5步： 用白色④平涂宝石的亮面并点画高光。

第6步： 用白色④勾画出宝石的刻面线。

这里介绍的是一颗紫色水晶的画法。

💿 **工具：**

水粉笔、高克重康颂灰色卡纸、颜料。

🎨 **效果图色板：**

① ② ③ ④

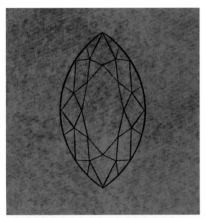

第1步： 画出马眼形外轮廓和刻面线。

第2步： 用紫色调和玫瑰红和白色①，然后平涂宝石，将轮廓内部铺满。

第3步： 用紫色调和白色②，然后平涂宝石的暗面。

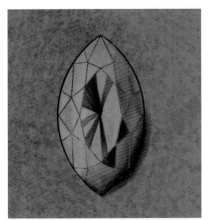

第4步： 用紫色③强调宝石的暗面。

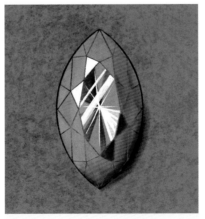

第5步： 用白色④点画宝石的亮面和高光。

第6步： 用白色④勾画出宝石的刻面线。

阶梯型刻面宝石的明暗关系遵循刻面宝石的规律，需要将其分成台面和刻面两层来看。为了方便初学者理解，这里也提供一个明暗关系示意图。

◇ **顶视图明暗关系**

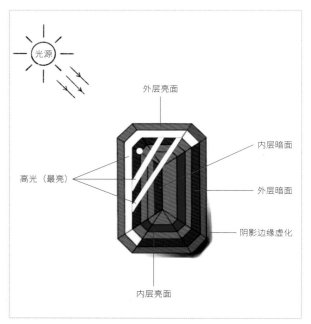

红色代表亮面，越红则越亮；蓝色代表暗面，越蓝则越暗

◇ **立体明暗关系**

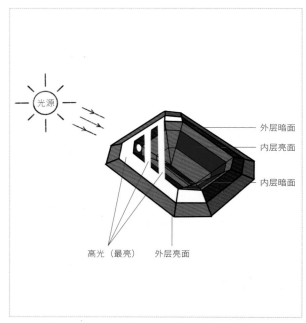

红色代表亮面，越红则越亮；蓝色代表暗面，越蓝则越暗

◇ **结论**

①阶梯型与其他刻面型不太相同的是它的刻面没有那么多，且刻面像阶梯一样是一层一层的，我们形象地把它叫作阶梯型。

②阶梯型刻面宝石和其他刻面宝石一样，从台面分为内外两层，明暗关系也分为内外两层，这是因为从台面上看到的其实是透过台面所看到的宝石内部。该类宝石没有太多小刻面，光线自然不会经过太多折射与反射，因此反光也没有那么强烈。

③由于受光面的反光受到的损耗较小，同时该处距离光源的位置最近，因此无论何时高光都在受光面。

◇ **绘制流程**

①确定宝石的外轮廓和刻面线。

②在轮廓内部填充固有色。

③画出宝石的背光面（暗面）。

④画出宝石的受光面（亮面）和反光。

⑤点画出宝石的高光，并勾画刻面线（由于阶梯型是一种特殊琢型，为了突出宝石的颜色，刻面线不需要全部描绘出来）。

⑥阴影既可以在上色之前绘制，又可以在上色完成后绘制。

祖母绿为绿柱石中的名贵品种，由于这种宝石构造较为特殊，因此内部经常有裂纹和其他杂质。为了使这种宝石在切割过程中不容易碎裂，并使内部的杂质不容易被观察到，专属于这种宝石的阶梯型应运而生，祖母绿型就是指这种琢型。

🖮 **工具：**

水粉笔、高克重康颂灰色卡纸、颜料。

🎨 **效果图色板：**

① ② ③ ④ ⑤

第1步： 画出切角形外轮廓和刻面线。

第2步： 用深绿色调和浅绿色①，然后平涂祖母绿，将轮廓内部铺满。

第3步： 用深绿色②平涂祖母绿的暗面。

第4步： 用深绿色调和柠檬黄③，用浅绿色调和柠檬黄④，然后平涂祖母绿的亮面。

第5步： 用白色⑤平涂亮面，并点画出高光。

第6步： 用白色⑤画出祖母绿的刻面线。

"双色碧玺"，是电气石中的上品。这种宝石的颜色很丰富，常以红绿双色的形式出现。

💿 **工具：**

水粉笔、高克重康颂灰色卡纸、颜料。

✍ **效果图色板：**

① ② ③ ④ ⑤

第1步： 画出切角形外轮廓和刻面线，注意这种宝石的外轮廓更狭长一些。

第2步： 画出双色碧玺的双色特征，用浅绿色①平涂双色碧玺的上端，用深红色调和橙黄色②平涂双色碧玺的下端，并分别向中间晕染。

第3步： 用深绿色③和深红色④平涂双色碧玺的暗面。

第4步： 用白色⑤平涂双色碧玺的亮面和高光。

第5步： 用白色⑤勾画出双色碧玺的刻面线。

　　这种画法适合在两种情况下使用：一是在绘制正稿之前需要快速表现出设计效果；二是一幅作品中需要绘制的刻面宝石的数量比较多，并且在设计时需要展现出每颗宝石的细节。快速画法也是有不足之处的，就是不能将其运用在主石的画法中，否则主石看起来会略显粗糙，并且不那么精准。

圆形刻面

水滴形刻面

心形刻面

马眼形刻面

多边方形刻面

椭圆形刻面

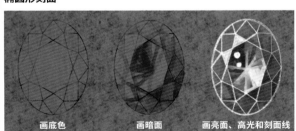

祖母绿型刻面

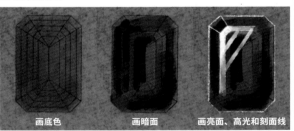

方形刻面

多边三角形刻面

5.7 雕刻件

本节以用翡翠制作的雕刻件为例介绍雕刻类宝石的表现方法。翡翠的颜色和器型丰富多样，学习了各种翡翠类雕刻件的画法，就能很轻松地掌握其他雕刻类宝石的画法。

5.7.1 平安扣

平安扣是一种造型简单的雕刻件，重点是要表现出它的明暗关系，使其立体圆润，同时还要把握颜色的运用，使它显得通透。

💿 **工具：**
水粉笔、高克重康颂灰色卡纸、颜料。

✍ **效果图色板：**

① ② ③ ④ ⑤

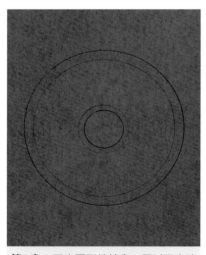

第1步：画出圆形外轮廓，同时画出暗面的辅助线，辅助后面为暗面上色。

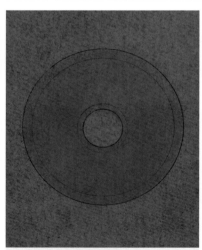

第2步：用灰色调和浅绿色和橄榄绿①，将轮廓内部铺满。为了让平安扣的质地看起来更加通透，在调和颜料的时候可以多添加一些水。

第3步：用橄榄绿调和灰色②，然后平涂平安扣周围一圈的暗面。

> 📜 **提示**
> 平安扣是一个中心、外边缘都凹陷的造型，因此这两处各有一条表示转折的阴影线。

第4步：用浅绿色③点画并晕染出浅色的花纹。

第5步：用深绿色④点画并晕染出深色的花纹。

第6步：用白色⑤画出平安扣的高光。

5.7.2 叶子

叶子是翡翠等玉石常见的雕刻题材，寓意"一夜（叶）成名"，对于叶子雕刻件明暗关系的把握既要局部又要整体，要表现出叶片肥厚且通透的质感。

我们可将叶子雕刻件的明暗关系看作8个凸起的素面宝石的组合体。由于雕刻件的表面是高低起伏的，因此明暗关系可以分为上下两层来看，上层为造型层，下层为底托边缘层。造型层是叶子的8个小部分，这里按照素面宝石的明暗关系去刻画；底托边缘层通常只需要画出结构阴影即可。

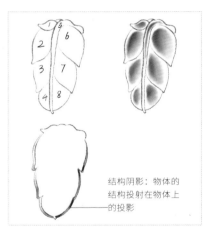

结构阴影：物体的结构投射在物体上的投影

⊜ **工具：**

水粉笔、高克重康颂灰色卡纸、颜料。

◎ **效果图色板：**

① ② ③ ④ ⑤

第1步：画出叶子的外轮廓和雕刻线。

第2步：用灰色调和浅绿色和橄榄绿①，然后平涂叶子，将轮廓内部铺满。

第3步：用橄榄绿调和灰色②，然后晕染叶子的暗面，并勾画出雕刻线。

第4步：用深绿色调和灰色③，然后加强叶子的暗面，并描绘雕刻线。

第5步：用浅绿色调和灰色和白色④，然后点画叶子的亮面。

第6步：用笔蘸一点清水并晕染亮面。

第7步：用白色⑤点画叶子的高光。

5.7.3 佛公

很多种宝石可以雕刻佛公的造型，其中用翡翠雕刻的佛公较为常见，重点是要掌握佛公每一个部位的明暗关系及整体的明暗层次。

佛公是一个略显复杂的雕刻件，由于其表面是高低起伏的，因此我们可以将它的明暗关系拆分为上下两层。将上层看作由一个个素面宝石组合而成，如脸、两只耳朵、两只手和肚子；雕刻件的下层通常只起衬托作用，接近平面，没有很大的起伏，目的是突出上层的主体，在刻画的时候，我们只需要在下层的结构阴影上铺画暗面即可。

遵循透明素面宝石的明暗关系

结构阴影是上层的凸起（物体结构）在下层产生的投影

⊜ **工具：**
水粉笔、高克重康颂灰色卡纸、颜料。

✎ **效果图色板：**

① ② ③ ④ ⑤

第1步： 画出佛公的外轮廓和雕刻线。

第2步： 用紫色调和白色①，然后平涂佛公的底色，将轮廓内部铺满。

第3步： 用紫色调和灰色和白色②，然后晕染佛公的暗面，并勾画出雕刻线。

第4步： 用紫色调和灰色③，然后加强佛公的暗面。

第5步： 用紫色调和白色④，然后点画亮面并晕染。

第6步： 用白色⑤点画佛公的高光，因为肚子的面积在整个雕刻件各个部位中是最大的，所以高光主要在肚子上。

5.7.4 手镯

翡翠手镯质地通透，观赏性强。翡翠中的天然花纹叫作"色根"，意思是花纹呈树根状，重点是要表现出手镯的立体感和花纹。

🗒 **工具:**
水粉笔、高克重康颂灰色卡纸、颜料。

🎨 **效果图色板:**

① ② ③ ④ ⑤ ⑥ ⑦

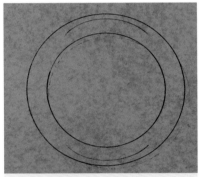

第1步: 画出手镯的外轮廓。由于手镯的器型狭长，因此除了需要画出镯体本身的环形轮廓外，还需描绘出两条上色辅助线，以便于更好地给阴影和高光上色。

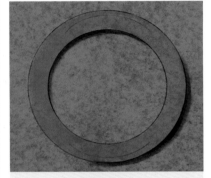

第2步: 用浅绿色调和微量灰色和大量水①，然后平涂手镯，将轮廓内部铺满。

第3步: 丰富底色，这里的手镯底色有两种色调，分别是绿色和赭石。先用浅绿色调和灰色②平涂手镯上的绿色部分，再用大量水调和赭石③平涂手镯上的赭石部分。

第4步: 勾画手镯中的天然花纹，这里依然有两种色调的花纹需要刻画。先用翠绿色调和柠檬黄④勾画手镯上的绿色花纹，再用熟褐⑤勾画手镯上的熟褐花纹。

第5步: 手镯的造型特殊，它的暗面在两边的内侧，用深绿色调和灰色⑥勾画出暗面。

第6步: 手镯的亮面就在高光部分，可以借助底稿绘制的两条辅助线来表达，用白色⑦勾画出高光。

5.8 群镶小钻

绘制群镶小钻的目的是突出主石，这里的小钻可以是白色的，也可以是彩色的。本节讲解不同情况下小钻的画法，在设计中灵活使用即可。

5.8.1 适用于曲面的群镶小钻

适用于曲面的群镶小钻结构仍然是完整的，只是对刻面线进行了一定程度的简化。

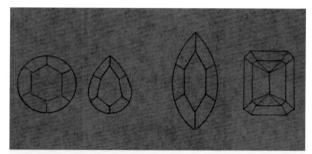

第1步：画出小钻的外轮廓。

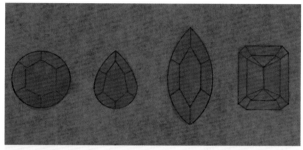

第2步：画底色。用灰色平涂小钻，将轮廓内部铺满。

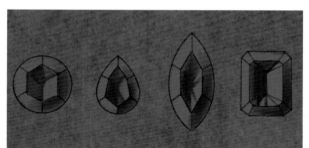

第3步：用灰色画出暗面。

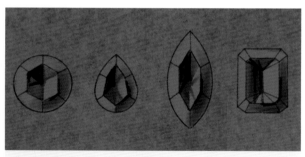

第4步：用黑色进一步强调暗面。

第5步：用白色画出亮面。

第6步：用白色描绘刻面线并点画高光。

密集、微小的群镶小钻的画法是前一种画法的简易版，进一步精简了刻面宝石的结构，以明暗关系凸显小钻的立体感，这种画法适合更密集或更微小的群镶，也可以作为快速画效果图的手法。但是由于用这种画法所画的小钻结构较为精简，因此仅适用于平面。

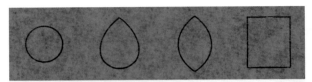

第1步： 画出小钻的轮廓线。

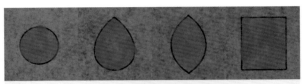

第2步： 用灰色平涂小钻，将轮廓内部铺满。

第3步： 用黑色平涂小钻的暗面（由于没有线稿辅助，因此在上色时要注意台面的位置）。

第4步： 用白色平涂小钻的亮面。

延展：彩色小钻的表现方法

　　彩色小钻的画法与白色小钻非常相似，区别仅仅在于颜色不同。我们需要把握高光的面积，注意要根据整体画面进行调整，如靠近光源的小钻的高光面积一定大于背光面的小钻的高光面积。

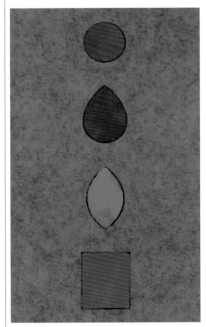

第1步： 画出彩色小钻的轮廓和底色。

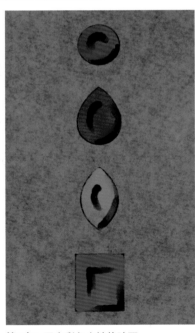

第2步： 画出彩色小钻的暗面。

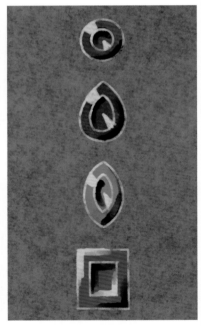

第3步： 用白色描绘刻面线并点画亮面，因为彩色小钻的面积很小，所以只需要描边，如果白色的面积太大，就会盖过彩色小钻的颜色。

C H A P T E R 6

第 6 章

贵金属的表现方法与技巧

在传统的珠宝首饰观念中，金属耐久、美丽，不仅可以独立用于首饰设计，还是宝石的镶嵌主体，正是依托于它，我们才可以设计出诸多珠宝款式。珠宝设计中常用的金属有黄金、铂金、钯金和银等，随着科技的进步，现在也有像钛金这样的有色金属参与进珠宝设计这个行列，使金属的颜色更加丰富。未来还将有更多的材质被用到珠宝的设计中。由于这些金属的价格比普通的钢铁等金属的价格高很多，因此也被称为贵金属。

从金属的外观来看，不同种类的金属拥有不同的颜色、不同的造型和不同的纹理，从这3个基础属性，我们基本可了解金属的特性。

6.1.1 贵金属的颜色

银色金属： 铂金、18K白金、银、白铜等。

黄色金属： 黄金、18K黄金、黄铜等。

红色金属： 18K红金、红铜等。

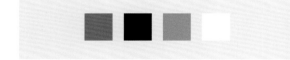

金属是一种具有光泽的物质，而且它对可见光的反射非常强烈。为了让大家更好地理解这个特征，下面通过平面（平板）金属来说明贵金属的明暗关系。当在同一平面上时，金属的明暗是交替出现的，即以明、暗、明、暗的顺序交替，并以平行的方式排列。

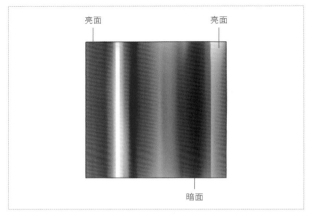

红色代表亮面，越红则越亮；蓝色代表暗面，越蓝则越暗

1.18K白金

第1步： 用灰色画出18K白金的固有色。

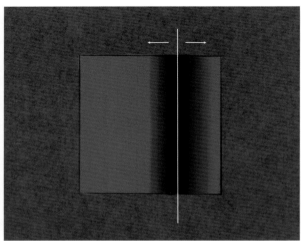

第2步： 用黑色画出暗面，应从暗面向两侧过渡，并以平行排列的笔法晕染。

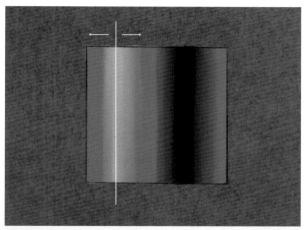

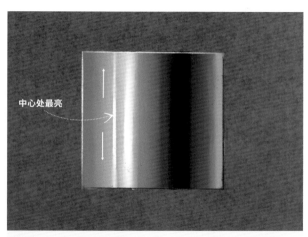

第3步： 用浅灰色画出亮面，也是以平行排列的笔法向亮面的两侧晕染。

第4步： 用白色画出高光，在中心处最亮，然后逐渐向上下方晕染，最后画出受光边缘（左侧和上方）的高光。

2.18K黄金

第1步： 用中黄色画出18K黄金的固有色。

第2步： 用熟褐画出暗面，应从暗面向两侧过渡，并以平行排列的笔法晕染。

第3步： 用柠檬黄画出亮面和反光，也是以平行排列的笔法向亮面的两侧晕染。

第4步： 用白色画出高光，中心处最亮，然后逐渐向上下两侧晕染，最后画出受光边缘（左侧和上方）的高光。

3.18K红金

第1步： 用白色调和黄色、红色和熟褐画出18K红金的固有色。

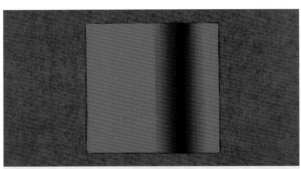

第2步： 用熟褐画出暗面，应从暗面向两侧过渡，并以平行排列的笔法晕染。

第3步： 用底色调和白色，并画出亮面和反光，也是以平行排列的笔法向亮面的两侧晕染。

第4步： 用白色画出高光，中心处最亮，然后逐渐向上下方晕染，最后画出受光边缘（左侧和上方）的高光。

6.1.2 贵金属的纹理

上一节以光面金属作为示范，仅讲解了不同颜色的贵金属的呈现效果，而除了颜色的区别外，金属表面的纹理也是丰富多样的。

1.光面

椭圆形平面金属的明暗关系与方形平面金属并无不同，只不过椭圆形平面金属的明暗面倾斜排列。

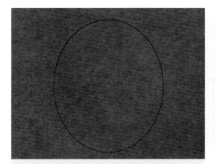

第1步： 画出贵金属的外轮廓。

第2步： 以18K黄金为例，用土黄色画出18K黄金的固有色。

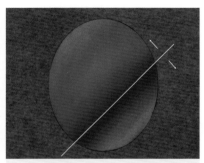

第3步： 用熟褐画出暗面，应从暗面向两侧过渡，并以平行排列的笔法晕染。

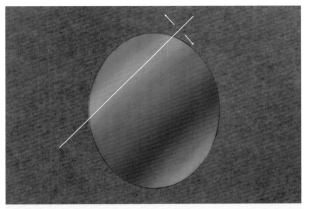

第4步： 用柠檬黄调和白色，也是以平行排列的笔法向亮面的两侧晕染。

第5步： 用柠檬黄调和大量的白色画出高光，包括边缘的受光部分。

2.锤击痕

锤击痕通常是手工在金属表面敲打形成的纹理。

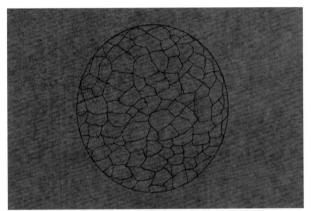

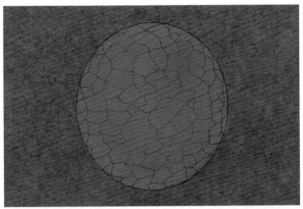

第1步： 画出贵金属的外轮廓，并在底稿中画出锤击痕。

第2步： 以18K白金为例，用灰色画出18K白金的固有色。

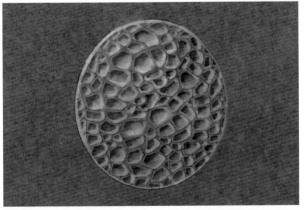

第3步： 因为锤击痕是一块一块凹陷的，所以需要在每一块锤击痕的左上方画出暗面，绘制出这些被遮挡的阴影区，可让每一小块凹面都呈现出立体感。

第4步： 用浅灰色在每一块锤击痕的右下方画出亮面，并用白色画出高光（靠近光源处）。

3.拉丝

拉丝是用一排小爪状的工具在金属表面顺着一个方向划拉，形成密密麻麻的平行纹理。拉丝金属的明暗关系类似于猫眼石和星光宝石，当光照射在纹理上时，高光的走向与拉丝的走向相互垂直。

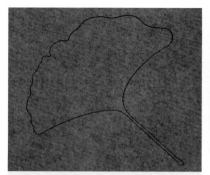

第1步：画出贵金属的外轮廓。

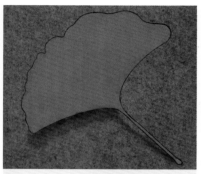

第2步：以18K黄金为例，用中黄色画出18K黄金的固有色。

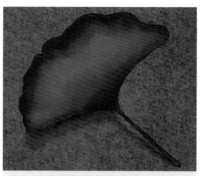

第3步：用熟褐平涂外轮廓区域，并向中心处晕染，这里可以刻意保留一些笔触。

第4步：用柠檬黄平涂银杏叶的亮面，区分出叶脉部分，这里可以刻意保留一些笔触。

第5步：用熟褐勾画出暗面的拉丝来模仿银杏叶的纹理，注意拉丝的方向是以扇形为基础从圆心向四周发散的，勾画时尽量不要交叉。由于刻画的是暗色纹理，因此应在暗面分布集中一些，亮面稀疏一些。

第6步：用柠檬黄勾画出亮面的拉丝，勾画时尽量不要交叉。由于刻画的是亮色纹理，因此应在亮面分布集中一些，暗面稀疏一些。

第7步：拉丝这种纹理不需要直接画出高光，应以拉丝的形式勾画高光，用柠檬黄调和白色沿着拉丝方向勾画一些小短线即可。

拉丝金属的明暗关系根据拉丝的方向而定，下面两张图是同样的造型，却有不同的拉丝方向，因此两者的高光方向是不同的。

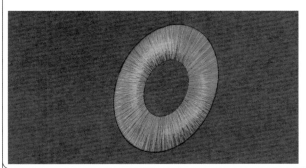

4.雕刻

雕刻金属的画法与雕刻件类似，同样需要注意雕刻的造型对明暗关系的影响，在上色的过程中保留雕刻的花纹。与雕刻件的画法不一样的是，雕刻金属的明暗对比更强，因此雕刻凸出的位置要刻意提亮。

第1步： 画出贵金属的外轮廓，并绘制雕刻线，雕刻线可以画重一些，这样在上色时不容易被盖住。

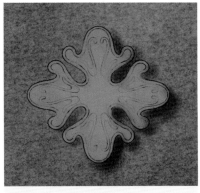

第2步： 以18K黄金为例，用中黄画出18K黄金的固有色。

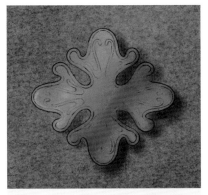

第3步： 用熟褐平涂暗面，用柠檬黄平涂亮面。雕刻的花纹是绘制重点，因此这一步只需要画出大致的明暗关系。

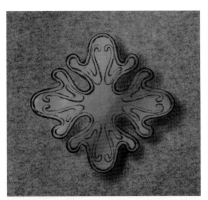

第4步： 用熟褐勾画出雕刻线和结构阴影，由于光源在左上方，因此雕刻线的小结构阴影的勾画要偏向右下方。

第5步： 用柠檬黄画出亮面，注意既要画出雕刻花纹的亮面，又要画出底面的亮面。

第6步： 用柠檬黄调和白色点画高光，很明显高光在雕刻线处，沿着雕刻线勾画即可。

金属的硬度没有宝石那么高，且延展性非常好，因此它在珠宝设计中承担造型的角色。绘制金属造型主要分析以下两点。

①分析金属是平面、凹面还是凸面。

②分析金属是什么造型。

有了这样一个思考过程，无论是对照实物画效果图还是画出脑海中的构想都不会混乱。一般来说，由光面金属制作的珠宝首饰较为常见，下面就来学习光面金属在平面、凹面和凸面中的质感是如何体现的。

1.扭曲平面金属

平面金属的表面就像A4纸一样平整，没有任何起伏，而这里的扭曲平面金属特指有空间变化的平面金属，是一种形态丰富的立体造型。

◇ 18K白金的扭曲平面

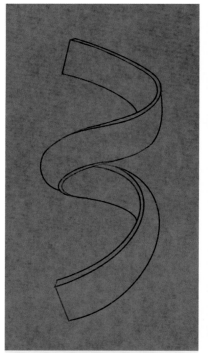

第1步：画出贵金属的外轮廓。

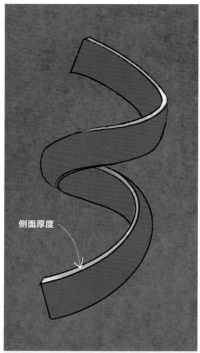

第2步：用浅灰色画出18K白金的固有色，注意表示侧面厚度的面要用浅一些的灰色作出区别。

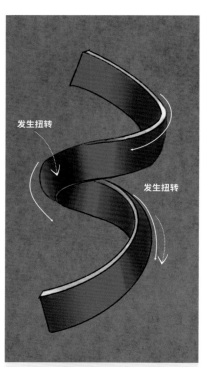

第3步：用灰色在转折处画出暗面。

问：为什么要先刻画暗面，再刻画亮面？

答：对造型复杂的金属来说，暗面是非常好找的。发生了扭转的内外两个面始终是暗面，金属的明暗是交替出现的，找到了暗面便能找到亮面和高光。另外，我们一般先画固有色，再找明暗关系。先刻画暗面比先刻画亮面更能塑造出物体的体积感，因此要按照从暗面到亮面的绘制流程，当整体暗下去后，亮面才亮得起来。

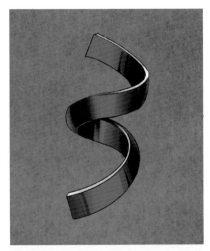 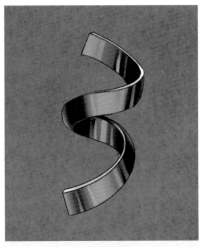 

第4步：用黑色加强暗面，并以平行的笔法排列笔触。

第5步：用浅灰色画亮面，并以平行的笔法排列笔触。

第6步：用白色画出高光。

◇ 18K黄金的扭曲平面

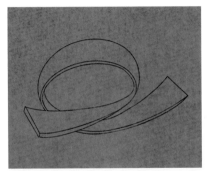 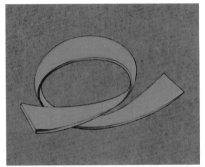 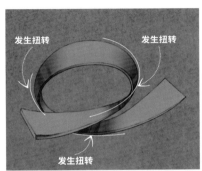

第1步：画出贵金属的外轮廓。

第2步：用中黄色画出18K黄金的固有色，并用熟褐勾画侧面厚度。

第3步：用熟褐在造型的转折处画出暗面。

> **提示**
> 如果不能很明确地分辨侧边的明暗关系，那么可以想象一块简单的平面所具有的明暗关系，通常侧面的明暗关系与平面的明暗关系是相反的，也正是因为这样强烈的对比，才能更好地体现造型的立体感。

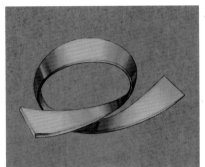 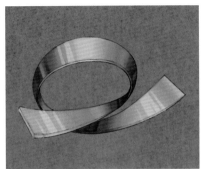 

第4步：用熟褐加深暗面，并以平行的笔法排列笔触。

第5步：用柠檬黄调和白色画亮面，并以平行的笔法排列笔触。

第6步：用柠檬黄调和大量的白色画出高光。

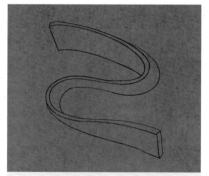

第1步：画出贵金属的外轮廓。

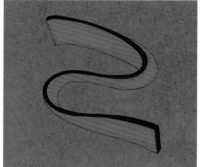

第2步：用白色调和黄色、红色和熟褐画出18K红金的固有色，然后用熟褐勾画侧面厚度。

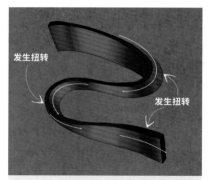

第3步：用熟褐在造型的转折处画出暗面。

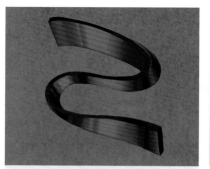

第4步：用熟褐加强暗面，并以平行的笔法晕染。

第5步：用白色调和黄色、红色和少量熟褐画出亮面，这里也以平行的笔法晕染。

第6步：用白色调和黄色、红色画出高光。

2.凹面金属

凹面金属是指中心凹、周围凸的金属造型，光线在凹面中反复折射，除了靠近光源的边缘外，中心处是最亮的，暗面有点像"几"字。

第1步：画出贵金属的外轮廓。

第2步：用浅灰色画出18K白金的固有色。

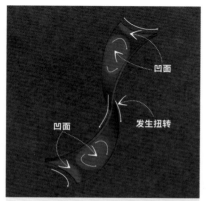

第3步：用黑色调和水并在造型的转折处画出暗面。

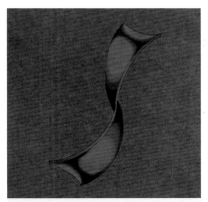 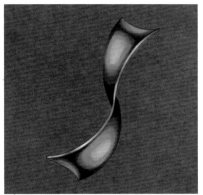 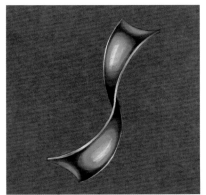

第4步： 用黑色加强暗面，18K白金暗面的造型像"几"字，两个凹面之间就是相对的"几"字，可按照"几"字形进行晕染。

第5步： 用浅灰色画出18K白金的亮面，然后从中心向外一圈一圈地画出渐变效果。

第6步： 用白色在中心处画高光，注意金属造型的边缘部分也需要画上高光。

3.凸面金属

凸面金属的亮面在凸出的位置，暗面呈圆弧状（遵循外形的轮廓）并向中心减弱。

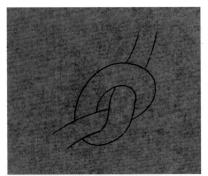 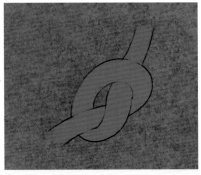 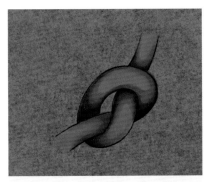

第1步： 画出贵金属的外轮廓。

第2步： 用浅灰色画出18K白金的固有色。

第3步： 用黑色调和水在造型的转折处画出暗面。

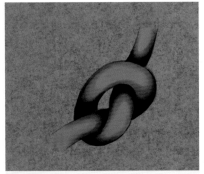 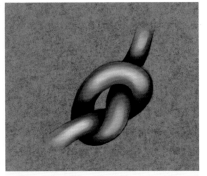 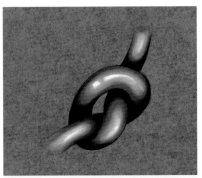

第4步： 用黑色沿着外轮廓的造型一圈一圈地向内画弧，注意结构的阴影处也要画出暗色，这样才能有层次感和立体感。

第5步： 用浅灰色在凸出的位置平涂，同时要参考外轮廓的形状一层一层地向外扩展。

第6步： 用白色在最凸出的位置点画高光。

6.2 贵金属的特征总结

经过对贵金属基础属性的初步学习，我们知道同一种造型的贵金属，在变换不同的形态和颜色后会出现不同的特征。下面通过对贵金属的特征进行总结，帮助大家更好地找到贵金属的绘制规律。

6.2.1 平面金属的特征总结

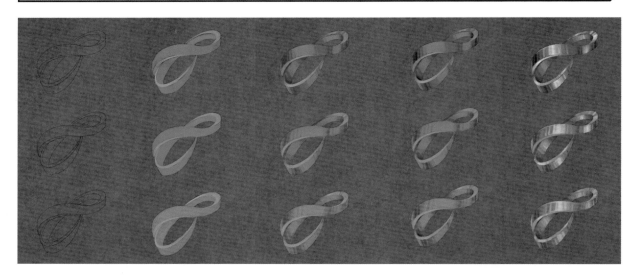

◇ **特征总结**

在平面金属中，无论表现的是暗面还是亮面，两者都是平行排列的。

6.2.2 凹面金属的特征总结

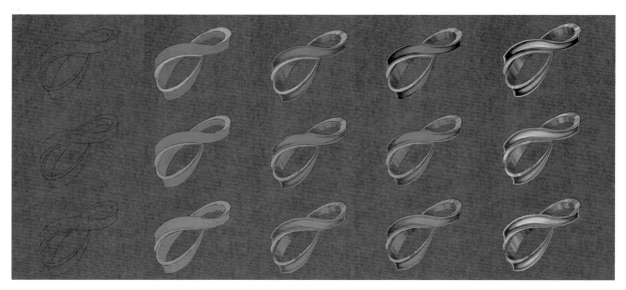

凹面金属的暗面特征：呈"几"字形。

凹面金属的亮面特征：最凹的中间部位和周围的边最亮（凹面金属的边缘最凸出），中间亮是因为金属的强反光将光线聚集在凹面中了。

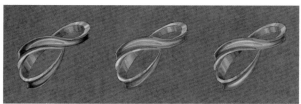

问：图示蓝色区域也是翻出来的边缘位置，为什么不用画出亮面？

答：因为凹面金属的两侧是凸起的，这个部分比中间部分高，从这个角度来看两条蓝色区域的边挡住了本该是亮面的区域，因此不需要提亮，如果在其他情况下没有被遮挡，那么是需要画出亮面的。

6.2.3 凸面金属的特征总结

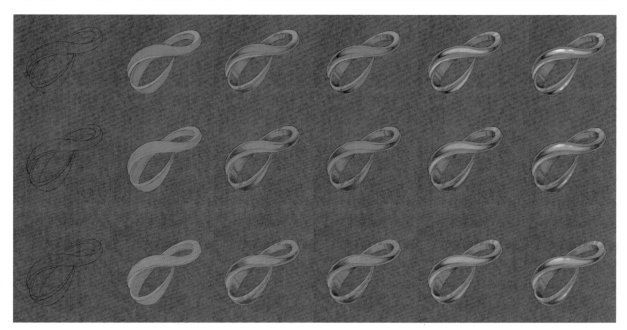

♢ 特征总结

凸面金属的暗面特征：呈"V"字形。

凸面金属的亮面特征：最凸出的中间部位最亮。

　　我们可将前面总结的技巧引入贵金属的单体设计中。下面就变换造型，以3个不同颜色、不同造型的贵金属蝴蝶结来对贵金属的基本应用进行解析。

◇ 金属立方体明暗关系

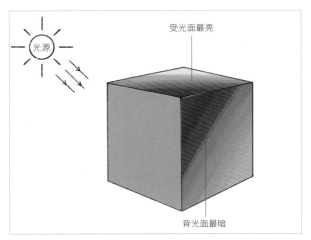

红色代表亮面，越红则越亮；蓝色代表暗面，越蓝则越暗

◇ 金属球体明暗关系

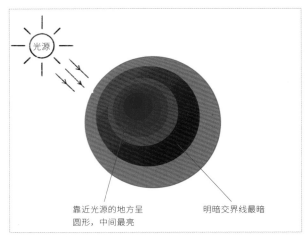

红色代表亮面，越红则越亮；蓝色代表暗面，越蓝则越暗

◇ 结论

　　①靠近光源的地方是受光面，受光面一定是亮面。
　　②位置凸出的地方是亮面，越靠近光源越亮。
　　③没有受到光照的地方是背光面，与出现转折的地方同为暗面。

◇ 绘制流程

　　①画出蝴蝶结的外轮廓。
　　②在轮廓内部填充固有色。
　　③在造型的转折处画出暗面。
　　④在凸出的位置画出亮面。
　　⑤点画出高光。

　　在讲解不同种类的贵金属蝴蝶结之前，我们先练习以下两个基本单体，以便熟悉贵金属在立体造型中的明暗关系。

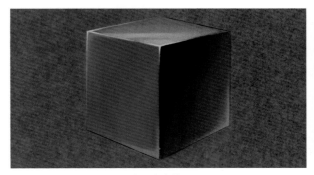

金属立方体

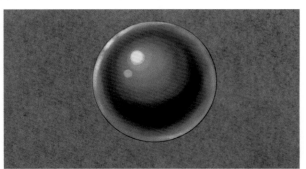

金属球体

6.3.1 平面金属蝴蝶结

确定颜色：银色。　　　　　　　　　　**确定造型：**平面、蝴蝶结。

第1步：画出蝴蝶结的外轮廓。

第2步：用浅灰色将轮廓内部填满。

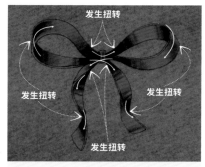

第3步：用黑色在造型的转折处画出暗面，参照平面金属的特征进行刻画，平面金属的暗面应平行排列。

第4步：参考外轮廓的形状，平面金属的亮面应平行排列，绘制时可用浅灰色平涂凸出的部分。

第5步：用白色画出高光。

6.3.2 凹面金属蝴蝶结

确定颜色：黄色。　　　　　　　　　　**确定造型：**凹面、蝴蝶结。

第1步：画出蝴蝶结的外轮廓。

第2步：用中黄色将轮廓内部填满。

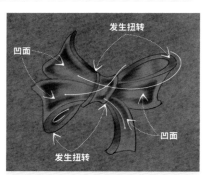

第3步：用熟褐在造型的转折处画出暗面，参照凹面金属的特征进行刻画，凹面金属的暗面呈"几"字形。

第4步：参考外轮廓的形状，凹面金属的亮面在最凹的中间部位和周围的边缘部位，用柠檬黄平涂这个部分。

第5步：用柠檬黄调和大量白色画出高光。

6.3.3 凸面金属蝴蝶结

确定颜色：红色。　　　　　　　　　**确定造型**：凸面、蝴蝶结。

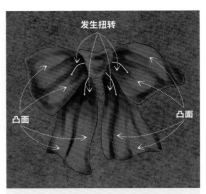

第1步：画出蝴蝶结的外轮廓。

第2步：用白色调和黄色、红色和褐色将轮廓内填满。

第3步：用熟褐在造型的转折处画出暗面，可参照凸面金属的特征进行刻画，凸面金属的暗面呈"V"字形。

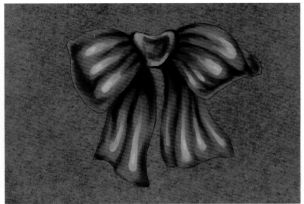

第4步：用熟褐加强暗面。

第5步：最凸出的中间部分最亮，用白色调和熟褐画出亮面和高光。

6.4 贵金属在戒指中的应用

对贵金属的基本特征进行了分析并应用后,我们就可以将所学知识用到首饰中,并刻画出一些造型简约的素金首饰。本节主要讲解贵金属在戒指中的应用,戒指的应用非常广泛,学会了戒指的画法,绘制其他首饰也就不难了。

◇ **戒指明暗关系**

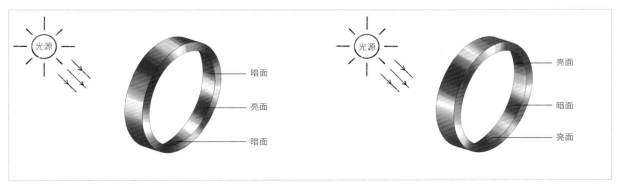

红色代表亮面,越红则越亮;蓝色代表暗面,越蓝则越暗

◇ **结论**

①戒指的明暗关系非常明确,其明暗面是间隔排列的,两个暗面之间是亮面,同理,两个亮面之间是暗面。

②戒面的亮面非常好找,最靠近光源和造型最凸出的位置就是最亮的亮面(包括戒圈和内壁),两者的明暗关系也是以明、暗、明、暗的顺序间隔排列的。

提示

戒指是闭合的圈状立体造型,我们既能看到它的正面、顶面,又能看到它的侧面,甚至是反面,再加上戒指又具有平板、凸面和凹面等造型,所以要想准确地表达出戒指的明暗关系对初学者来说是非常困难的。我们知道暗面和亮面是相对的,想要把握各个面的明暗关系,需要提前对戒指的造型进行分析和总结,并找到其中的规律。

◇ **绘制流程**

①画出戒指的透视图。

②在轮廓内部填充固有色。

③在造型的转折处画出暗面。

④在凸出的位置画出亮面。

⑤点画出高光。

6.4.1 素圈戒指

素圈戒指在戒指中是最简单的贵金属应用,掌握了它的绘制技法,才能更好地掌握其他款式的戒指的画法。这里以平板素圈戒指和凸面素圈戒指为例进行讲解。

1.平板素圈戒指

分析距离光源最近的位置和戒指造型最凸出的位置，找到戒面最亮的面。

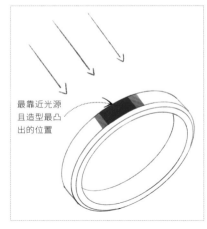

最靠近光源
且造型最凸
出的位置

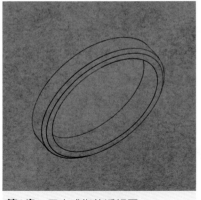

第1步：画出戒指的透视图。

知道了亮面的位置，暗面的
位置就很好确定了

戒面的该位置是亮面，与之相邻的侧面一定是
暗面

第3步：用黑色调和水画出暗面。

第4步：参考外轮廓的形状，用浅灰
色在凸出的位置平涂。

第5步：用白色画出高光。

2.凸面素圈戒指

分析距离光源最近的位置和戒指造型最凸出的位置，找到戒面最亮的面。由于戒面是曲面金属的造型，因此
亮面的形状也要符合曲面金属的特征。

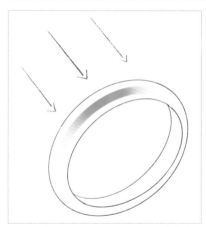

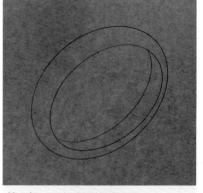

第1步：画出戒指的透视图。

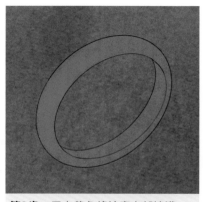

第2步：用中黄色将轮廓内部填满。

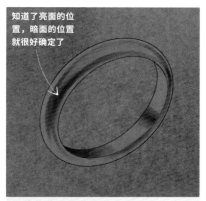

知道了亮面的位置，暗面的位置就很好确定了

第3步： 用熟褐画出暗面。

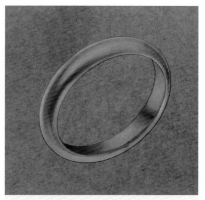

第4步： 用柠檬黄调和白色画出亮面。

第5步： 用柠檬黄调和大量白色画出高光。

6.4.2 马鞍戒指

分析距离光源最近的位置和戒指造型最凸出的位置，找到戒面最亮的面。马鞍戒其实是曲面金属和平面金属的组合。

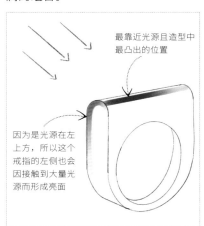

最靠近光源且造型中最凸出的位置

因为是光源在左上方，所以这个戒指的左侧也会因接触到大量光源而形成亮面

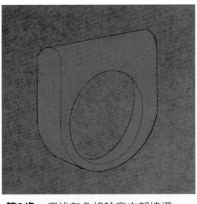

第1步： 画出戒指的透视图。

第2步： 用浅灰色将轮廓内部填满。

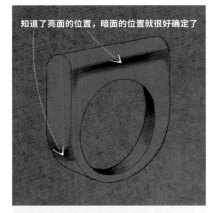

知道了亮面的位置，暗面的位置就很好确定了

第3步： 用黑色调和水画出暗面。

第4步： 根据外轮廓的形状，用浅灰色平涂戒指凸出的部分。

第5步： 用白色画出高光。

6.4.3 波形戒指

分析距离光源最近的位置和戒指造型最凸出的位置，找到戒面最亮的面。波形戒指戒面上的每一个波形凸起的位置都是亮面。

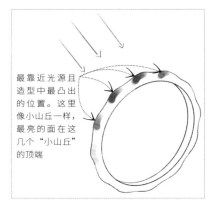

最靠近光源且造型中最凸出的位置。这里像小山丘一样，最亮的面在这几个"小山丘"的顶端

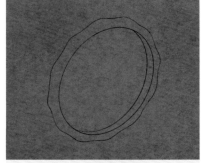

第1步： 画出戒指的透视图。

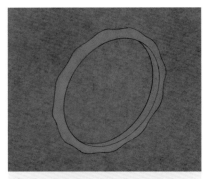

第2步： 用中黄色将轮廓内部填满。

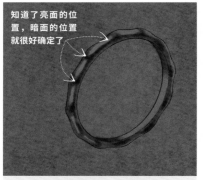

知道了亮面的位置，暗面的位置就很好确定了

第3步： 用熟褐画出暗面，每一个凸出的位置旁边就是转折面。

第4步： 用柠檬黄调和白色画出亮面。

第5步： 用柠檬黄调和大量白色画出高光。

6.4.4 切割面戒指

分析距离光源最近的位置和戒指造型最凸出的位置，找到戒面最亮的面。注意切割面戒指的棱线是造型里最凸出的，因此要在最后用亮色勾线。

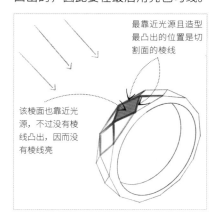

最靠近光源且造型最凸出的位置是切割面的棱线

该棱面也靠近光源，不过没有棱线凸出，因而没有棱线亮

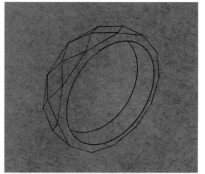

第1步： 画出戒指的透视图。

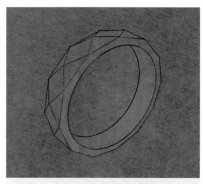

第2步： 用中黄色将轮廓内部填满。

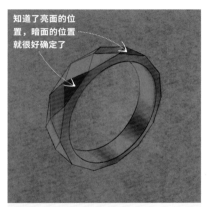

第3步：用熟褐画出暗面。 **第4步：**用柠檬黄调和白色画出亮面。 **第5步：**用柠檬黄调和大量的白色画出高光。

6.4.5 扭转戒指

　　分析距离光源最近的位置和戒指造型最凸出的位置，找到戒面最亮的面。扭转戒指的戒面是凹面造型，通过前面的学习得知凹面金属最凸出的位置在凹面的两侧，由此便可以找到戒面中最亮的面。

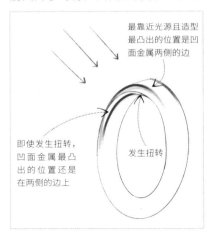

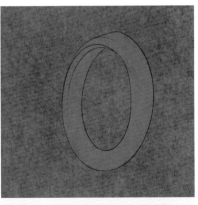

第1步：画出戒指的透视图。 **第2步：**用浅灰色将轮廓内部填满。

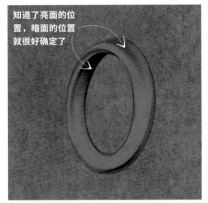

第3步：用黑色调和水画出暗面，发生扭转的部分就是暗面。 **第4步：**根据外轮廓的形状，用浅灰色平涂戒指的亮面。 **第5步：**用白色画出高光。

6.5 贵金属在链接结构中的应用

　　链接结构的作用就像关节一样，使首饰的各个部分可以灵活组合，用于链与链之间的连接，常见于手链、项链。同时，人们在佩戴首饰的时候也往往需要借助不同的链接结构来达到佩戴的目的，如耳钉的钉、胸针的针、手链的卡扣等。本节介绍的结构采用立体图的画法，方便大家理解结构的全貌。

6.5.1 O形扣

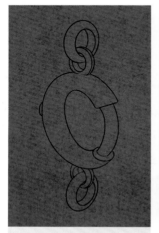   

第1步：用铅笔画出线稿。　　**第2步：**用浅灰色将轮廓内部填满。　　**第3步：**用黑色调和水画出暗面。　　**第4步：**用白色画出亮面和高光。

6.5.2 胸针别针

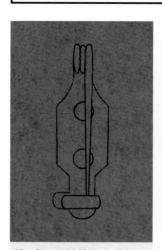 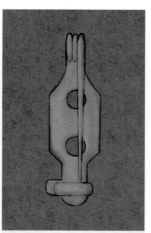 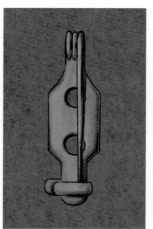 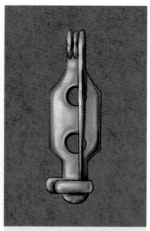

第1步：用铅笔画出线稿。　　**第2步：**用浅灰色将轮廓内部填满。　　**第3步：**用黑色调和水画出暗面。　　**第4步：**用白色画出亮面和高光。

6.5.3 龙虾扣

第1步：用铅笔画出线稿。

第2步：用浅灰色将轮廓内部填满。

第3步：用黑色调和水画出暗面。

第4步：用白色画出亮面和高光。

6.5.4 弹簧扣

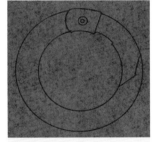 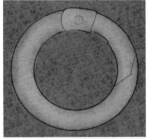 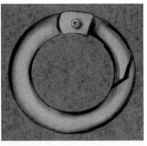 

第1步：用铅笔画出线稿。

第2步：用浅灰色将轮廓内部填满。

第3步：用黑色调和水画出暗面。

第4步：用白色画出亮面和高光。

6.5.5 S形扣

 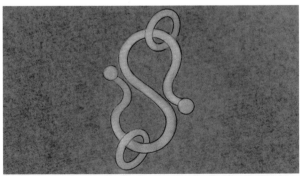

第1步：用铅笔画出线稿。

第2步：用浅灰色将轮廓内部填满。

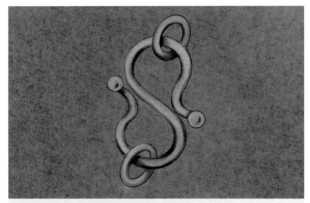
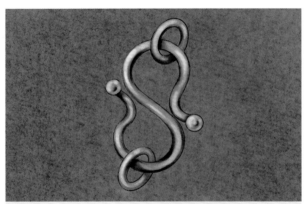

第3步： 用黑色调和水画出暗面。

第4步： 用白色画出亮面和高光。

6.5.6 OT形扣

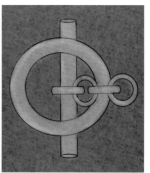

第1步： 用铅笔画出线稿。

第2步： 用浅灰色将轮廓内部填满。

第3步： 用黑色调和水画出暗面。

第4步： 用白色画出亮面和高光。

6.5.7 圆环扣

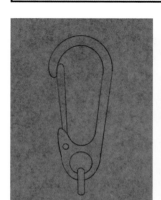
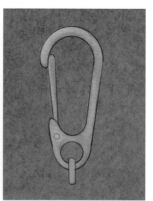
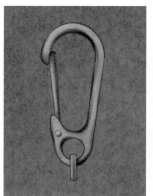
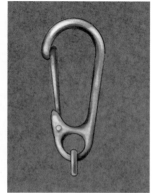

第1步： 用铅笔画出线稿。

第2步： 用浅灰色将轮廓内部填满。

第3步： 用黑色调和水画出暗面。

第4步： 用白色画出亮面和高光。

6.5.8 锁扣

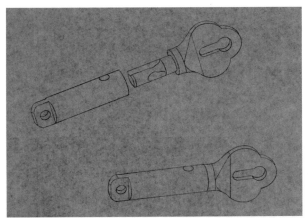

第1步： 用铅笔画出线稿。

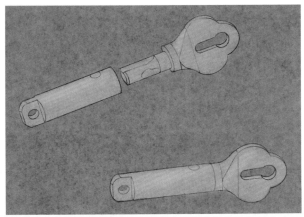

第2步： 用浅灰色将轮廓内部填满。

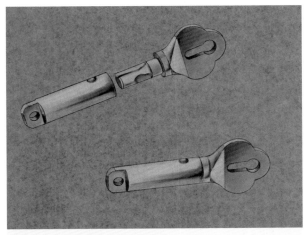

第3步： 用黑色调和水画出暗面。

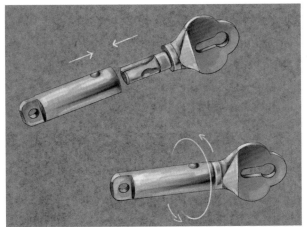

第4步： 用白色画出亮面和高光，复杂的开关设计可以添加箭头示意。

6.5.9 盒子扣

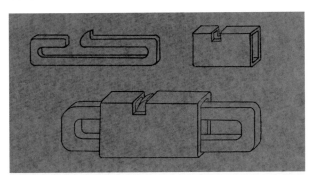

第1步： 用铅笔画出线稿。

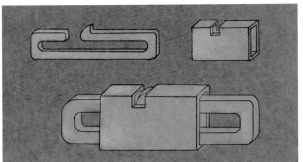

第2步： 用浅灰色将轮廓内部填满。

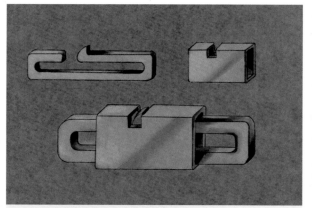

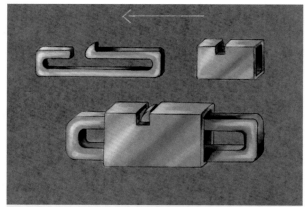

第3步： 用黑色调和水画出暗面。

第4步： 用白色画出亮面和高光，复杂的开关设计可以添加箭头示意。

6.5.10 扁插扣

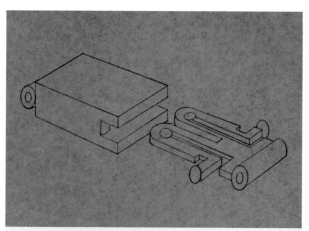

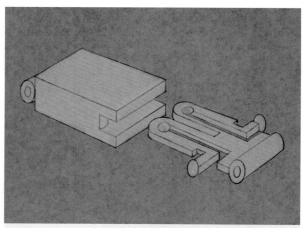

第1步： 用铅笔画出线稿。

第2步： 用浅灰色将轮廓内部填满。

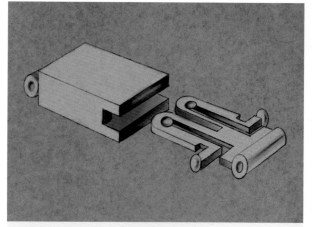

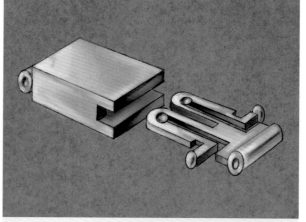

第3步： 用黑色调和水画出暗面。

第4步： 用白色画出亮面和高光。

　　贵金属制成的链子是一种软结构，它单独放在桌面上是立不起来的，能够与人体非常贴合，常见的链子有手链、项链等。

6.6.1 O形链

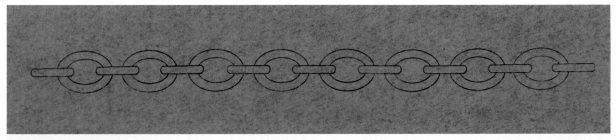

第1步：用铅笔画出线稿。

第2步：用浅灰色将轮廓内部填满。

第3步：用黑色调和水画出暗面。

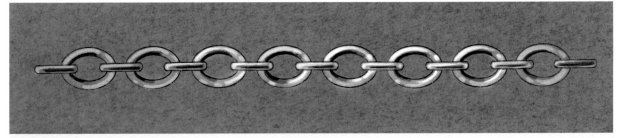

第4步：用白色画出亮面和高光。

6.6.2 瓜子链

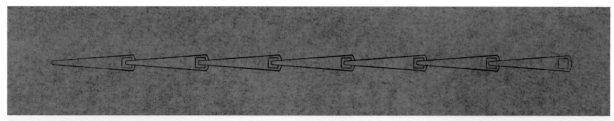

第1步： 用铅笔画出线稿。

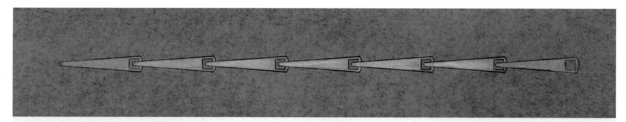

第2步： 用浅灰色将轮廓内部填满。

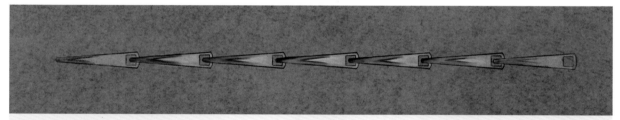

第3步： 用黑色调和水画出暗面。

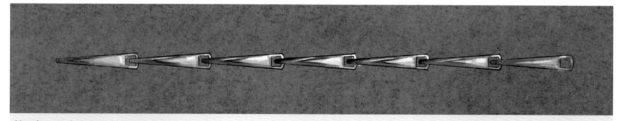

第4步： 用白色画出亮面和高光。

6.6.3 花片链

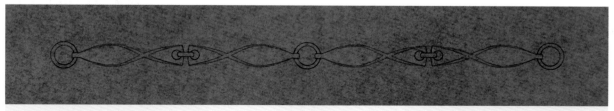

第1步： 用铅笔画出线稿。

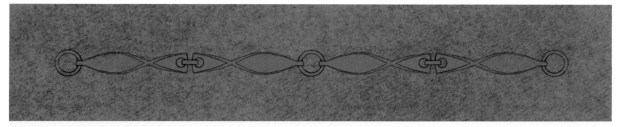

第2步： 用中黄色将轮廓内部填满。

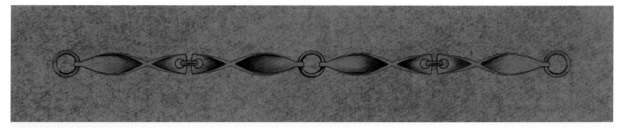

第3步： 用熟褐画出暗面。

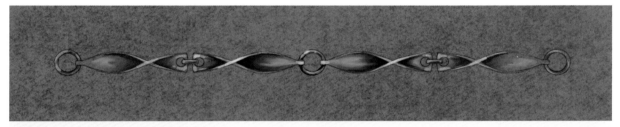

第4步： 用柠檬黄调和白色画亮面和高光。

6.6.4 蛇骨链

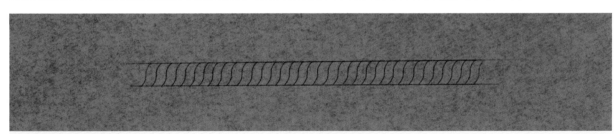

第1步： 用铅笔画出线稿。

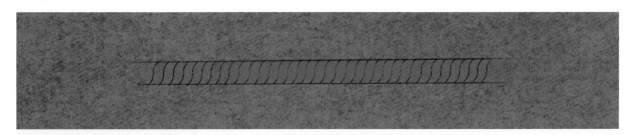

第2步： 用中黄色将轮廓内部填满。

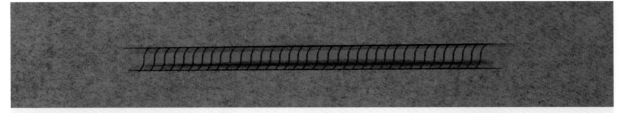

第3步：用熟褐画出暗面。

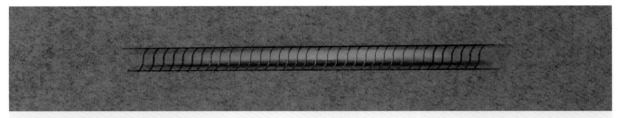

第4步：用柠檬黄调和白色画出亮面。

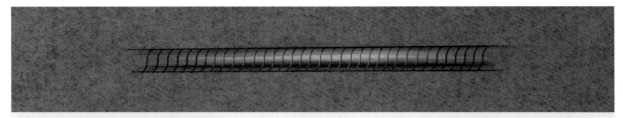

第5步：用柠檬黄调和大量的白色画出高光。

提示

蛇骨链比较光滑，高光明显，这里特别进行说明。

6.6.5 马鞭链

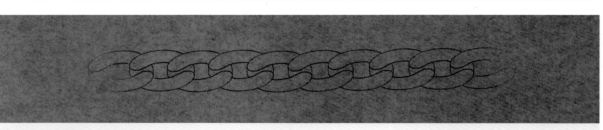

第1步：用铅笔画出线稿。

第2步：用中黄色将轮廓内部填满。

第3步：用熟褐画出暗面。

第4步：用柠檬黄调和白色画出亮面和高光。

6.6.6 波纹链

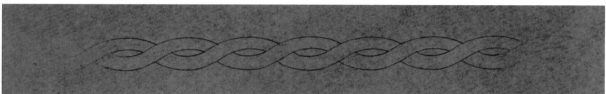

第1步：用铅笔画出线稿。

第2步：用白色调和黄色、红色和熟褐，然后将轮廓内部填满。

第3步：用熟褐画出暗面。

第4步：用白色调和熟褐画出亮面和高光。

6.6.7 麻花链

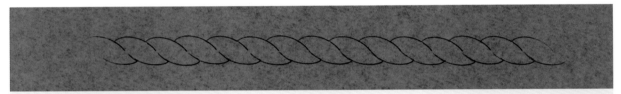

第1步： 用铅笔画出线稿。

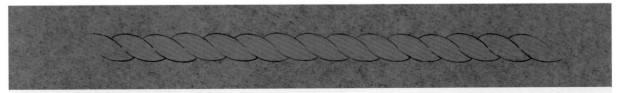

第2步： 用白色调和黄色、红色和熟褐，将轮廓内部填满。

第3步： 用熟褐画出暗面。

第4步： 用白色调和熟褐画出亮面和高光。

6.6.8 侧身链

第1步： 用铅笔画出线稿。

第2步： 用浅灰色将轮廓内部填满。

第3步：用黑色调和水画出暗面。

第4步：用白色画出亮面和高光。

6.6.9 8字链

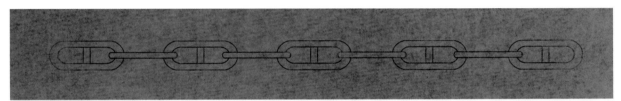

第1步：用铅笔画出线稿。

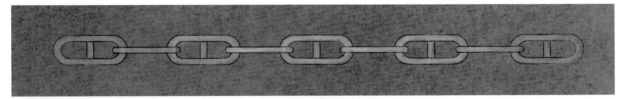

第2步：用浅灰色将轮廓内填满。

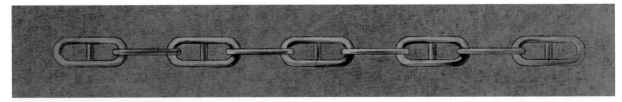

第3步：用黑色调和水画出暗面。

第4步：用白色画出亮面和高光。

雄狮的造型很有代表性，既有发达的肌肉，又有丰富的毛发。如何以金属的质感去表现雄狮的风采呢？我们需要从造型、颜色、纹理3个方面来综合考虑。

6.7.1 造型设计

切忌盲目想象，我们需要参考一些图片来获得造型上的灵感。雄狮的毛发主要集中在颈部和胸部，这是需要仔细刻画的部位，其次一些肌肉线条也需要勾勒出来，通过这两点可以初步将雄狮的气势塑造出来。

> **提示**
>
> 当塑造人物、动物等形象时，为了避免呆板，尽量设计一些动态。这里要体现雄狮的力量感，因此有意设计出踏步的姿势，可营造出更为丰富的细节，使效果更加自然逼真。

雄狮这类复杂的造型主要表现的是金属的纹理和细节，一般以平面的形式展示。虽然雕刻使金属平面凹凸不平，但是这是相对于平面而言的，在这个空间中它的造型并没有发生扭曲。这个造型的明暗关系仍应该先从整体来看，再通过整体明确局部的明暗关系。

6.7.2 颜色绘制

现实中雄狮的毛发是金黄色的，因此用黄色金属雕刻成丝丝毛发的造型，这样设计雄狮题材的首饰会显得很形象。

中黄色是雄狮的固有色，平涂并填满整个轮廓。画线稿的时候把毛发的走势线描绘得略重一些，以便平涂底色之后还可以看清楚。

用中黄色调和熟褐刻画暗面，确定雄狮的肌肉和毛发的走向。

以细小的笔触勾画暗面的细节，雄狮的毛发以拉丝的形式来表现更恰当，因此需要参考拉丝的画法（见138页）。

用柠檬黄点画亮面，应着重刻画肌肉部分的亮面。此外，发丝也需要一笔一笔地勾勒出来，刻画出拉丝的感觉。

CHAPTER 1

第 *7* 章

不同类型的珠宝首饰绘制技法详解

　　珠宝首饰的样式有很多，从品类上来说大致可以分为戒指、项链、手饰、胸针、耳饰、发饰和男士珠宝，这些在生活中都比较常见。这里需要特别说明的是男士珠宝，随着社会的进步，珠宝首饰早已不再是女性的专属用品，其中袖扣、领带夹等是男士用品。在出席重要场合时，佩戴珠宝不仅能提升个人气质，还能表达对别人的尊重。

在珠宝设计手绘中，戒指是"试金石"，它看似简单却难以绘制，设计师绘制戒指的水平往往体现了其手绘和设计的能力。本节重点介绍群镶戒指的画法，群镶的魅力是大颗宝石无法比拟的，亮闪闪的小钻围绕主石，珠宝的光泽相互映衬，营造出璀璨绚丽的美感。除此之外，我们还要了解戒圈号（也叫圈口尺寸）的概念。戒指的大小由戒圈号决定。根据测量手指的周长得到相对应的号码数，定制戒指之前应该知晓佩戴者的戒圈号。

号码数（港码）	直径（mm）	周长（mm）
07	14.5	46
08	15.1	47.5
09	15.3	48
10	16.1	50.5
11	16.6	52
12	16.9	53
13	17.0	53.5
14	17.7	55.5
15	18.0	56.5
16	18.2	57
17	18.3	57.5
18	18.5	58
19	18.8	59
20	19.4	61
21	19.7	62
22	20.2	63.5
23	20.4	64
24	21.0	66

提示

戒指通常分为素金款、镶嵌款，前者是通体的贵金属，后者是贵金属和宝石的结合。戒指的造型千变万化，设计师可以多看一些戒指的设计款式，多临摹不同风格的戒指，以便于获取更多的灵感。

7.1.1 群镶大小一致的戒指

群镶大小一致的戒指是将群镶作为"面"的设计，以表现出光彩夺目的效果。

材质： 18K金、白钻、芬达石（橙色宝石）。

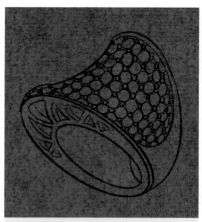

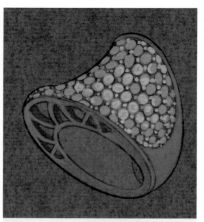

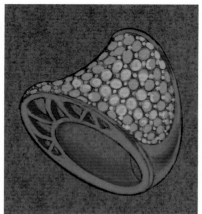

第1步： 画出戒指的透视图，可将这个戒指分为戒圈部分和镶钻部分来绘制。

第2步： 画出金属的固有色。在给群镶小钻上色之前要先整体地平涂整个戒指，再给每一颗小钻上色，这是因为即使群镶再密集也会留有一定的空隙。

第3步： 根据固有色调和暗面的颜色，画出戒圈的暗面，将戒指的立体感塑造出来。群镶小钻不画暗面。

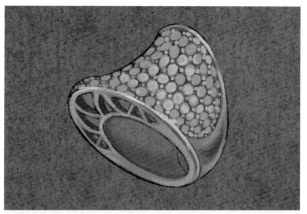

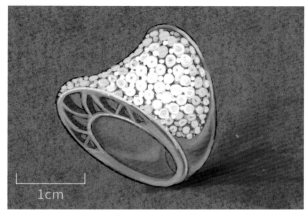

第4步： 根据固有色调和亮面的颜色，画出戒圈的亮面。

第5步： 镶嵌的小钻非常小，可直接画出它们的高光和亮面，不需要刻得得过于精致。注意越靠近视觉中心的小钻越亮，越靠近边缘和背光处的小钻越暗。若这些小钻都是一样的亮度，会让这个部分显得不立体。

问： 群镶小钻的明暗关系如何塑造？

答： 虽然群镶小钻的材质是一致的，但是接近光源的小钻会更亮，同时在造型凸出的部分，小钻同样也会更亮，因此在刻画群镶小钻时，应该将它们视作一个整体的面来看待，再根据相应的明暗关系给每一颗小钻画出不一样的明暗变化（细节），最后观察整体的明暗关系是否正确。

7.1.2 群镶大小不一致的戒指

群镶大小不一致的戒指在视觉上更加耀眼夺目，在设计上也更富有变化。

材质： 18K金、白钻、芬达石（橙色宝石）。

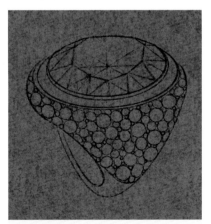

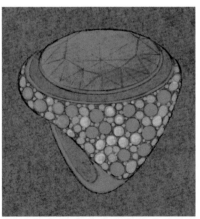

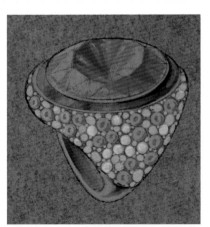

第1步： 画出戒指的透视图，可将这个戒指分为主石部分和镶钻部分来绘制。

第2步： 画出金属和宝石的固有色，注意群镶宝石同样需要先整体地平涂一遍金属色，再给每一颗小钻上色。

第3步： 根据固有色调和暗面的颜色，画出戒圈上的群镶小钻和大颗宝石的暗面。群镶的小钻非常小，可以用点的形式进行处理。

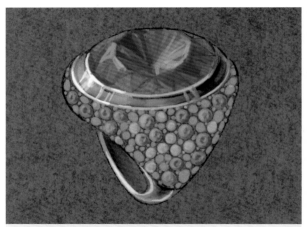

第4步： 根据固有色调和亮面的颜色，画出戒圈和大颗宝石的亮面。群镶的小钻非常小，可以用点的形式进行处理。

第5步： 画高光和群镶小钻的亮面，同样要注意群镶小钻的明暗关系。

提示

在某些角度下，我们可以从台面观察到宝石的内部结构，因此台面部分需要刻画出由宝石底部一点向外放射的感觉，其明暗关系和画法与顶视图下的宝石一样，只是角度略有变化。下面是单颗透视宝石的上色原理。

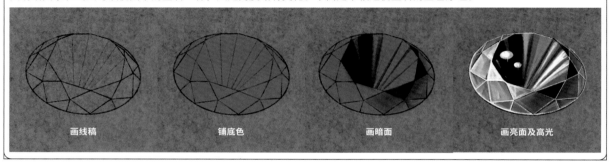

画线稿　　　　铺底色　　　　画暗面　　　　画亮面及高光

7.2 耳饰

耳饰指的是佩戴在耳朵（包括耳垂、耳轮等）上的首饰，男性和女性均可佩戴，其中佩戴在耳垂上的耳饰较为常见。这种耳饰需要佩戴者的耳朵上有耳洞，不过如今也有不少耳饰以夹的方式固定在耳朵上。

7.2.1 耳钉

耳钉并不是指以"钉"的穿戴方式穿过耳洞的耳饰，更多的是指比较小的耳饰，并且佩戴后从正面看不到耳钉的结构。耳钉的造型千变万化，但无论怎样变化也改变不了以下特点：耳垂前面是耳钉造型，耳垂后面是耳迫。一般采用银、金和塑料等作为耳钉的材质。

◇ 耳钉的侧面结构

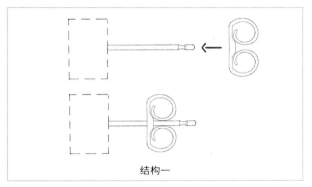

结构一

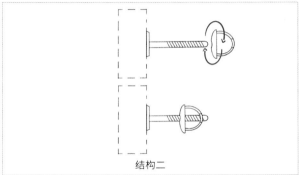

结构二

◇ 彩色宝石叶子耳钉示例

材质： 18K金、紫水晶、海蓝宝石。

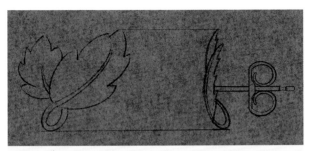

提示

在表现耳饰的设计图时，一般需要画出体现耳钉结构的侧视图，若设计的是一对左右对称的耳钉，那么只需要画出一个正视图和一个侧视图。

第1步： 画出耳钉的线稿，包括正视图和侧视图。在正视图中是看不到"钉"的结构的，这样看起来是单纯地表现耳饰的造型。

第2步： 画出与耳朵直接接触的金属材质部分，包括"钉"的部分（支撑部分）和耳迫，然后画出造型部分的底色，分别是紫水晶和海蓝宝石的固有色。

第3步： 根据固有色调和暗面的颜色，画出宝石和金属的暗面。

第4步： 根据固有色调和亮面的颜色，画出宝石和金属的亮面。

第5步： 为耳钉点画高光和反光。

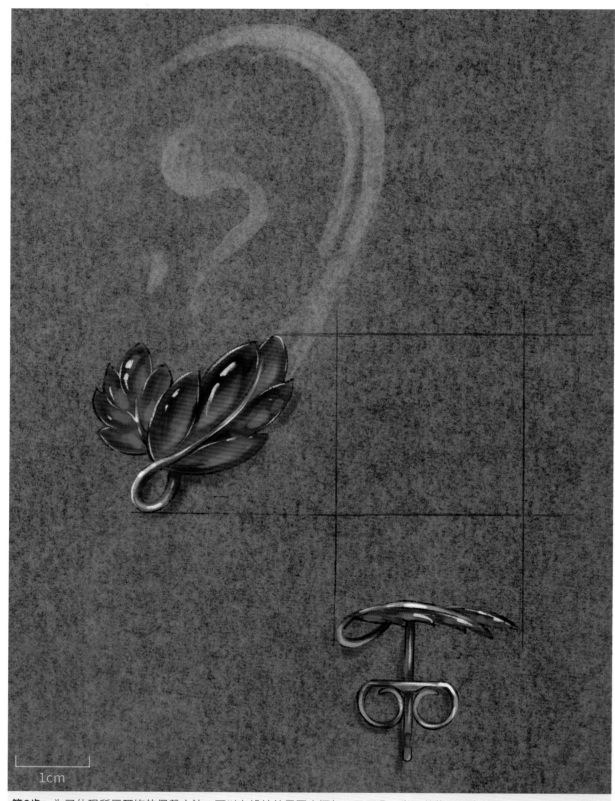

1cm

第6步：为了体现所画耳饰的佩戴方法，可以在设计效果图中添加一只耳朵；为了使构图更为美观，可以将侧视图放置在右下方。

耳环可穿过耳洞勾住耳朵（除了夹式耳环外），佩戴后可以看见明显的环状结构，这个结构起到了主要的装饰作用。

◇ **耳环的侧面结构**

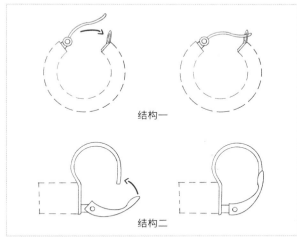

结构一

结构二

◇ **故宫情怀耳环示例**

材质和工艺： 18K金、珐琅。

第1步： 画出耳环的线稿，并描绘珐琅上的图案。

第2步： 画出与耳朵直接接触的金属材质部分，然后用不同颜色画出珐琅上的花纹。

第3步： 根据固有色调和暗面的颜色，画出珐琅和金属的暗面。

第4步： 根据固有色调和亮面的颜色，画出珐琅和金属的亮面。珐琅上的花纹可以仅添加少许亮面，其中黄色花纹质地比较光滑，亮面非常明显，需要作出区分。

第5步： 在点画高光的时候，应该将珐琅看作一个整体，其高光在整个环状面上，而不是在花纹中体现。

1cm

第6步：在设计效果图上画出设计的灵感来源，如与故宫主题契合的古建筑造型，可使画面更丰富一些。

耳坠指的是佩戴在耳朵上的吊坠，有很明显的"坠"的结构，通常是将主体物以小环的结构与上端的环状结构相连。佩戴者在佩戴耳坠后，随着自身的活动，耳坠也会跟着摇摆。

◇ **耳坠的侧面结构**

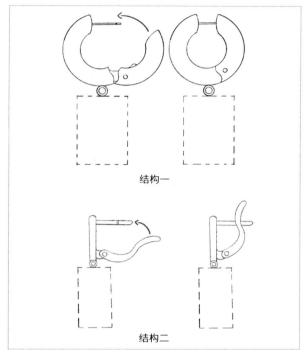

结构一

结构二

◇ **海蓝宝石耳坠示例**

材质： 18K金、海蓝宝石、白钻。

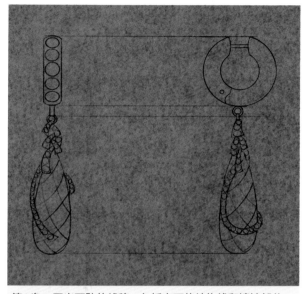

第1步： 画出耳坠的线稿，包括宝石的结构线和镶钻部分。

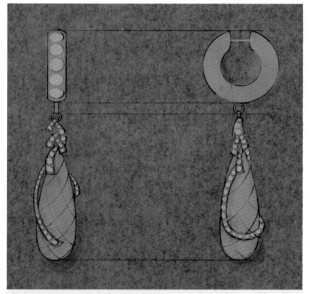

第2步： 画出与耳朵直接接触的金属材质部分，然后画出造型部分的底色，注意镶钻部分的固有色应该与金属的固有色有所区别。

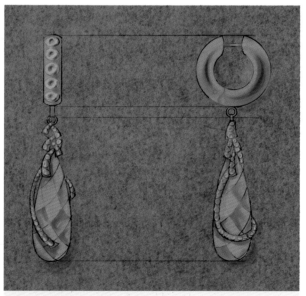

第3步： 根据固有色调和暗面的颜色，画出宝石和金属的暗面。

1cm

第4步： 点画亮面和高光，并刻画宝石上的刻面线。

◇ **祖母绿耳坠示例**

　　材质： 18K金、祖母绿、珍珠。

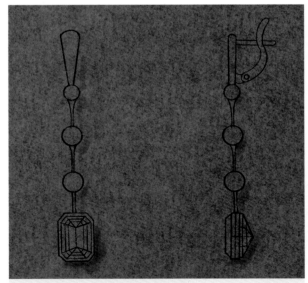

第1步： 画出耳坠的线稿，将造型部分的细节刻画完整。

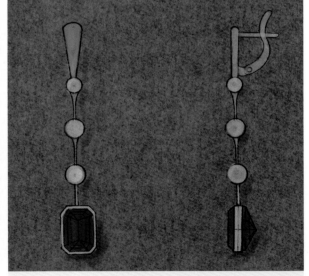

第2步： 画出与耳朵直接接触的金属材质部分，然后画出造型部分的底色，分别是珍珠和祖母绿的固有色。

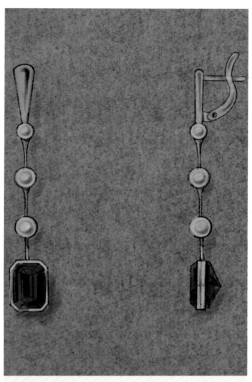

第3步： 根据固有色调和暗面的颜色，画出宝石和金属的暗面。

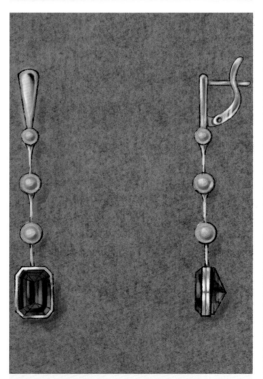

第4步： 根据固有色调和亮面的颜色，画出宝石和金属的亮面。

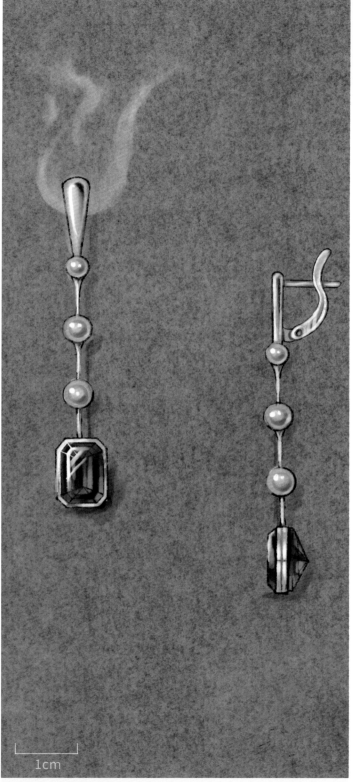

第5步： 为耳坠点画高光和反光。

1cm

耳线指的是以狭长的类似于线状的金属穿过耳洞的耳饰。

◇ **耳线的侧面结构**

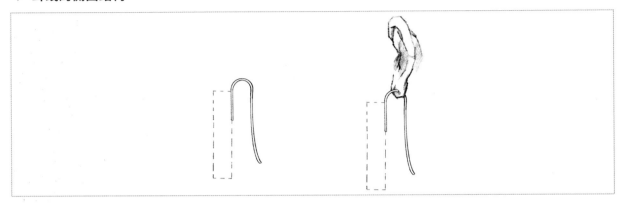

◇ **珍珠耳线示例**

> **材质：** 18K金、Akoya珍珠。

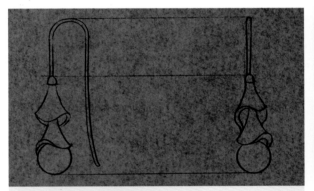

第1步：画出耳线的线稿，将造型部分的细节刻画完整。

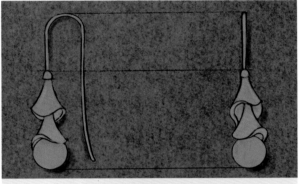

第2步：画出与耳朵直接接触的金属材质部分，然后画出造型部分的底色，分别是金属和珍珠的固有色。

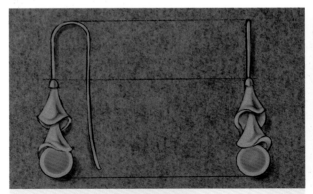

第3步：根据固有色调和暗面的颜色，画出宝石和金属的暗面。

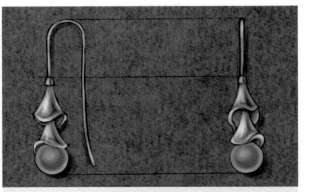

第4步：根据固有色调和亮面的颜色，画出宝石和金属的亮面。

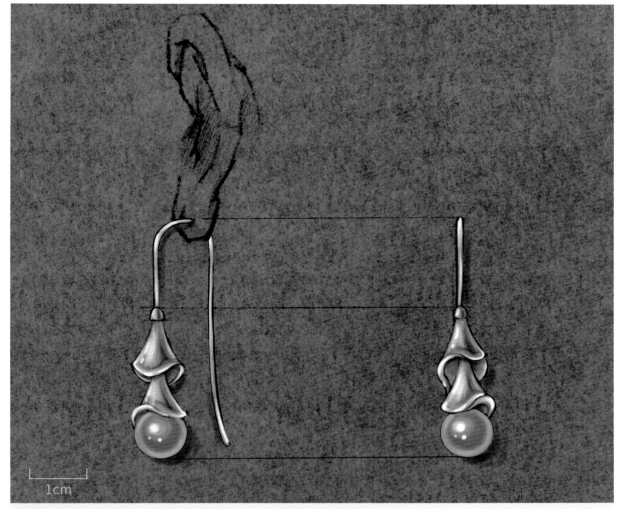

1cm

第5步： 为耳线点画高光，在设计效果图中添加耳朵，用以体现佩戴方法。

7.2.5 耳夹

　　耳夹是利用金属的张力或压力固定在耳朵上的耳饰，这种耳饰不需要佩戴者有耳洞，它既可以夹在耳垂上，又可以夹在耳轮上，其中夹在耳垂上的耳夹的画法类似于耳钉的画法。

◇ **耳夹的侧面结构**

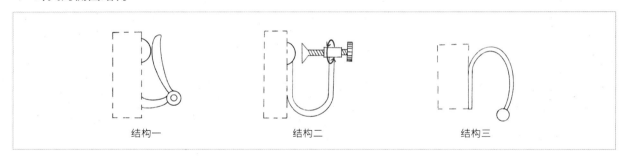

◇ 黄宝石耳夹示例

材质：18K金、黄色宝石、白钻。

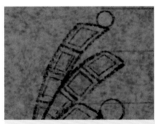 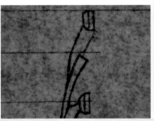 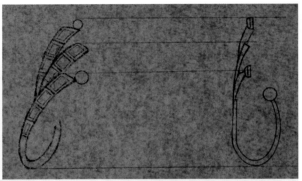

第1步：画出耳夹的线稿，这里所画的耳夹采用的是耳夹的侧面结构中的第三种结构，这种结构的造型部分与耳夹部分是一体的，可以设计一些具有美感的曲线造型。

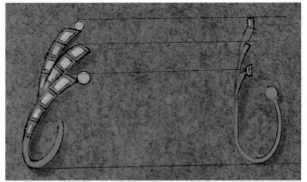 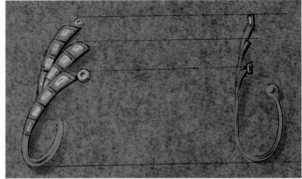

第2步：画出与耳朵直接接触的金属材质部分，然后画出造型部分的底色，分别是黄色宝石和白钻的固有色。

第3步：根据固有色调和暗面的颜色，画出宝石和金属的暗面。

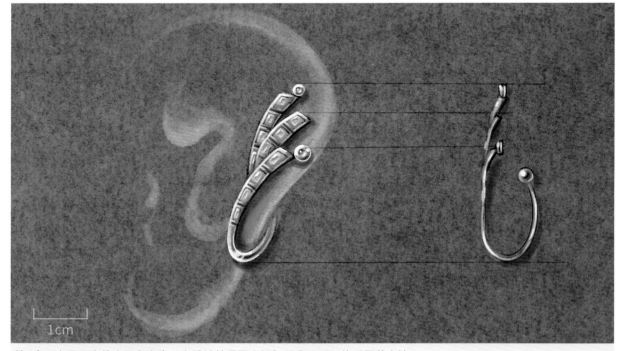

1cm

第4步：点画耳夹的亮面和高光，在设计效果图上添加耳朵，用以体现佩戴方法。

项链是装饰颈部的首饰的总称，主要分为吊坠和颈链。吊坠的主体是坠，重点表现在坠的部分，链和坠既可以是分开的个体，又可以是连接的整体；颈链一般以整体的造型来呈现。常见的项链有项圈、锁骨链、毛衣链等，材料一般是贵金属、宝石等，采用的是挂在颈部的佩戴方法。项链的长度有多种型号，不同的长度可展现不同的风格和需求，需要根据佩戴者的脸形和身材搭配不同长度的项链。

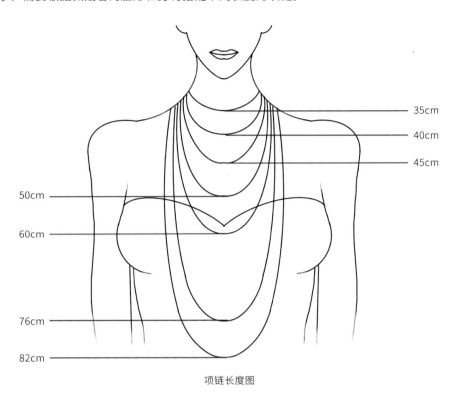

项链长度图

女款项链常见佩戴尺寸

长度	位置
40cm	长度与项圈相当
46cm	下垂至锁骨位置
50cm	下垂至锁骨下方一点的位置
55cm	接近领口位置
60cm	下垂至领口下方位置

男款项链常见佩戴尺寸

长度	位置
46cm	紧靠脖子根部
50cm	紧靠锁骨位置，是较常用的尺寸
60cm	下垂至胸前位置

在刻画吊坠的时候应该用简单的弧线画出挂吊坠的挂链，通常挂链可以不用细致刻画，如果有特殊的设计，那么是可以进一步刻画的。

◇ **蛇圆环吊坠示例**

　　材质：18K金、黑玛瑙、黑钻。

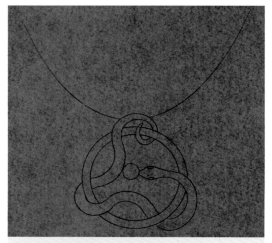

第1步：画出吊坠的线稿，主要刻画的是坠的部分。

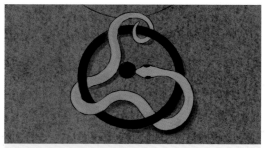

第2步：画出造型部分的底色，分别是金属和宝石的固有色，这里黑钻和黑玛瑙的固有色是一样的。

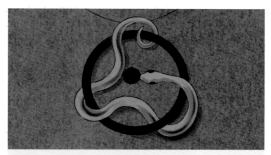

第3步：根据固有色调和暗面的颜色，画出宝石和金属的暗面，这时黑钻和黑玛瑙的区别就体现出来了，黑钻有明显的刻面结构。

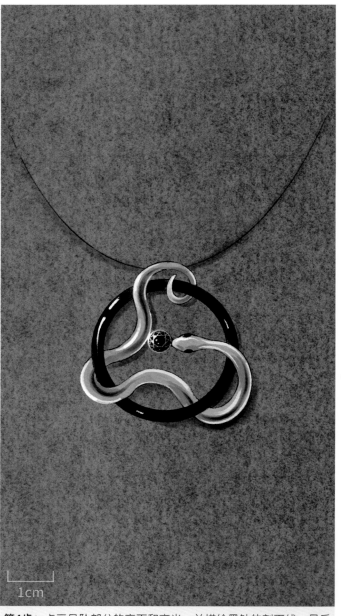

第4步：点画吊坠部分的亮面和高光，并描绘黑钻的刻面线，最后将挂链的阴影补充完整。

颈链既可以是对称的，又可以是不对称的，它与吊坠的部分是一个整体，需要一同设计。

◇ **珍珠项链示例**

　　材质：18K金、珍珠、黄钻。

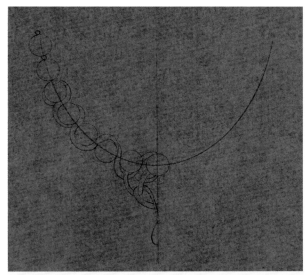

第1步：用铅笔画出线稿，对称的颈链可以先画出一半，再用硫酸纸拷贝另一半。这里以珍珠作为颈链的主体，并以缠绕的金属镶嵌，我们需要将线条的穿插关系梳理清楚。

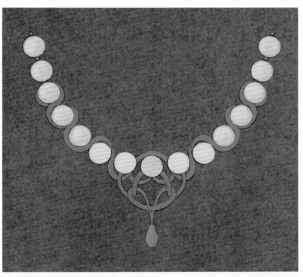

第2步：画出宝石和金属的固有色，这里黄钻和金属的固有色是一样的。

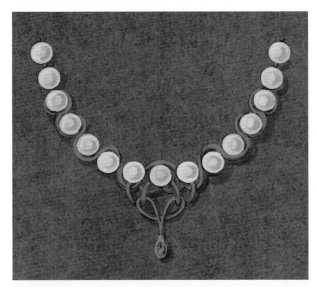

第3步：为每一颗珍珠画出暗面，可以适当添加一些变化，比如有的珍珠有粉色晕染有的则没有。如果每颗珍珠都画得一样，会使画面显得死板。

第4步：画出珍珠的亮面和高光并描绘黄钻的刻面线。注意图中的光源只有一个，不是每一颗珍珠都有同样的光效，在中心处的珍珠最亮，然后逐渐向两边降低。

7.4 胸针

　　胸针是装饰在服饰上的首饰，是以尖锐的针穿透衣物达到固定在服饰上的目的，以扣式和长针式等结构为主，通常会戴在胸前或领子上，因此针的结构必须是金属材质才足够支撑。胸针的尺寸是不固定的，可以根据款式来定。

7.4.1 扣式胸针

　　扣式胸针的结构类似于耳钉，依靠钉结构扎进服饰里，再用扣锁住钉的末端。与耳钉的区别是耳钉的钉头不是尖锐的，而胸针的钉头需要刺穿服饰，所以是尖锐的，并且胸针的扣一应要封住钉头，以免刺伤佩戴者。由于扣式胸针只有一个固定点，因此它不能承载太重的镶嵌物，这点在设计的时候需要注意。

◇ **扣式胸针的侧面结构**

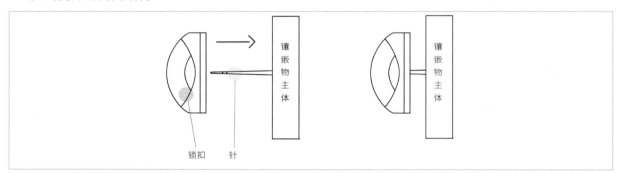

◇ **龙胸针示例**

> **材质和工艺：** 18K金、珐琅、黑玛瑙、白钻。

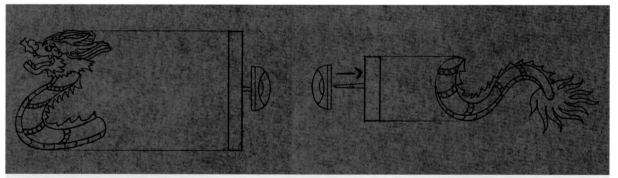

第1步： 画出扣式胸针的正视图和侧视图线稿。这里采用的是成对的设计，因而绘制两张图，使佩戴后的龙呈现出穿衣而过的效果。龙的造型、用色和表面细节都非常复杂，如龙身细节部分、突出视觉效果的镶钻部分等都要仔细绘制。

提示
　　在表现胸针的设计图时，可以绘制出背面结构以展示佩戴方式。

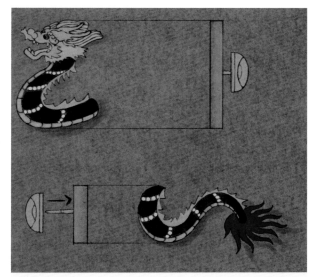

第2步： 画出龙身每一处结构的固有色，颜色的搭配与选择的材质有关，其中黄色表现的是金属，黑色表现的是黑玛瑙，红色表现的是珐琅，白色表现的是白钻。

第3步： 根据固有色调和暗面的颜色，画出金属、珐琅、黑玛瑙的暗面。龙身表面的细节非常多，只要是凸出或凹陷的地方都应该画出暗面。

1cm

第4步： 画出扣式胸针的亮面和高光，这里要重点表现出不同材质的光泽度。

长针式胸针又叫别针式胸针，通过长针别在服饰上，针的尾端会卡在卡口里。这种胸针的结构受力面积大，可以承载较大、较重的镶嵌物。

◇ 长针式胸针的侧面结构

◇ 鱼戏莲花胸针示例

材质和工艺： 18K金、珐琅、钻石。

第1步： 画出长针式胸针的线稿，鱼一般是流线型的，在绘制线稿的时候主要以曲线来表现它的特征。长针式胸针的结构非常简单，且能够在正视图中看见大部分结构，可以只用一张图来表现。

第2步： 画出莲花、荷叶和鱼的固有色。这个首饰的亮点在于珐琅上的花纹，鱼头用黑色表现，鱼身用红色表现，营造出一种喜庆的氛围；鱼身边缘晕染了一些白色，使身体的颜色不单调。另外，莲花、荷叶不仅丰富了主题内容，还丰富了配色。

第3步：根据固有色调和暗面的颜色，从整体观察鱼身的结构，找到它的明暗交界线。

第4步：画出长针式胸针的亮面，在画亮面的同时一定要画出珐琅的纹理，在浅色调下可以表现出类似拉丝的质感，同时又不应该画得过于尖锐。这里希望突出画面的层次感，因而有意将鱼鳞的光泽度与其他部位进行区分。

1cm

第5步：画出长针式胸针的高光，最终的效果图可以加上胸针的针结构。

手饰指的是佩戴在手上的首饰，本节以戴在手腕上的手镯和手链为例进行介绍。结构硬朗且佩戴以后不会发生形态变化的手饰为手镯，而软软的、可像链子一样自由变化的手饰为手链。

7.5.1 手镯

手镯可以分为封闭的圆环和未封闭有端口的圆环，这两种不同的款式都是为了方便佩戴而设计的。封闭的圆环通常有开关，需要打开开关进行佩戴；未封闭有端口的圆环是利用金属的张力来佩戴的，佩戴时将两端轻轻掰开即可。

◇ **兽首手镯示例**

材质：18K金、黑玛瑙。

第1步：用铅笔画出手镯的线稿，由于需要绘制的造型非常复杂，立体图无法完整地展示该造型的全貌，因此需要同时绘制出正视图、顶视图和侧视图。

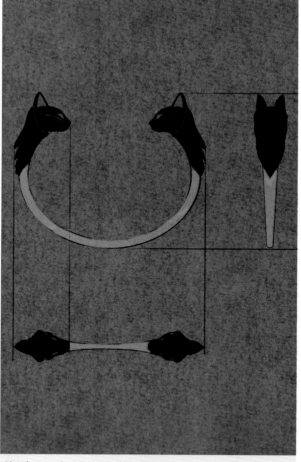

第2步：画出造型部分的固有色。

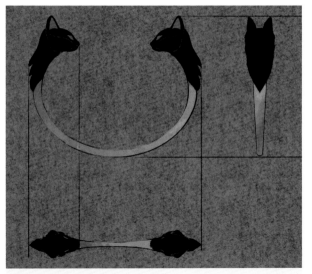

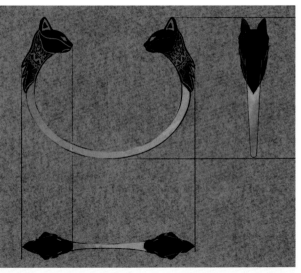

第3步： 根据固有色调和暗面的颜色，画出宝石和金属的暗面。

第4步： 画出造型部分的花纹，这里要用最小号的笔细细勾勒，同时还要考虑到花纹在不同视图下的效果。

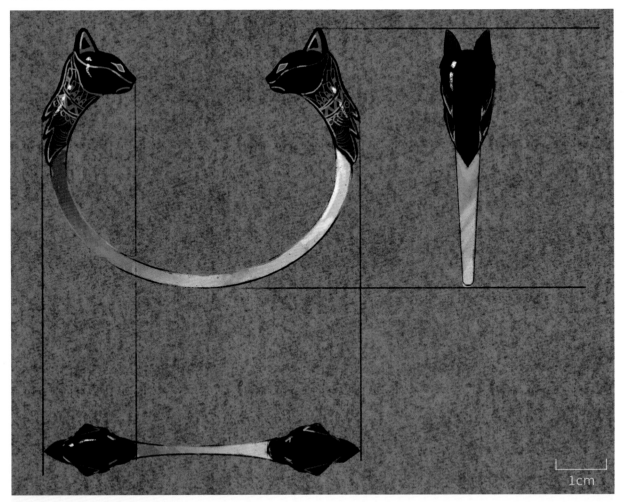

1cm

第5步： 画出手镯的亮面和高光。

手链基于链的结构进行造型的变换，有多种不同的摆放效果，既可以是平直的，又可以是蜿蜒的。我们可以根据设计和画面的需要绘制各种不同的形态。

◇ 彩色宝石手链示例

材质： 18K金、蓝宝石、帕拉伊巴碧玺、白钻。

第1步： 用铅笔画出手链的线稿，可以先画出一半，再用硫酸纸拷贝另一半。这里出现的各种宝石都是刻面类宝石，需要提前绘制出刻面线，同时金属的链条结构不可视，可不进行绘制。

第2步： 画出蓝宝石、帕拉伊巴碧玺和白钻的固有色。

第3步： 根据固有色调和暗面的颜色，画出宝石和金属的暗面。

第4步： 根据固有色调和亮面的颜色，画出宝石和金属的亮面。

1cm

第5步： 点画高光并描绘每一颗宝石的刻面线。

发饰指的是装饰头发的一类首饰，包括发夹、发簪、发箍和额饰等。

7.6.1 插式发饰

插式发饰需要借助头发来稳固，从而达到佩戴的目的，包括发夹、发簪等。

◇ **蝴蝶发簪示例**

　　材质和工艺： 18K金、彩色喷砂。

第1步： 用铅笔画出插式发饰的线稿。通常插式发饰的造型部分比较大，多为花朵、蝴蝶等造型。

第2步： 在铺底色的时候，可以选择同色系颜色进行晕染。

第3步： 根据固有色调和暗面的颜色，画出金属的暗面，并刻画出蝴蝶翅膀上的纹路。

第4步： 根据固有色调和亮面的颜色，画出金属的亮面，有点类似拉丝金属的画法。

第5步： 画出高光。联想真实的蝴蝶是什么样子的，有一类蝴蝶翅膀的表面有类似金粉的反光面，在阳光的照耀下，翅膀上的颜色常常忽深忽浅，这里画的就是这种蝴蝶。想象在阳光的照耀下，靠近光源的部分最亮。

1cm

第6步： 用白色点撒星光斑点（互相敲击两支笔的笔杆，使笔尖上的颜料呈粉末状均匀撒下），表现出喷砂的材质。

发箍式发饰指的是结构呈箍状的发饰，佩戴时只需要将发箍的两头插在头发里。皇冠就属于发箍式发饰。

◇ **钻石皇冠示例**

　　材质： 18K金、白钻。

第1步： 画出皇冠的线稿，为了体现皇冠的精美与华丽，为发箍镶满了钻石。

第2步： 画出造型部分的固有色，注意这一步需要将宝石和金属整体地平涂一遍金属色。大颗钻石要比小颗钻石明亮，因此大颗钻石的固有色应该比小颗钻石的固有色略白一些。

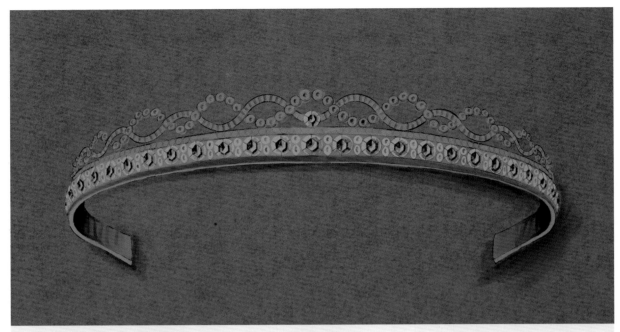

第3步： 根据固有色调和暗面的颜色，画出大颗钻石和小颗钻石的暗面。

1cm

第4步： 画出皇冠的亮面和高光。这里的小颗钻石为群镶，刻画的时候要注意整体的明暗关系，靠近光源的小颗钻石要比背光的小颗钻石亮。

7.6.3 额饰

额饰指的是主体装饰物在额头上的发饰，在画额饰设计图的时候一定要展现出佩戴方法。额饰通常挂在头上，并与头发形成穿插关系。

材质： 18K金、珍珠、祖母绿、蓝宝石。

第1步： 这里画了一个女士头像，作为额饰佩戴方法的展示。用铅笔画出额饰的线稿，由于需要绘制的珍珠太小，因此我们不用勾出它们的轮廓，直接用画笔点画即可，这里仅用草图表示链条的结构。

第2步： 画出宝石和金属的固有色。

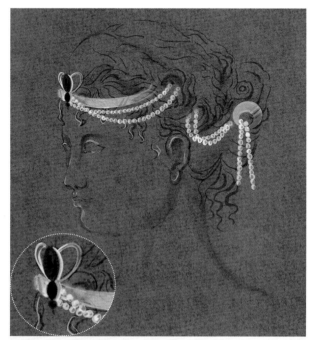

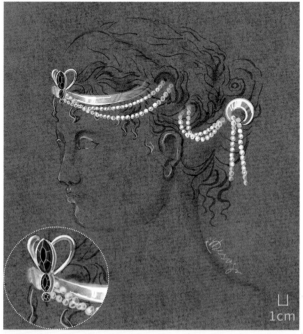

第3步： 根据固有色画出宝石和金属的暗面。

第4步： 点画额饰的亮面和高光，并为宝石勾画刻面线。

除了戒指、项链等基础类型的男士珠宝，还有专门搭配男士服饰显示男士特点的珠宝，其中有一些珠宝的功能性较强。

7.7.1 袖扣

袖扣的功能是使衬衫袖子看起来更整洁，彰显尊重他人的绅士形象。

◇ **袖扣的侧面结构**

镶嵌主体物处

◇ **糖山祖母绿袖扣示例**

材质： 18K金、糖山造型祖母绿、青金石、白钻。

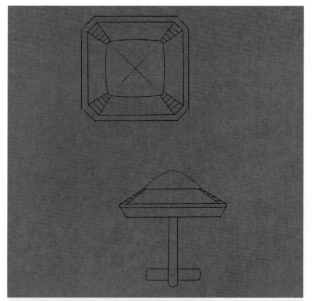

第1步： 画出袖扣的线稿，包括正视图和侧视图。

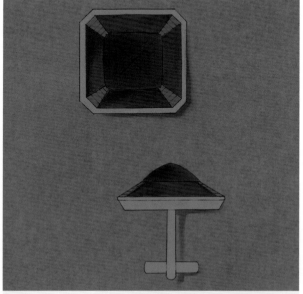

第2步： 画出糖山造型祖母绿、青金石和金属的底色。

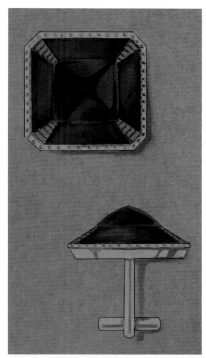

第3步： 根据固有色调和暗面的颜色，画出宝石和金属的暗面。正视图可不用画金属的暗面，直接点出每一颗小钻石的暗面即可。

第4步： 根据固有色调和亮面的颜色，画出宝石的亮面。

1cm

第5步： 为袖扣点画高光部分，注意这一步应将宝石和金属的亮面和高光都表现出来。

许多历史悠久的著名珠宝品牌都会有高级腕表这一品类，珠宝与腕表的结合主要体现在表盘和表带的设计上，通常是在这两个部分用上珠宝材质并进行巧妙的设计。男士腕表的设计中通常会用到大表盘、粗表带，不仅是为了彰显男性的气概，更是为了使珠宝符合男性的体型，就好比同样长度的项链，女士戴起来是胸链，而男士戴起来就是锁骨链了。

◇ **盘龙男士腕表示例**

材质： 18K金、黑玛瑙、白贝母、白钻。

第1步： 用铅笔画出线稿，并仔细地刻画出表盘的花纹。

第2步： 画出表带和表盘的底色，然后为其添加阴影。

第3步： 先大概画出细节的位置，这里用到了设计中的正负形概念，即在深色区域为龙形花纹涂浅色，在浅色区域为龙形花纹涂深色。

提示
腕表的表带是重要的装饰部件，除了金属和镶嵌宝石的表带，皮革材质的表带也比较常见。

第4步： 进一步刻画细节，注意表盘
内龙形花纹的白贝母部分可以扫画一
些粉色，黑玛瑙部分可以扫画一些蓝
色，以丰富白贝母和黑玛瑙的质感。

1cm

第5步： 画出腕表的亮面和高光，包括
龙形花纹部分，因为它是一个凸出来
的结构。

第6步： 将指针和表镜的刻画放在最后一步。想要表现表镜透明的玻璃材质，
就要将反光着重绘制出来，因为它能直接体现出玻璃的材质。

在穿西服的场合经常会使用领带夹，这也是男士的主要饰品。领带夹既有帮助领带下垂服帖的功能，又有非常显眼的装饰作用。领带夹的长度通常在40cm～50cm，在绘制领带夹的设计图时，应该画出侧面结构以展示其功能。

◇ **豹子领带夹示例**

材质： 18K金。

第1步： 用铅笔画出线稿，包括正视图和侧视图。

第2步： 画出领带夹的底色。

第3步： 根据表面的雕刻线刻画豹子的肌肉结构。

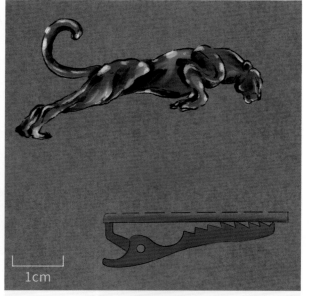

1cm

第4步： 点画领带夹的亮面和高光。

CHAPTER 8

第 8 章

不同主题的珠宝手绘设计详解

　　本章以商业珠宝首饰设计为主对不同主题的珠宝手绘设计进行解析。商业珠宝首饰以制作成本和市场需求作为衡量标准，与流行因素息息相关。在设计制作的时候受这些约束的影响，设计的款式和风格会有限制，讲究可佩戴性和制作加工成实物的可能性。对于主题的理解，不能只局限于某种款式的主题，而应该始终围绕市场趋势及消费者的倾向来寻找主题思想，并在市场最需要的时候表现出来。

设计是一种思考方法，是将脑海中的想法转换成实物的过程，本节教大家3种简单的设计方法和这些方法的实际应用。

8.1.1 外形设计法

外形设计法指的是设计外观的形状，笔者也把它叫作点线面法。点的排列会给人活泼、跳跃的感觉；直线元素会给人稳重、规整的感受，曲线则给人婉转、柔和的感觉；面的元素让人感到厚实、大气。

点元素的吊坠设计　　　　　　　　线元素的项链设计　　　　　　　　面元素的手镯设计

8.1.2 色彩设计法

色彩是除造型之外较能直接刺激视觉感受的元素，如红色让人感觉喜庆、热闹，黑色让人感觉沉稳、神秘，紫色让人感觉浪漫、柔和，黄色让人感觉高贵、温柔，蓝色让人感觉宁静、沉着等。即使是完全一样的造型，不同宝石的配色也会有完全不一样的视觉感受。如下图所示，从左至右的配色依次让人感受到宁静、典雅、温柔。

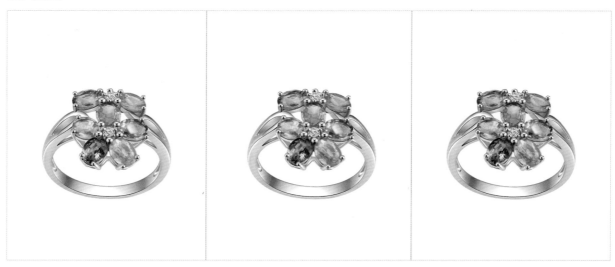

除了不同色相外，不同的明度也会带来不同的视觉感受。左侧的珍珠项链看起来低调温和，右侧的则看起来耀眼夺目。

8.1.3 含义法

含义法指的是根据其他艺术作品来进行设计，如神话传说、童话故事、名画和音乐等。下图为根据中国四大名著之一的《西游记》中齐天大圣的角色设计的作品。

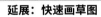

延展：快速画草图

草图在设计成正稿之前是非常有必要进行绘制的，绘制草图可以显示出作品大概的样貌。设计师也可以利用草图铺色来完成色彩搭配的设计构思，铺上颜色的草图就好比预览图，方便修改、调整。在完成珠宝首饰定制的时候，设计师也可以通过草图快速提供设计方案。

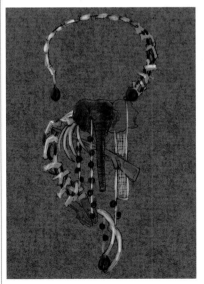

《大象的眼泪》草图

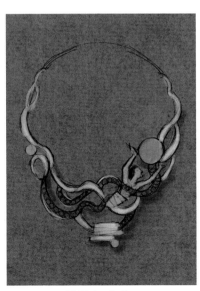

《嫦娥奔月》草图

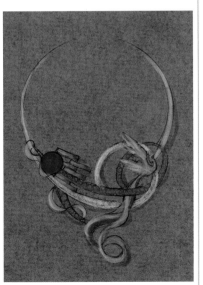

《落霞与孤鹜齐飞》草图

婚恋具有浪漫色彩，以这个主题设计的首饰会出现在婚礼上，具有一定的象征意义。

8.2.1 对戒：梦中的婚礼

提到婚礼，我们的脑海中就会浮现出新郎和新娘手牵手的画面，这时新郎穿着西装，新娘穿着婚纱。该对戒采用婚纱和西装等造型，用双色的K金设计，突出戒指的层次感。女戒以圆润的线条为主，寓意女性温柔婉约的风格；男戒以直来直去的线条为主，寓意男性儒雅大气的风格。

设计元素提取： 婚纱造型、西装造型。
材质： 白钻、18K金。

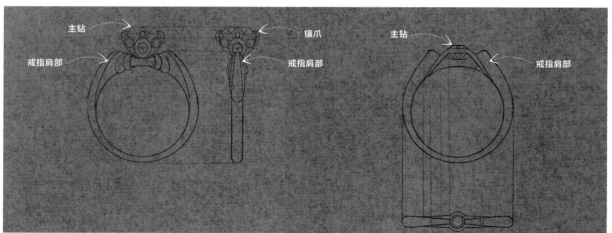

第1步： 用铅笔画出对戒的线稿，这两枚戒指都是左右对称的造型。如果两个视图可以表现出戒指的全貌，就不用画出三视图了。

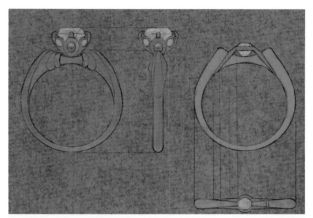 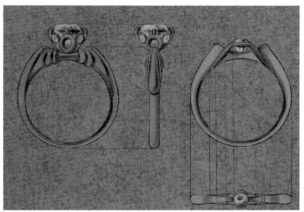

第2步： 平涂底色以确定材质。这里有一个小技巧，在设计双色的对戒时，相同的颜色可以间隔出现，这样会立刻突出设计的层次感。

第3步： 画金属和钻石的暗面，不要忽略结构处的暗面（阴影）。在女戒的正视图中，两侧的婚纱造型凹凸有致，这里就会形成明显的结构暗面，也就是上一层在下一层产生的阴影。

提示

对于造型比较复杂的戒指，若想找到它的明暗面其实很简单，亮面在接近光源和造型凸出的位置上，亮面的两侧就是暗面。

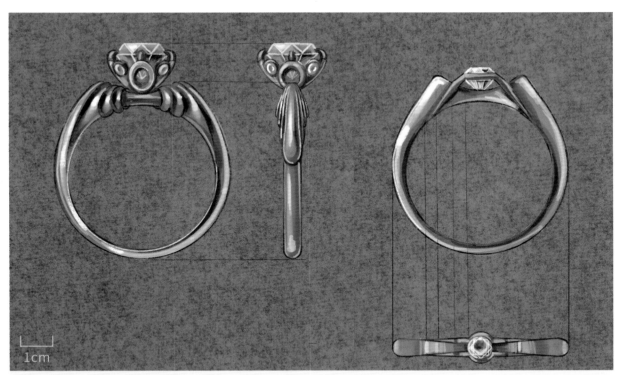

1cm

第4步： 画亮面和高光并刻画刻面线。画出金属和钻石的亮面，女戒两侧的婚纱造型是最突出的特色，画亮面时用笔要果断，用白色点画造型中最凸出的位置，这样整个造型就会立刻显现出立体感。钻石不用刻画得很细致，勾勒出刻面线，再将左上方（靠近光源）的三角形刻面涂满白色即可。

提示

在有多个视图的设计中可以不擦去辅助线，以便于他人理解设计的结构。

婚礼上的女主角就像被国王呵护的公主，公主有着象征身份和地位的皇冠，以婚恋为主题的发饰设计可以参考皇冠的样式进行设计。皇冠的整体造型通常是左右对称的，因为对称的造型给人以典雅端庄的感觉，而非对称的造型则有灵动俏皮的感觉。

设计元素提取： 火焰的造型。

材质： 白钻、粉钻、18K金。

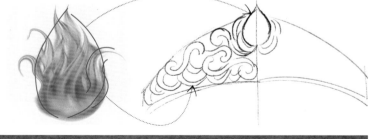

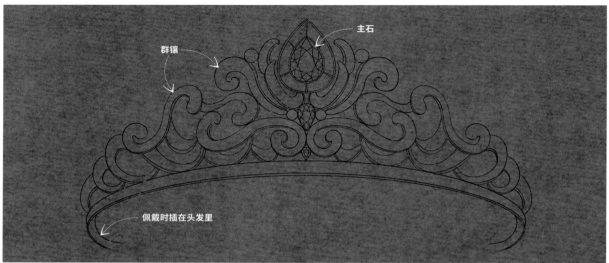

第1步： 用铅笔画出皇冠的线稿，可以先用铅笔大致勾勒出外形，再慢慢深入刻画。绘制时，可先画出一半再用硫酸纸拷贝出另一半。

第2步： 平涂底色以确定材质。虽然整个皇冠上镶满了钻石，但是我们无须在底稿中一颗颗地画出，用深灰色平涂即可。

第3步：画钻石和暗面。这一步选择小号笔，然后用浅灰色（白钻）和粉灰色（粉钻）以画圆圈的方式一颗颗地画出白钻和粉钻的暗面。

1cm

第4步：画亮面和高光并刻画刻面线。用小号笔在每颗白钻的左上方画出亮面，并勾勒出粉钻的刻面线。最后用最小号的笔蘸取白色勾勒整个皇冠的外轮廓，靠近光源的轮廓线要比远离光源的轮廓线粗、清晰，并且颜色也会更白，这样才能凸显皇冠的立体感。

在当代社会中，我们可以看到女性在不同的领域中大展身手，在职场中发挥着越来越重要的作用。根据职场礼仪，女性一般会佩戴一些简洁的首饰，这些首饰既能凸显女性的美丽，又能展示其干练的特征。

8.3.1 胸针：照耀之芒

勿忘我的花语就如它的名字，意在给人留下美好而深刻的印象；烟花绚烂多彩，也会给人留下难以磨灭的美好回忆。在设计胸针时，可将这两个元素的造型组合起来。

设计元素提取： 勿忘我、烟花。

材质： 18K金、白贝母、紫色宝石。

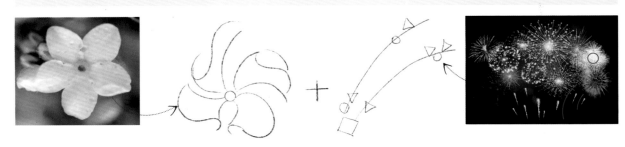

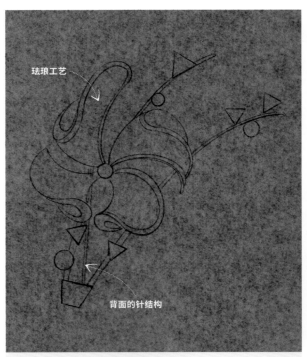

珐琅工艺

背面的针结构

第1步： 用铅笔画出胸针的线稿。

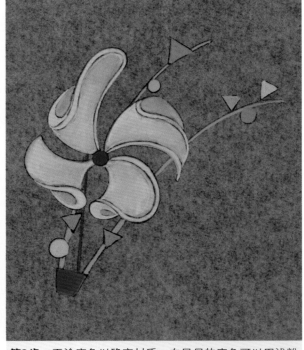

第2步： 平涂底色以确定材质。白贝母的底色可以用浅粉灰绘制，因为白贝母含有与珍珠类似的矿物质，会有微弱的珍珠光泽，通常是浅粉灰、浅黄灰和浅蓝灰这几种颜色。

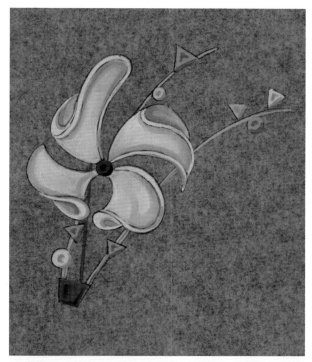

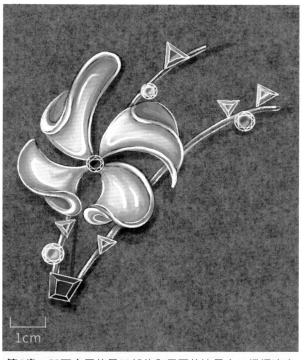

第3步： 凹面金属的暗面呈"几"字形，可沿着造型结构线画一圈暗面。

第4步： 凹面金属的最凹部位和周围的边最亮，根据这个规律画亮面和高光。最后为紫色宝石绘制刻面线。

8.3.2 耳钉：螺旋而上

　　成功的道路是漫长而曲折的，并非一朝一夕就能到达终点，需要经过日积月累的努力。这就像走在旋转楼梯上，终点看似就在眼前，其实不知需要踏过多少个台阶，走过多少弯路，最终才能到达终点。该案例便是以旋转楼梯为灵感进行设计的。

设计元素提取： 旋转楼梯。
材质： 18K金、白贝母。

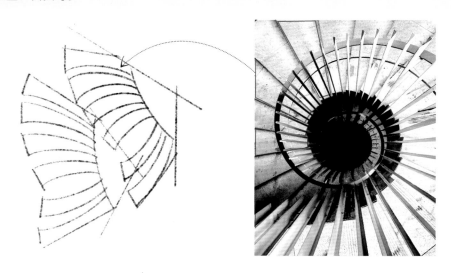

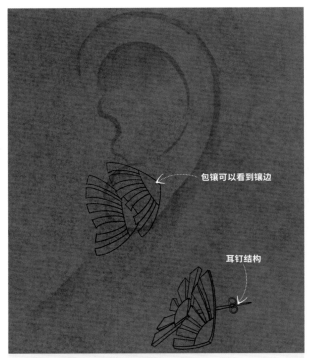

第1步： 用铅笔画出线稿。这两只耳钉的款式一模一样，因此可以先画一只耳钉的佩戴图（正面图），再画另一只耳钉的立体图。

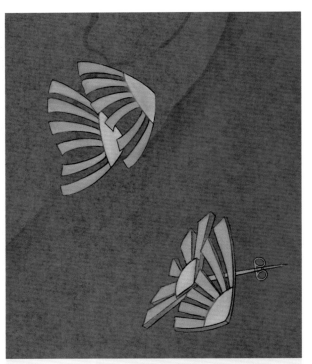

第2步： 平涂底色以确定材质，注意立体图中表现厚度（侧面）的颜色要深一些，这样才能显示出立体感。

第3步： 对暗面进行刻画。注意金属部分的暗面，在平面金属中可用平行的排线方式画暗面，而这里需要注意排线的方向尽量不要与外形平行，否则会使画面显得呆板。

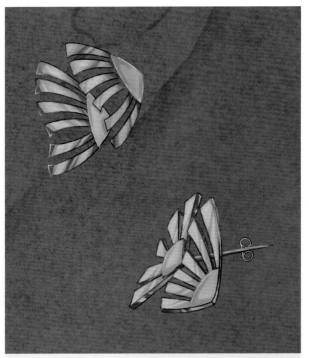

第4步： 画金属的亮面，和暗面一样也是以倾斜的方式进行排列。

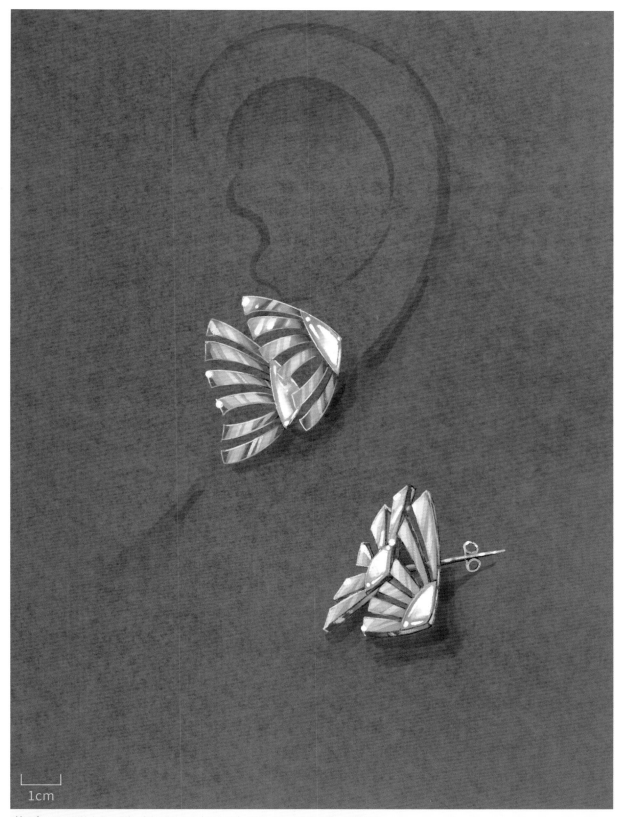

第5步： 用浅黄色勾画靠近光源位置（左上方）的金属，使金属轮廓更清晰。

8.4 晚宴派对

晚宴派对是特殊的场合，有专门为这类场合设计的相应主题的珠宝。因为这类场合非常隆重，参加活动的女性会佩戴更加奢华的首饰，具有一定的象征意义，所以在设计一些细节时会比较夸张。

8.4.1 女士腕表：珠联"碧"合

该设计源于成语珠联璧合，意思是珍珠和美玉结合在一起，寓意杰出的人才或美好的事物聚集在一起的样子。这款女士腕表的设计以珍珠串联碧玉，将珍珠的软结构作为表带，就像连绵的雨滴，展现出温婉的女性色彩。另外，该设计做出了一个隐藏表面的设计，不仅增添了韵味美，还凸显了装饰作用。

设计元素提取： 珍珠、碧玉。

材质： 珍珠、碧玉（表盖和表带上的绿圆珠）、沙弗莱石（绿色刻面宝石）、白钻、白贝母（表盘）。

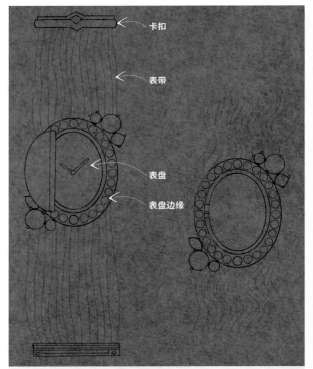

第1步： 用铅笔画底稿，这里需要画出翻开表盖和闭合表盖的外观，以表明设计的功能性。注意不用在底稿中画出一颗颗珍珠的外形。

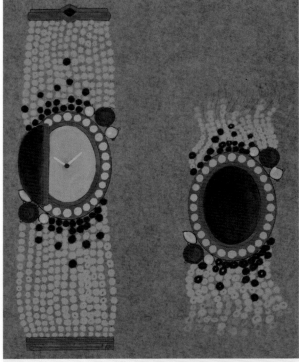

第2步： 画底色以确定材质。表带的圆珠用小号笔一颗颗地点画出来，表盘的材质是白贝母，由于白贝母有晕彩，因此它并不是纯白的，而是偏粉灰的颜色。

第3步： 画出宝石和表盘的暗面，表盘的暗面是结构暗面（阴影），是由表盘周围的结构产生的阴影（包括指针产生的阴影）。

第4步： 画出表盘周围一圈白钻以外的其他部分的亮面，包括宝石、指针、表盘及卡扣。

1cm

第5步： 画出高光，勾勒出刻面宝石的刻面线。然后用最小号的勾线笔画出表盘周围的那一圈白钻的镶爪，并将镶爪填满空隙（不要忽略沙弗莱石周围的镶爪）。

8.4.2 项链：来自远方的女王

女王的形象是雍容华贵的，和年轻的公主不同，女王经过岁月的沉淀，性格中多了一丝从容稳重。深绿色给人以成熟安宁的感受，多颗宝石镶嵌的设计则显得华丽，雕刻宝石和弧面宝石的设计更显低调奢华，透露出有权威而又不轻易使用权力的女王特质。

设计元素提取： 大面积深绿色的弧面宝石和雕刻宝石（稳重、低调、奢华）、水滴形蓝宝石（增加设计的层次感）。

材质： 18K金、蓝宝石、白钻、祖母绿。

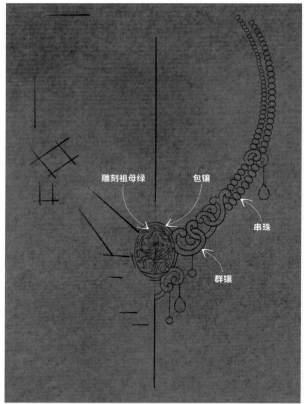

雕刻祖母绿　包镶　串珠　群镶

第1步： 用铅笔画出线稿，先画出一半，再用硫酸纸拷贝出另一半，拷贝之前可以画出辅助线确定准确位置，雕刻祖母绿的雕刻线可以多描几遍，以便于上完底色后可以看清。

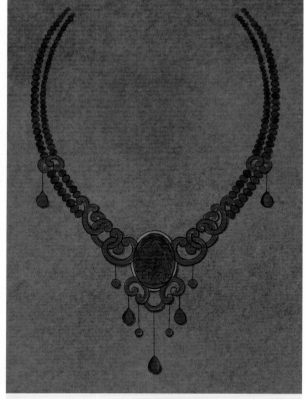

第2步： 平涂底色以确定材质，注意雕刻祖母绿的颜色不要太浓，以免完全覆盖了雕刻线。

 提示

用铅笔描绘多遍的线稿可能会残留铅笔灰，这时候可以用可塑橡皮将铅笔灰轻轻沾掉，否则上色的时候会弄脏。

1cm

第3步： 画暗面。由于这里雕刻祖母绿的面积不是特别大，花纹又比较丰富，因此它的暗面可以直接描出整个花纹边缘右下方的轮廓，类似于给花纹画阴影。用小号笔蘸取浅灰色一颗颗画出小钻。

第4步： 画亮面和高光，这里钻石比较小，就不用勾勒刻面线了，直接用白色点画即可。

💎 **提示**

　　这个项链中的主要宝石是祖母绿，祖母绿上雕刻的花纹比较复杂，在雕刻件中很有代表性，下面着重讲解一下它的绘制步骤。

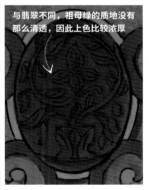

与翡翠不同，祖母绿的质地没有那么清透，因此上色比较浓厚

画底色

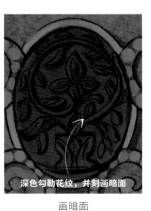

深色勾勒花纹，并刻画暗面

画暗面

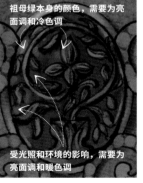

祖母绿本身的颜色，需要为亮面调和冷色调

受光照和环境的影响，需要为亮面调和暖色调

画亮面

在最凸出的位置点画高光

画高光

8.5 多彩花园

　　花园优雅别致，是大自然赠予人类的礼物，使用花园中的元素设计的首饰可以在各种场合佩戴。由于花园中的枝条与洛可可艺术中的元素有相似之处，因此这个主题设计得比较复杂，以繁复的缠绕花纹为主，并有比较明显的复古特色。

8.5.1 手镯：鹦语花香

　　大自然是一座美丽的花园，每一只动物、每一株植物都能在这座花园中和谐相处。但愿这样的美好一直环绕着我们，就像精美的手镯戴在手腕上，让我们的身体被美好的事物环绕。

设计元素提取： 鹦鹉、树枝、花朵。

材质： 18K金、祖母绿、紫水晶、白玛瑙、白钻、红宝石（鹦鹉眼睛）。

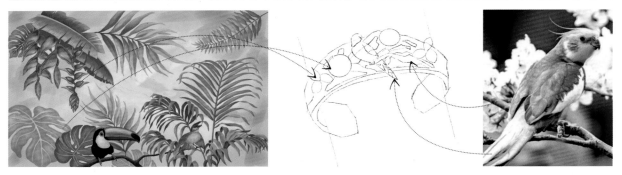

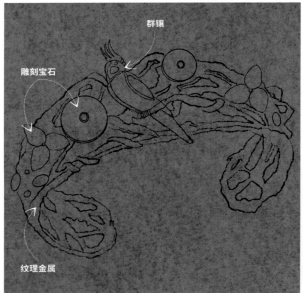

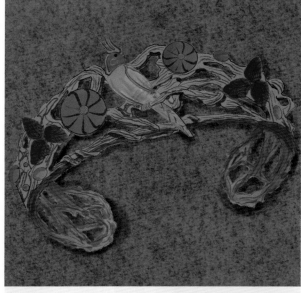

第1步： 用铅笔画出线稿，这里可以画出手腕的佩戴图作为背景，一定要等背景的颜色干透了再进行下一步刻画。

第2步： 平涂底色以确定材质，因为树枝的造型是立体且凹凸不平的，这一步可以用绘制18K黄金的两种颜色（熟褐、柠檬黄）来区别。宝石的雕刻线可以用暗一点的颜色来区别，以免在后面的绘制中看不清。

第3步： 画出宝石的暗面，包括祖母绿和紫水晶的侧面（厚度），并用暗色勾勒紫水晶的花纹。

1cm

第4步： 画出金属和宝石的亮面和高光。树枝的画法有点类似拉丝金属的画法，可以将其看作拉丝不规律且丝比较粗的拉丝金属。位于手腕下方的手镯背面不需要过多刻画，因为这里只是为了展现该首饰的完整结构，所以应该虚化处理。鹦鹉脸上的小钻太小，直接用白色点画即可。最后在紫水晶和祖母绿的凸出位置用亮色勾勒花纹，使其呈现出立体感。

> **提示**
> 在这个设计中，视觉中心是鹦鹉，因此鹦鹉的高光可以多点画几个，使画面的层次分明。

8.5.2 戒指：繁花星空

人类对于星空的幻想总是美好的，它在人们的眼中是如此的神秘，仿佛时刻等待着人类去揭开它的重重奥秘。

设计元素提取： 行星运行的轨迹（两圈围绕主石镶钻的设计）、繁花盛开的景象（围绕着主石的彩色宝石）。

材质： 18K金、珍珠、海蓝宝石、紫色碧玺、白钻、天河石。

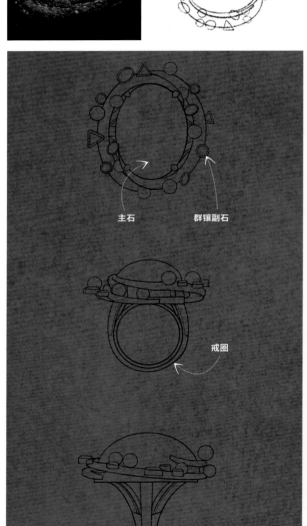

第1步： 用铅笔画出线稿，这个戒指的设计比较复杂，必须要画出三视图才能将这个设计完整地呈现出来。

第2步： 平涂底色以确定材质。注意群镶小钻起衬托作用，可以不在线稿中画出，这一步可整体平涂一遍灰色。

1cm

第3步： 画出宝石和金属的暗面，注意前后遮挡关系和本身结构形成的小阴影。

第4步： 画戒指的亮面和高光，这里周围的两圈群镶小钻可以直接用白色点画，使其达到闪耀的效果。

提到花园系列就不得不说到在花园中飞舞的精灵——蝴蝶，其品种众多，色彩丰富艳丽，是珠宝设计中非常受欢迎的设计元素。

设计元素提取： 蝴蝶的外观造型及颜色、蝴蝶翅膀的纹路。

材质： 18K金、托帕石、祖母绿、白钻、粉色碧玺、空窗珐琅（工艺）。

第1步： 用铅笔画出线稿，这是一个完全对称的图形，因此可以借助硫酸纸来辅助绘画。

延展：千禧切工的画法

千禧切工常见于大颗且晶体干净的宝石，如托帕石、水晶等。

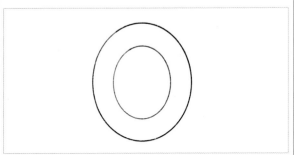

第1步： 画出确定宝石大小和台面的椭圆。

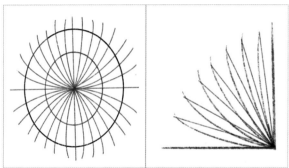

第2步： 画出辅助线，辅助线是每90°角为一组，这4组辅助线是相互对称的。这里的辅助线不用特别精确，但是要保持间距和弧度差不多，画好一组再拷贝出另外3组。

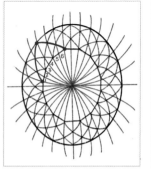 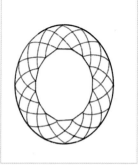

第3步： 连接刻面线，刻面线也是弧形的，如上图将红色线组成的大三角依次连接，间隔6个分割距离就是一组。　**第4步：** 擦除辅助线，完成宝石千禧切工的绘制。

第2步： 平涂底色以确定材质，这是一枚古董风格的吊坠，因此会混有灰色调。

第3步： 画出宝石和金属的暗面。空窗珐琅可以看作薄的素面宝石来画，暗面在每一小块的左侧。

第4步： 画出金属和宝石的亮面。金属的亮面集中在左半边的金属边上，并使右半边的金属边弱化，这样可以形成明暗对比，让画面的视觉效果更加突出。空窗珐琅可以看作薄的素面宝石来画，亮面在每一小块珐琅的右侧。

第5步： 点画高光，用白色勾勒托帕石的刻面线并画出挂吊坠的丝带。

8.6 童话世界

每一个人在成长的过程中或多或少都会体验到孤独，我们总是梦想着在一个无忧无虑、充满童趣的世界里徜徉，只有在这样的世界中，我们的身心才能得到放松。童话世界是天马行空的，充满了各种不可思议的事物，以这样的题材所做的设计是神秘、多彩的。

8.6.1 吊坠：双星

双星是指两个距离很近或彼此之间有引力关系的恒星，其中较亮的一颗是主星，另一颗是围绕主星旋转的伴星，双星在银河系中很常见。这里的吊坠参考双星进行设计，寓意两人互相守护、陪伴，永不分离。

设计元素提取： 双星（两个人物造型）、守护（宝石）、绿色且通透的宝石（代表智慧）。

材质： 18K金、祖母绿、黄钻、白钻。

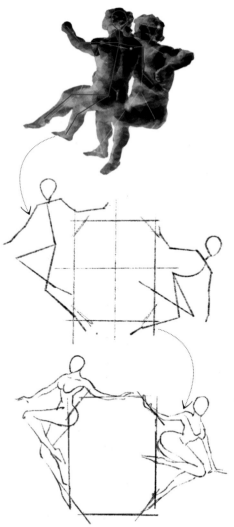

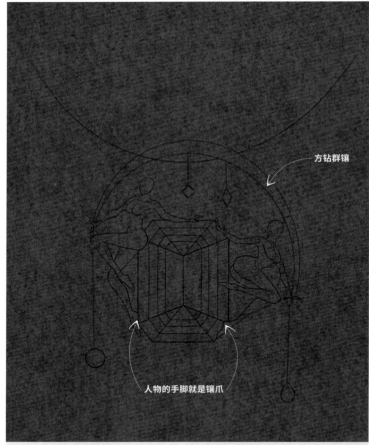

第1步： 用铅笔画出线稿，这个设计凸显的是吊坠部分，链的部分可以先不深入刻画。这个设计比较复杂，既要考虑两个人物的造型，又要体现双星的特点及宝石与人物造型的结构关系，因而这里设计了一个类似门帘的弧形，并用大颗宝石进行点缀。

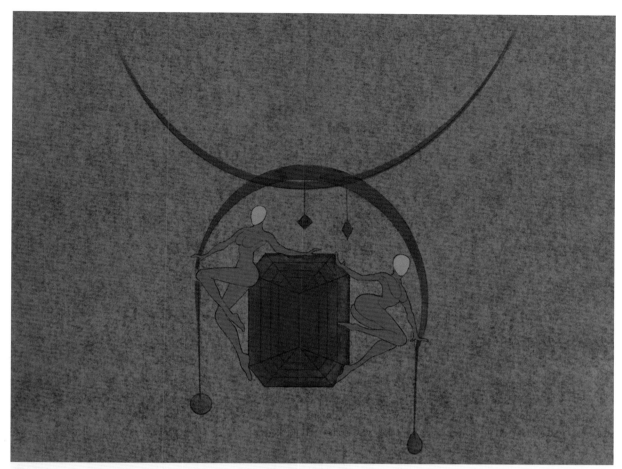

第2步： 平涂底色以确定材质。注意区分黄色的钻石和贵金属的底色，黄钻的底色可以更亮。

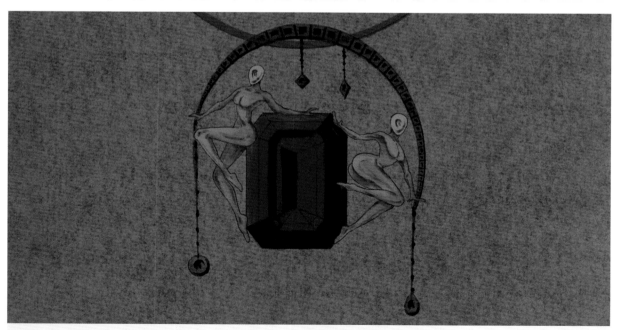

第3步： 吊坠上面的弧形是代表繁星的方钻（白钻）镶嵌设计，要画出方钻的边缘和暗面。

第4步： 画亮面、高光并勾画宝石的刻面线。两个人物的亮面可以点画，使造型更加凹凸有致、不死板。链可以用较稀的白色点画几笔，代表这是一个闪耀的吊坠链，与下面的方钻相呼应，这里要虚化处理，不能抢了主体的焦点。

1cm

自然灾害或人为等原因导致考拉数量骤减，从这个事件中人类应该不断反思人与自然的关系。这款胸针以拼插的方式塑造出考拉的造型，表示每一个部位都不可缺失。考拉外表采用的是黄金色，寓意每一个生命都是神圣的。这款设计意在呼吁大家保护濒危动物，保护环境。

设计元素提取：考拉（黄金色）、拼图。

材质：18K金、白钻、黑玛瑙、沙弗莱石。

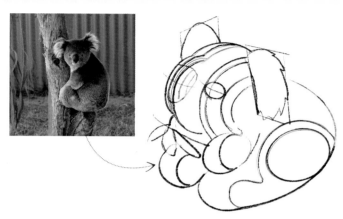

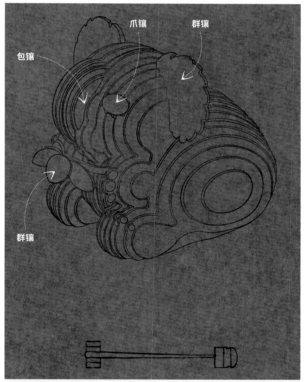

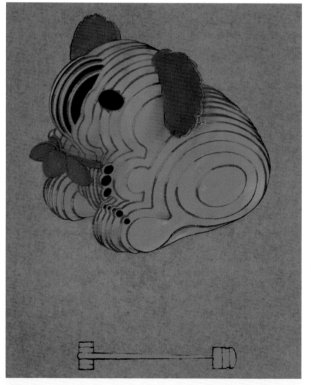

第1步：用铅笔画出线稿，由于这是一款胸针，因此需要画出背面的针体结构。用金属进行一层一层的拼叠是一种不常见但效果非常好的设计，结合包镶和群镶等设计更能体现宝石和金属的质感。

第2步：平涂底色以确定材质。每一片拼图都是有厚度的，为了将其区别开来，表示厚度的侧面用深一点的颜色。耳朵和叶子的部分是群镶，这里平铺底色即可。

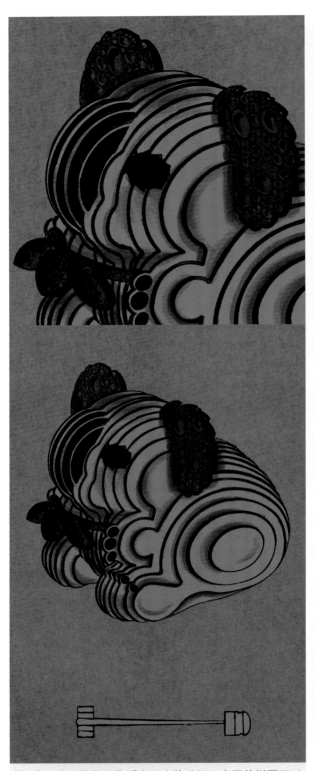

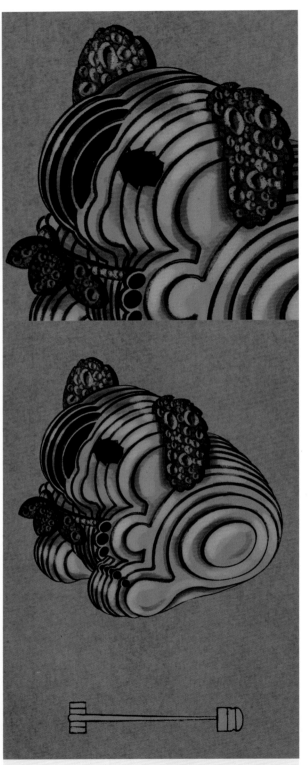

第3步： 除了最外层靠近右下方的暗面，内层的拼图可以以阴影的形式呈现，也就是说画在后一层的拼图上，这样就可以表现出层层叠叠的感觉。然后画出耳朵和叶子上的宝石外轮廓及它们的暗面。

第4步： 画出拼图造型的亮面，由于拼图造型的材质是金属，具有强反光，因此它们的亮面不仅在左上方，还在右下方边缘的反光处。此外，还需要耐心地画出每一颗宝石的亮面。

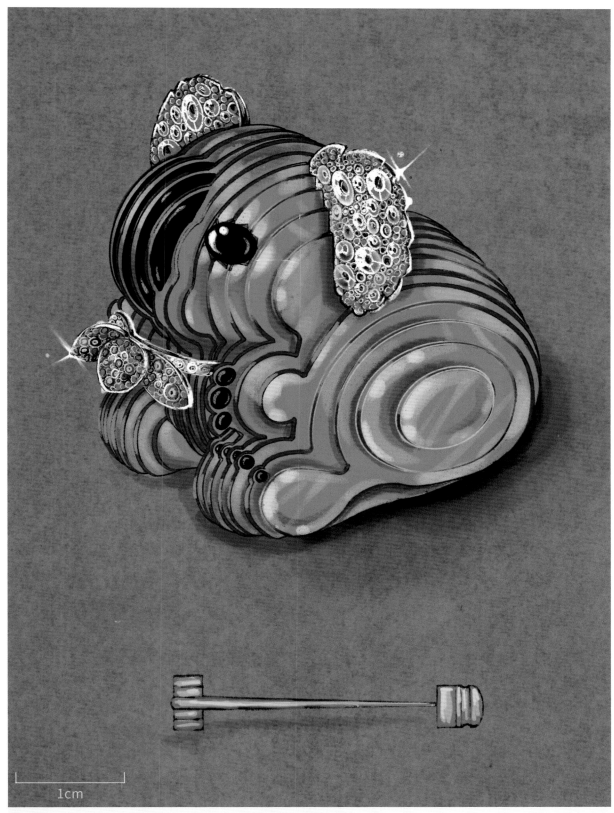

第5步：加强亮面，同样需要耐心地画出高光并刻画宝石的刻面线。

在童话故事《海的女儿》中，人鱼公主为了心中挚爱，放弃了海底自由自在的生活，用美妙的歌喉换取了双腿，但是王子却早已和别人成婚，最后人鱼公主化成了泡沫。为了完整地体现故事的架构，设计中的造型会用人鱼、海浪和泡沫等元素来塑造。这个故事表达了爱情的力量，但是不完满的结局也衬托出一种为爱牺牲的忧郁感，蓝色通常能给人这种感觉；人鱼公主勇敢忠贞的形象也需要被凸显出来，因此其身体用的是金黄色的设计，与蓝色的海浪形成强烈的反差；人鱼公主的头发和尾巴用黑色来设计，呼应了她在故事中牺牲身体的情节。

设计元素提取： 海浪（蓝色）、美人鱼（金黄色、黑色）、泡沫（白色）。

材质： 18K金、蓝宝石、白钻、珐琅。

第1步： 用铅笔画出线稿，先用铅笔大致描绘出外形，再进行细致深入的刻画。海浪有像枝蔓那样的缠绕感，象征在大海深处发生了一些意外的事情，暗示着人鱼公主与恋人在情感上的纠葛。

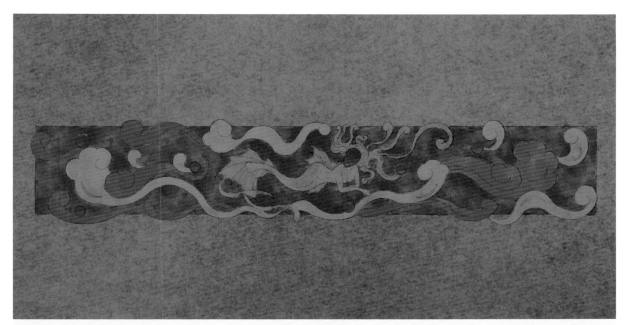

第2步： 平涂底色以确定材质，海浪用一深一浅的两种蓝色进行表现，使画面的构成更有层次，并避免不同的色块之间相互混淆。另外，要想让群镶部分亮起来，就得先用深灰色打底，这样也可以避免留出小的缝隙。

💎 **提示**

将人鱼公主的头发和尾巴留到下一步再涂，目的是等底色的深灰色干透。由于深灰色和黑色很接近，初学者不容易区分两者的颜色差距，等彻底干透后才能确定最终的颜色，这样就可以使两部分有所区别，不会混淆在一起。

第3步： 画暗面，这一步需要画的地方比较多，先用浅灰色以一个个小圈的方式画出底层的群镶小钻。海浪部分的暗面画在每一个海浪造型的下方；人鱼公主的身体设计的是鱼鳞状金属纹理，在画暗面的时候可以用小号笔勾画出来；人鱼公主的头发和尾巴是黑色的，这里先调和水分较多的黑色去填满黑色的部分，等画面的水分干一些再勾勒一下黑色部分的边缘，这样层次感就能塑造出来；最后用小号笔一个个地点宝石暗面。

1cm

第4步：画亮面、高光并勾画宝石的刻面线。由于这个设计中海浪和人鱼公主的造型是凸起的，因此海浪的亮面应该画在每一个海浪靠中间位置，这样就会使海浪的造型立刻呈现凸起的感觉；人鱼公主的身体用小号笔去勾勒出鱼鳞的纹理；底层是镶满白钻的亮面，只需要用白色将整个手链左侧的小钻轮廓（圆形）提亮即可，因为设计的主体在上层，所以底层不能画得太亮，以免抢走主体的焦点；最后用勾线笔勾勒刻面宝石的刻面线及部分海浪的边缘线。

CHAPTER 9

第 *9* 章

艺术首饰手绘展示

与商业首饰相对应的是艺术首饰，这类首饰即使无法用于佩戴也是被允许的，它不会受到规范的限制。以往这类首饰往往是用于展览或拍卖的孤品，商业首饰则要求可量产、可复制，而当今这个限制已经渐渐淡化，一些由独立珠宝设计师设计制作的艺术首饰单品也能具有很高的商业价值，现在的市场也在鼓励越来越多的珠宝设计师设计出有创意的作品。

一见倾心

材质：18K金、蓝宝石、白钻、空窗珐琅（工艺）。

嫦娥奔月

材质： 18K金、金珍珠、白珍珠、珐琅（工艺）、白钻、黄钻、蓝宝石。

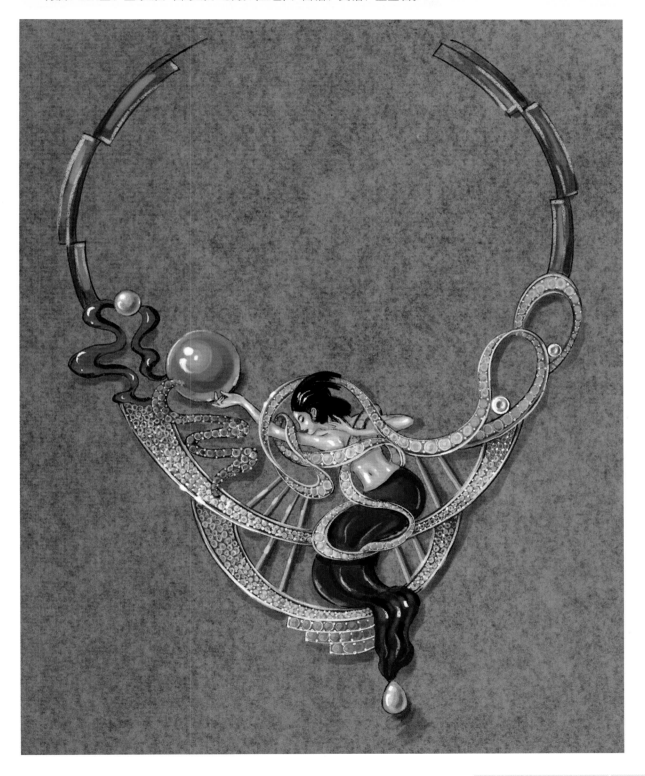

独角兽

材质：18K金、绿松石、粉色蓝宝石、蓝宝石、黄钻、白钻。

中国画卷

材质： 18K金、珐琅（工艺）、白钻、蓝宝石。

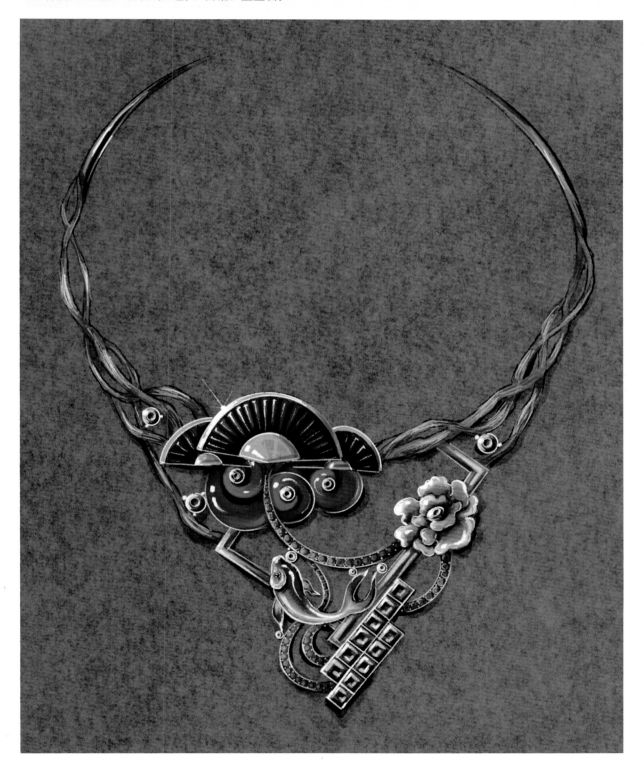

龙图腾

材质：18K金、蓝色珐琅、橙色珐琅、祖母绿、蓝宝石、白钻、托帕石。

团扇畅想

材质： 18K金、绿玛瑙、红玛瑙、黑玛瑙、白贝母、红宝石、蓝宝石、粉色蓝宝石、黄钻、白钻。

北极的家

材质： 18K金、蓝色托帕石、蓝宝石、蓝色空窗珐琅、白钻、黑钻。

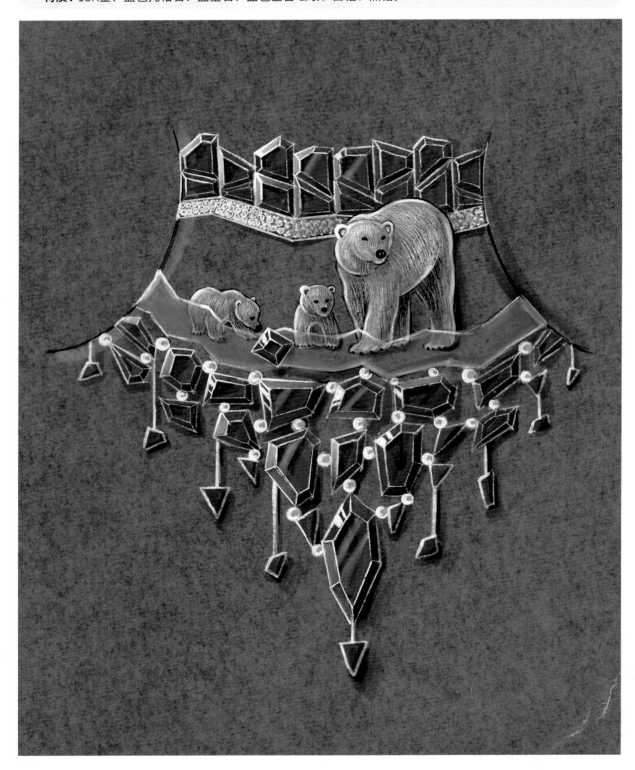

家常汤粥主食
一本就够

甘智荣 主编

江苏凤凰科学技术出版社   凤凰含章

图书在版编目（CIP）数据

　　家常汤粥主食一本就够 / 甘智荣主编 . -- 南京：
江苏凤凰科学技术出版社 , 2015.8
　　（含章 . 食在好吃系列）
　　ISBN 978-7-5537-4529-9

　　Ⅰ . ①家… Ⅱ . ①甘… Ⅲ . ①汤菜 – 菜谱②粥 – 食谱
③主食 – 食谱 Ⅳ . ① TS972.12

　　中国版本图书馆 CIP 数据核字 (2015) 第 103087 号

家常汤粥主食一本就够

主　　　编	甘智荣	
责 任 编 辑	张远文	葛　昀
责 任 监 制	曹叶平	周雅婷

出 版 发 行	凤凰出版传媒股份有限公司
	江苏凤凰科学技术出版社
出版社地址	南京市湖南路 1 号 A 楼，邮编：210009
出版社网址	http://www.pspress.cn
经　　　销	凤凰出版传媒股份有限公司
印　　　刷	北京旭丰源印刷技术有限公司

开　　　本	718mm × 1000mm　1/16
印　　　张	10
插　　　页	4
字　　　数	260千字
版　　　次	2015年8月第1版
印　　　次	2015年8月第1次印刷

标 准 书 号	ISBN 978-7-5537-4529-9
定　　　价	29.80元

图书如有印装质量问题，可随时向我社出版科调换。

序言
PREFACE

　　妙用汤粥饭养生，永葆四季平安健康。身体最需要的营养，其实就蕴藏在最简单的食物之中。对身体最有益的食物，不是奇货可居的山珍海味，而是这最寻常的一汤、一粥、一饭。

　　国际烹饪大师、中华名厨从营养保健角度出发，打造全新食谱，精心挑选出日常生活中最常吃、最经典的汤、粥、饭，它们不仅能满足全家吃饱、吃好的需要，还能满足日常保健与食补的需求。全书按类型分为100多道防病进补美味汤、100多道鲜香美味养生粥、100多道营养好吃大米饭，涵盖各式养生美味，层出不穷的新花样让人目不暇接。养人药膳汤、美味甜品汤、可口水产粥、食疗药膳粥、油亮开胃米饭……让您时时都可大显身手，做出丰盛的美味让全家共享，还为日常饮食提供多样化选择。

目录
CONTENTS

01　防病进补美味汤

怎样煲汤更营养

除了用喝水及吃补品之外，我们还可以通过喝滋补汤的方式来补充我们失去的水分及欠缺的营养。但是怎样煲汤、如何喝汤更营养呢？这里面有一定的学问，下面我们就煲汤的食材选择、煲汤时间、如何喝汤等问题，作详细的介绍。

❶ 汤煲多久更营养

日常生活中，人们大多认为，煲汤煲得越久越有营养，其实这个观点是不正确的。研究证明，煲汤时间适度加长确实有助于营养释放和吸收，但时间过长反而会对营养成分造成一定的破坏。

不同食材，时间有别

一般来说，煲汤的材料以肉类等含蛋白质较高的食物为主。蛋白质的主要成分为氨基酸类，如果加热时间过长，氨基酸遭到破坏，营养反而会降低，同时还会使菜肴失去应有的鲜味。另外，食物中的维生素如果加热时间过长，也会有不同程度的损失。尤其是维生素C，遇到长时间加热极易被破坏。所以，长时间煲汤后，虽然看上去汤很浓，其实随着汤中水分的蒸发，也带走了丰富营养的精华。对于一般肉类来说，可以遵循时间煲久一点的原则，但有些食物，煲汤的时间需要很短。比如鱼汤，因为鱼肉比较细嫩，煲汤时间不宜过长，只要汤烧到发白就可以了，再继续炖不但营养会被破坏，而且鱼肉也会变老、变粗，口味不佳。有些人喜欢在汤里放入人参等滋补药材，由于参类含有人参皂甙，煮得过久就会分解，失去补益价值，所以在这种情况下，煲汤时间不宜太久。另外，如果汤里要放蔬菜，必须等汤煲好以后随放随吃，以减少维生素的损失。

煲汤以半小时到2个小时为宜

专家认为，煲汤时间不宜太久，时间在半小时到2个小时为宜，这样可以最好地留住营养成分。煲汤的方法一般是先用大火煮沸，然后用小火煲。煲汤时放入丰富的食材，既能保证营养均衡，而且利于消化和吸收，但是煲汤时间过长，会造成食物中的蛋白质和脂肪等营养成分流失。因此建议汤和肉一起吃，因为食物中的蛋白质不可能都溶解在汤水中。

药膳汤熬制不宜超过1小时

除了肉类，药膳汤中的中药材也是其特色之一。专家认为，按照中药的煎煮时间来说，黄芪、党参一类补气的药材文火熬40~60分钟就可以了，如果时间太长，药材的有效成分在溶液中会被破坏掉。那肉类和药材如何取得同步呢？专家推荐如下方法：如果煲汤时间为2个小时，那么先将药材单独浸泡1小时，然后待汤熬了1小时后，再将药材连同泡药材的水加入汤中，与食材一起再熬制1个小时。这样可以最大限度地保留药材的营养和药效。此外，专家建议，药材最好选适合多数人体质的、平补无偏性的，如淮山、枸杞、党参、生地黄、玉竹等。

❷ 喝对汤，更健康

日常人们常喝的汤有荤汤、素汤两大类，无论是荤汤还是素汤，都应根据各人的喜好与口味来选料烹制，加之"对症喝汤"就可达到防病滋补、清热解毒的"汤疗"效果。

对症喝汤

多喝汤不仅能调节口味、补充体液、增强食欲，而且能防病抗病，对健康有益。

（1）**延缓衰老多喝骨汤**。人到中老年，机体的种种衰老现象相继出现，会由于微循环障碍而导致心脑血管疾病。另外，老年人容易发生"钙迁徙"而导致骨质疏松、骨质增生和股骨颈骨折等症。骨头汤中的特殊养分——胶原蛋白，可疏通微循环并补充钙质，从而改善上述症状，延缓人体衰老。

（2）**预防感冒多喝鸡汤**。鸡汤特别是母鸡汤中的特殊养分，可加快咽喉及支气管黏液血液循环，增加黏液的分泌，及时清除呼吸道病毒，可缓解咳嗽、咽干、喉痛等症状，对感冒、支气管炎等预防效果尤佳。

（3）**预防哮喘多喝鱼汤**。鱼汤中尤其是鲫鱼、乌鱼汤中含有大量的特殊脂肪酸，具有抗火作用，可防止呼吸道发炎，并防止哮喘病的发作，对儿童哮喘病更为有益；鱼汤中的卵磷脂对病体的康复更为有利。

（4）**养气补血多喝猪蹄汤**。猪蹄性平味甘，入脾、胃、肾经，能强健腰腿、补血润燥、填肾益精。加入一些花生和猪蹄煲

汤，尤其适合女性，民间还用于滋补女性产后阴血不足、乳汁缺少。

（5）**退风热多喝豆汤**。豆汤如甘草生姜黑豆汤，对小便涩黄、风热入肾等症，具有一定的辅助治疗效果。

不同人群怎样喝汤

由于每个人的体质各不相同，日常生活中我们可以根据个人的身体状况合理喝汤，才能让身体更健康。

（1）**脾虚的人**。脾虚的人常常表现为食少腹胀、食欲不振、肢体倦怠、乏力、时有腹泻、面色萎黄等。这类人不妨适当喝些健脾和胃的汤，以促进脾胃功能的恢复，如芡实汤、山药汤、豇豆汤等都是不错的选择。

（2）**胃火旺盛的人**。平时喜欢吃辛辣、油腻食品的人，日久易化热生火，积热于肠胃，表现为胃中灼热、喜食冷饮、口臭、便秘等。这类人群进补前一定要注意清胃中之火，可适度喝苦瓜汤、黄瓜汤、冬瓜汤、苦菜汤等，待胃火消退后再进补。

（3）**老年人及儿童**。老年人及儿童由于消化能力较弱，胃中常有积滞宿食，表现为食欲不振或食后腹胀。因此，在进补前应注重消食和胃，不妨适量喝点山楂羹、白萝卜汤等消食、健脾、和胃的汤。

怎样喝粥更营养

粥是人间第一补物。我们中国人有喝粥的习惯，特别是在湿热的南方，学会煲一锅营养美味粥，是家庭主妇必备的看家本领。粥作为一种健康的滋补方式，被广为推崇。煲粥、喝粥看起来很简单，其实里面也有学问。让我们来看看怎样煲粥、喝粥更营养吧。

粥也有讲究和要注意的事项，否则会适得其反，不仅达不到养生健体的目的，反而会危害身体健康。下面让我们一起来了解一下吧！

❶ 早晨不要空腹喝粥

早晨最好不要空腹喝粥，因为淀粉经过熬煮过程会变为糊精，糊精会使血糖升高。特别是老年人，更应该避免在早晨时间段内使血糖上升太快。因此，早晨吃早餐时最好先吃一片面包或其他主食，然后再喝粥。

❷ 粥不宜天天喝

在保持健康长寿的饮食方式中，"清淡饮食"应该算是其中相当重要的一环。毕竟，高血压、高脂血症、高血糖、糖尿病及肥胖症等疾病大多都和"吃"有着密切的关系。有些人认为，"清淡饮食"就是缺油少盐的饮食，还有些人认为，所谓"清淡"就是用粥替代主食，用素菜替代肉类。其实，这些"清淡饮食"是无益于身体健康的。"清淡饮食"，特别是长期缺乏蛋白质和脂肪的饮食，会给健康带来更大的威胁。

粥毕竟以水为主，"干货"极少，在胃容量相同的情况下，同体积的粥在营养上与馒头、米饭还是有一些距离的。尤其是白粥的营养远远无法达到人体的需求量，长期喝白粥容易营养不良。

天天喝粥，水含量偏高的粥在进入胃中后，会起到稀释胃酸的作用，对消化不利。不过，即使是喝粥，也要配点肉菜，不能清淡到只就咸菜。最好不要选择白粥，至少应该加入一点菜或肉，变变花样，以求营养均衡。

❸ 喝粥的同时也要吃点干饭

天气热的时候很多人往往没有食欲，一些本来肠胃就不太好的人则会选择稀粥当主食，觉得喝粥好消化。专家提醒，光喝稀粥并不一定利于消化，应该再吃点干饭。

当然，要想真正消化好，有一个重要的前提——细嚼慢咽，让食物与唾液充分地混合。千万不要小看唾液，它是我们消化的第一道步骤。吃干饭的时候必须经过咀嚼，唾液中有消化酶，能促使食物在胃中更易消化，而如果只是喝粥的话，稀粥中的米粒没有经过咀嚼，无法和唾液充分混合进入胃部，不利于消化。

❹ 老年人不宜长期喝粥

从古到今，许多老年人把"老人喝粥，多福多寿"看作养生的至理名言。的确，人老了消化系统也会渐渐衰退，适当喝粥利于消化。但是老年人并不需要天天喝粥，尤其是一天喝两三次粥，就不太合适了。原因在于：一是老年人如果长期以粥为食，会造成营养缺乏。粥的成分总的来说比较单一，其营养成分的种类和含量与正餐相比还是偏少。二是长期喝粥会影响唾液的分泌。谷物与水长时间混合熬煮形成食糜，几乎无需牙齿的咀嚼和唾液的帮助就会被胃肠消化。唾液有中和胃酸、修复胃黏膜的作用，喝粥的时候口腔几乎不用分泌唾液，自然也不利于保护胃黏膜。

此外，喝粥缺少咀嚼，还会加速老人咀嚼器官的退化。粥类中纤维含量较低，也不利于老年人排便。

❺ 婴儿不宜长期喝粥

有的父母会在婴儿四个月大的时候，在添加固体食物时喂婴儿一些粥。这样是可以的，但不能把粥作为婴儿的主要固体食物。因为粥的体积大，营养密度低，以粥作为主要的固体食物必然会引起各种营养物质供给不足，造成婴儿生长发育速度减慢。

❻ 八宝粥更适合大人喝

不能长期给儿童喝八宝粥，其实八宝粥更适合大人喝。"八宝粥"也叫腊八粥，一般是以粳米和糯米为主料，然后再添加一些干果、豆类、中药材一起熬煮成的。八宝粥的原意是用八种不同的原料熬成的粥，但时至今日，许多八宝粥的原料绝不拘泥于八种。八宝粥中，各种坚果富含人体必需的脂肪酸、多种维生素及微量元素；豆类富含赖氨酸，弥补了谷类中所缺的赖氨酸；中药材具有健脾、滋补、强壮身体的作用，其合而为粥，可以充分发挥互补作用，提高蛋白质的利用率。

❼ 胃病患者不宜天天喝粥

传统意义主张胃病患者的饮食要以稀粥为主，因为粥易消化。但胃病患者就应该天天喝粥吗？其实不然，稀粥未咀嚼就吞下，没有与唾液充分搅拌，得不到唾液中淀粉酶的初步消化，同时稀粥含水分较多，进入胃中稀释了胃液，从消化的角度讲是不利的。加之喝稀粥会使胃的容量相对增大，而所供的热量却较少，不仅在一定程度上加重了胃的负担，而且营养相对不足。因此，胃病患者并不适宜天天喝粥。除非是消化性溃疡合并消化道出血或巨大溃疡有出血的危险，一般胃病患者是不需要天天喝稀粥的。

❽ 夏季不宜喝甜粥、冰粥

在炎炎夏日，有的人喜欢喝粥店里的甜粥和冰粥。甜粥中加了不少糖，有增加白糖摄入量的危险。而冰粥经过冰镇，和其他冷食一样，有可能会促进胃肠血管的收缩，影响消化吸收。所以，在炎热的夏季不要为了贪图口感和凉爽而大碗喝甜粥和冰粥，还是喝温热的粥比较好。

米饭承载着的回忆

　　进入新时代，中国迎来了变革和进步，就连中国人饭碗里的食物也在悄悄发生着变化。"民以食为天，食以饭为先"，在老百姓的一日三餐中，米饭担当着重要角色。中国人的生活水平提高，不光体现在菜篮子里，"一碗米饭"同样折射出新中国的沧桑巨变。从早期的糙米饭、细米饭、高价米，再到现代炊具制作的"三好米饭"，国人对米饭的价值要求在理性回归：米饭好不好，营养说了算。

❶ 糙米饭：吃饱是关键

　　物质严重缺乏的时期，"吃饱"一直是老百姓餐桌上的主要话题，以糙米为主要内容的"一碗米饭"更讲究"量"而不是营养。糙米加大锅是普通百姓的重要炊煮方式，"纯手工操作"全凭感觉掌握，米饭很容易糊锅、半熟、过度蒸煮，从而造成营养流失。

❷ 细米饭：吃得像样

　　从温饱走向小康的中国人，餐桌上逐渐呈现出前所未有的丰盛，粗粮食品逐渐从百姓的餐桌上淡出，细米、白面成为餐桌上的主角。不过，大部分人还没有意识到米饭营养的重要性，"一碗米饭"的意义仍停留在主食层面，米饭烹饪"纯手工操作"仍占主要地位。

❸ 高价米：吃出花样

　　生活条件有了质的飞跃，国人对吃的要求大大提高，米饭营养意识开始萌发，"高价米"成为当时的宠儿！不过，高价米是否高营养，这一点一度受到营养专家的质疑。这一阶段多使用电饭锅通过焖煮把米饭做熟，单一的压力和温度无法全部激活食物中的营养，米饭糊锅和硬心现象仍然时常出现。

❹ 三好米饭：吃出营养

　　所谓"三好"，是指米饭口感好、营养好、水分足。今天，营养价值观日益成熟的国人开始理性地审视"一碗米饭"的意义，能制作"三好米饭"的电压力煲受到普遍欢迎。定制"三好米饭"，只有通过精准掌握烹饪过程中米饭所需的压力，对不同的米设置特定的炊煮模式，充分激活米的营养，做出的米饭才完全符合现代营养学家认可的好米饭标准。

　　一粒米里看世界，两根箸间话国情。"一碗米饭"的内容、品质在不断变化，真实生动地反映着中国的沧桑巨变，展示着中国经济大腾飞下国人生活品质的飞跃、健康意识的提升，同时也标志着"以饭为本"的中国健康饮食观念的回归。

吃米饭的学问多

俗话说："人是铁，饭是钢"，道尽了米饭的营养价值。营养专家表示，米饭的营养完整且均衡，是不折不扣的健康食品，除了能供给人体热量外，研究显示，它还有降低胆固醇的作用。米饭是供给人体热量的主要来源，以米为主食者，可摄取碳水化合物产生热量，并获取优质的蛋白质。米饭中所含的膳食纤维、B族维生素，以及钙、磷、铁等矿物质成分，可促进消化与新陈代谢。

❶ 吃菜配饭，饮食误区

随着营养的改善，许多人因为怕胖，纷纷把传统"吃饭配菜"的饮食习惯改为"吃菜配饭"，其实这是错误的做法，如果多吃肉类及油脂，摄取蔬果及淀粉的比重少，反而是不均衡饮食。米饭中所含的蛋白质质量很不错，近年来的研究发现，动物性蛋白质比植物性蛋白质较易造成心血管疾病，如果每天吃5碗饭，可以从中获取约20克蛋白质，因此，多吃米饭反而对健康有利。

❷ 吃米饭，不易罹患心血管病

由于近年来"饭桶"被当作肥胖的同义词，许多人因担心肥胖而拒吃淀粉类食物。但饮食专家经研究发现，米饭其实有抑制人体脂质含量上升的作用，具有降低血清胆固醇的作用，摄取米饭者反而较不会罹患心血管疾病及肥胖症。

❸ 巧做米饭，吃出健康

现在市面上各种主食让人目不暇接，可中国人仍然爱吃米饭，怎样能巧做米饭、吃出健康呢？我们在实践中积累了一些经验：与各种健康食物搭配着做米饭，有益健康。如果有高血压、高脂血症，可以做燕麦米饭、甜玉米粒米饭、白萝卜细小块米饭、枸杞米饭。午饭吃干，晚饭熬粥，会有很好的效果。做这样的米饭时，不费什么劲，放入大米和食材，用电饭煲就能做出色香味俱佳的各色米饭来。如果上火，可做绿豆米饭、白萝卜条米饭。绿豆事先应用清水泡半天，煮熟后再做米饭。如果大便不畅，可做红薯米饭、南瓜米饭，根据自己的爱好，把红薯或南瓜切成小块放入米中，食时甘甜可口。根据不同的时令，还可做不同的水果米饭、胡萝卜小块米饭、香菇米饭、黑木耳米饭，与相应的炒菜相配，效果更好。另外，可做红小豆米饭、黑小豆米饭、大云豆米饭，豆类煮熟后再与大米一块烹制。

01

防病进补美味汤

随着生活水平的不断提高，人们除了满足口腹之欲外，更加注重利用汤品来防病进补、滋润身体。滋补美味的汤品不仅可向人体提供日常所需的能量和各种微量元素，而且对预防和调养身体有着不可估量的作用。

冬瓜豆腐汤

材料

冬瓜200克，豆腐100克，虾米50克

调料

食盐少许，香油3毫升，味精3克，高汤适量

做法

❶ 将冬瓜去皮、瓤洗净切片，虾米用温水浸泡洗净，豆腐切片备用。

❷ 净锅上火倒入高汤，调入食盐、味精，加入冬瓜、豆腐、虾米煲至熟，淋入香油即可。

银耳莲子冰糖饮

材料

水发银耳150克，水发莲子30克，水发百合25克

调料

冰糖适量

做法

❶ 将水发银耳择洗净，撕成小朵，水发莲子、水发百合洗净备用。

❷ 净锅上火倒入纯净水，调入冰糖，下入水发银耳、莲子、百合煲至熟即可。

萝卜香菇粉丝汤

材料

白萝卜100克，香菇30克，水发粉丝20克，豆苗10克

调料

高汤适量，食盐少许

做法

❶ 将白萝卜、香菇洗净均切成丝，水发粉丝洗净切段，豆苗洗净备用。

❷ 净锅上火，倒入高汤，调入食盐，放入白萝卜、香菇、水发粉丝、豆苗煲至熟即可。

山木耳腐竹汤

材料

水发腐竹90克，水发山木耳30克，青菜10克

调料

老抽少许，食盐5克，葱、姜各3克

做法

❶ 将水发腐竹切段，水发山木耳撕成小朵备用。

❷ 净锅上火倒入20毫升食用油，将葱、姜爆香，倒入水，调入食盐、老抽烧沸，放入水发腐竹、水发山木耳、青菜煲至熟即可。

萝卜豆腐煲

材料

白萝卜150克，胡萝卜80克，豆腐50克

调料

食盐适量，味精、香菜各3克，香油3毫升

做法

❶ 将白萝卜、胡萝卜去皮洗净，豆腐洗净均切成小丁备用。

❷ 炒锅上火倒入清水，调入食盐、味精，放入白萝卜、胡萝卜、豆腐煲至熟，淋入香油，放入香菜即可。

豆腐上海青蘑菇汤

材料

豆腐150克，上海青45克，蘑菇30克

调料

高汤适量，食盐少许

做法

❶ 将豆腐、上海青、蘑菇洗净切丝备用。

❷ 净锅上火倒入高汤，调入食盐，放入豆腐、蘑菇煲至熟，撒入上海青即可。

芦笋腰豆汤

材料

红腰豆100克，芦笋75克

调料

清汤适量，红糖52克

做法

❶ 将红腰豆洗净，芦笋洗净切丁待用。

❷ 净锅上火倒入清汤，放入红腰豆、芦笋，调入红糖，煲至熟即可。

雪梨山楂甜汤

材料

雪梨半个，山楂卷25克

调料

冰糖6克

做法

❶ 将雪梨洗净去皮、核，切丁，山楂卷切片备用。

❷ 净锅上火倒入清水，放入雪梨、山楂卷烧开，调入冰糖煲至熟即可。

菠萝银耳红枣甜汤

材料

菠萝125克，水发银耳20克，红枣8颗

调料

白糖10克

做法

❶ 将菠萝去皮洗净切块，水发银耳洗净撕成小朵，红枣洗净备用。

❷ 汤锅上火倒入清水，放入菠萝、水发银耳、红枣煲至熟，调入白糖搅匀即可。

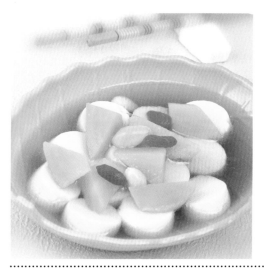

步步高升煲

材料

年糕175克，日本豆腐3根，红薯100克，银杏10颗

调料

高汤、食盐各适量

做法

❶ 将年糕、日本豆腐、红薯洗净切块，银杏洗净备用。

❷ 净锅上火倒入高汤，调入食盐，放入年糕、日本豆腐、红薯、银杏煲至熟即可。

橘子杏仁菠萝汤

材料

菠萝100克，杏仁80克，橘子20克

调料

冰糖50克

做法

❶ 将菠萝去皮洗净切块，杏仁洗净，橘子切片。

❷ 净锅上火倒入清水，调入冰糖，放入菠萝、杏仁、橘子烧沸即可。

菠菜豆腐汤

材料

菠菜150克，豆腐50克

调料

高汤、食盐适量，味精3克

做法

❶ 将菠菜洗净切段，豆腐洗净切条备用。

❷ 炒锅上火倒入高汤烧沸，调入食盐、味精，放入菠菜、豆腐煲至熟即可。

海带黄豆汤

材料

海带结100克，黄豆20克

调料

食盐、姜片各3克

做法

❶ 将海带结洗净，黄豆洗净用温水浸泡至回软备用。

❷ 净锅上火倒入清水，调入食盐、姜片，倒入黄豆、海带结煲至熟即可。

莲藕绿豆汤

材料

莲藕150克，绿豆35克

调料

食盐2克

做法

❶ 将莲藕去皮洗净切块，绿豆洗净备用。

❷ 净锅上火倒入清水，倒入莲藕、绿豆煲至熟，调入食盐搅匀即可。

南瓜绿豆汤

材料

南瓜350克，绿豆100克

调料

冰糖少许

做法

❶ 将南瓜去皮、籽，洗净切丁，绿豆淘洗净备用。

❷ 净锅上火倒入清水，倒入南瓜、绿豆烧开，调入冰糖煲至熟即可。

百合红枣炖猪腱

材料

猪腱子肉200克，水发百合30克，红枣10颗

调料

清汤适量，食盐6克，葱花2克

做法

❶ 将猪腱子肉洗净，切片，水发百合洗净备用，红枣稍洗备用。

❷ 净锅上火倒入清汤，倒入猪腱子肉，调入食盐烧沸，再倒入水发百合、红枣，煲至熟，撒上葱花即可。

猪腱莲藕汤

材料

猪腱子肉300克，莲藕125克，香菇10克

调料

食用油12毫升，食盐5克，葱、姜各2克，香油4毫升

做法

❶ 将猪腱子肉洗净、切块，莲藕去皮洗净、切块，香菇洗净、切块备用。

❷ 汤锅上火倒入食用油，将葱、姜爆香，倒入猪腱子肉烹炒，倒入清水，下入莲藕、香菇，调入食盐，煲至成熟，淋入香油即可。

银耳炖猪腱

材料

猪腱子肉180克，水发银耳20克

调料

清汤适量，食盐6克

做法

❶ 将猪腱子肉洗净、切块、汆水，水发银耳洗净，撕成小块备用。

❷ 净锅上火倒入清汤，倒入猪腱子肉、水发银耳，调入食盐煲至熟即可。

红豆黄瓜猪肉煲

材料

猪肉300克，黄瓜100克，红豆50克，陈皮3克

调料

食用油30毫升，食盐6克，葱5克，高汤适量

做法

❶ 将猪肉切块、洗净、氽水，黄瓜洗净改滚刀块，红豆、陈皮洗净备用。

❷ 净锅上火倒入食用油，将葱炝香，倒入猪肉略煸，倒入高汤，调入食盐，倒入黄瓜、红豆、陈皮，小火煲至熟即可。

南北杏猪肉煲

材料

猪精肉250克，南杏、北杏各100克

调料

食用油20毫升，味精、葱各3克，食盐、高汤各适量

做法

❶ 将猪精肉洗净、切块、氽水，南杏、北杏洗净。

❷ 净锅上火倒入食用油，将葱炝香，倒入高汤，调入食盐、味精，下入猪精肉、南北杏煲制成熟即可。

玄参地黄瘦肉汤

材料

猪瘦肉120克，豆芽20克，玄参5克，生地黄3克

调料

清汤适量，食盐5克，姜片3克，红枣8颗

做法

❶ 将猪瘦肉洗净、切块，豆芽去根，洗净备用。

❷ 净锅上火倒入清汤，下入姜片、玄参、生地黄烧开至汤色较浓时，捞出调味料，再倒入猪肉、豆芽，调入食盐烧沸，撇去浮沫至熟即可。

节瓜瘦肉汤

材料

猪瘦肉300克，节瓜100克，莲子50克

调料

食用油30毫升，食盐适量，味精3克，葱、姜各4克，红椒圈2克

做法

❶ 将猪瘦肉洗净、切片，节瓜去皮、洗净、切片，莲子去心洗净备用。

❷ 炒锅上火倒入清水，猪瘦肉汆水后捞起冲净备用。

❸ 净锅上火倒入食用油，将葱、姜爆香，倒入清水，调入食盐、味精，放入猪瘦肉、节瓜、莲子肉，小火煲至熟，撒入红椒圈即可。

金针菇瘦肉汤

材料

猪瘦肉150克，金针菇100克

调料

食用油20毫升，食盐6克，鸡精、香油各3毫升，葱、姜各5克，香菜10克

做法

❶ 将猪瘦肉洗净、切丁，金针菇、香菜去根洗净，切段备用。

❷ 净锅上火倒入食用油，将葱、姜爆香，倒入猪瘦肉煸炒，倒入金针菇，调入食盐、鸡精，大火烧开，淋入香油，撒入香菜即可。

苦瓜煲五花肉

材料

猪五花肉200克，苦瓜50克，水发木耳10克

调料

食用油10毫升，食盐4克，老抽2毫升，蒜片5克

做法

❶ 将猪五花肉洗净、切块，水发木耳洗净、撕成小朵备用。

❷ 净锅上火倒入食用油，将蒜片爆香，倒入猪五花肉煸炒，烹入老抽，倒入苦瓜、水发木耳，倒入清水，调入食盐煮至熟即可。

山药螃蟹瘦肉汤

材料

猪瘦肉200克，螃蟹1只，山药50克，韭菜30克

调料

食盐少许，味精3克，葱、姜各5克，高汤适量

做法

❶ 将猪瘦肉洗净、切丁、汆水，螃蟹去壳、切块、汆水，山药洗净，韭菜洗净切末。

❷ 净锅上火，倒入高汤，下入螃蟹、猪瘦肉、山药烧沸，调入食盐、味精、葱、姜，煲成熟撒上韭菜末即可。

灵芝肉片汤

材料

猪瘦肉150克，党参10克，灵芝12克

调料

食用油45毫升，食盐6克，味精3克，香油3毫升，葱、姜片各5克

做法

❶ 将猪瘦肉洗净、切片，党参、灵芝用温水略泡备用。

❷ 净锅上火，倒入食用油，将葱、姜片爆香，下入肉片煸炒，倒入清水烧开，倒入党参、灵芝，调入食盐、味精煲至熟，淋入香油即可。

枸杞香菇瘦肉汤

材料

猪瘦肉200克，香菇50克，党参4克，枸杞2克

调料

食盐6克

做法

❶ 将猪瘦肉洗净、切丁，香菇洗净、切丁，党参、枸杞均洗净备用。

❷ 净锅上火，倒入清水，调入食盐，倒入猪瘦肉烧开，撇去浮沫，再倒入香菇、党参、枸杞煲至熟即可。

沙参瘦肉汤

材料

猪瘦肉200克，南沙参30克，麦冬15克，桂圆10克

调料

清汤适量，食盐5克，味精3克

做法

❶ 将猪瘦肉洗净、切片、氽水，南沙参、麦冬分别洗净，桂圆去外壳洗净。

❷ 净锅上火，倒入清汤，调入食盐、味精，倒入猪瘦肉、南沙参、麦冬、桂圆，小火煲至熟即可。

双果猪肉汤

材料

猪腿肉100克，苹果45克，干无花果6颗

调料

食用油60毫升，食盐6克，鸡精、葱花各3克

做法

❶ 将猪腿肉洗净、切片，苹果洗净、切片，无花果用温水浸泡备用。

❷ 净锅上火，倒入食用油，将葱花炝香，倒入猪腿肉煸炒成熟，倒入清水，调入食盐、鸡精烧沸，下入苹果、无花果至熟即可。

紫菜荸荠瘦肉汤

材料

猪瘦肉120克，南豆腐50克，荸荠20克，紫菜10克

调料

高汤适量，食盐3克，胡椒粉2克

做法

❶ 将猪瘦肉洗净、切片，南豆腐洗净切片，荸荠去皮、洗净、切片，紫菜浸泡备用。

❷ 汤锅上火，倒入高汤，放入猪瘦肉、南豆腐、荸荠、紫菜烧开，调入食盐、胡椒粉至熟即可。

冬瓜党参肉片汤

材料

猪瘦肉200克，冬瓜150克，党参6克

调料

食盐5克

做法

❶ 将猪瘦肉洗净、切片，冬瓜去皮、洗净、切片，党参洗净备用。

❷ 汤锅上火，倒入清水，倒入肉片、冬瓜、党参，调入食盐至熟即可。

上海青枸杞肉汤

材料

猪瘦肉200克，嫩上海青100克，枸杞10粒

调料

高汤适量，食盐3克，胡椒粉5克，香油4克

做法

❶ 将猪瘦肉洗净、切片，嫩上海青洗净，枸杞用温水浸泡备用。

❷ 汤锅上火，倒入高汤，倒入猪瘦肉烧开，撇去浮沫，下入上海青、枸杞，调入食盐、胡椒粉至熟，淋入香油即可。

香蕉素鸡瘦肉汤

材料

猪瘦肉120克，香蕉80克，素鸡50克

调料

食盐少许，味精3克，高汤适量

做法

❶ 将猪瘦肉洗净、切片、氽水备用，香蕉去皮切片，素鸡切片。

❷ 净锅上火，倒入高汤，调入食盐、味精烧沸，倒入猪瘦肉、香蕉、素鸡煲至熟即可。

茭白瘦肉煲

材料

猪瘦肉150克，茭白100克

调料

食盐适量，味精3克，食用油20克

做法

❶ 将猪瘦肉洗净、氽水，茭白洗净、切片备用。

❷ 炒锅上火，先倒入食用油，再倒入清水，放入猪瘦肉、茭白，调入食盐、味精煲至成熟入味，起锅即可。

香菇黄瓜肉汤

材料

猪精肉100克，黄瓜75克，香菇10克

调料

食用油20毫升，食盐少许，味精、葱、姜各3克，老抽、香油各2毫升

做法

❶ 将猪精肉洗净、氽水，黄瓜洗净、切片，香菇去根改刀备用。

❷ 净锅上火，倒入食用油，将葱、姜炝香，烹入老抽，倒入清水，调入食盐、味精，下入肉片、黄瓜、香菇烧开煲至熟，淋入香油即可。

海底椰红枣瘦肉汤

材料

水发海底椰175克，猪瘦肉50克，红枣、雪梨各10克

调料

食盐5克，白糖3克

做法

❶ 将水发海底椰洗净切片，猪瘦肉洗净切片，红枣洗净，雪梨去皮、核切片备用。

❷ 净锅上火，倒入适量清水，调入食盐、白糖，下入水发海底椰、猪瘦肉、红枣、雪梨烧开，撇去浮沫，煲至成熟即可。

人参麦冬瘦肉汤

材料

麦冬150克，猪瘦肉100克，人参1支

调料

清汤适量，食盐6克，姜片3克

做法

❶ 将麦冬用温水洗净稍泡，猪瘦肉洗净切丁，人参用温水洗净备用。

❷ 净锅上火，倒入清汤，调入食盐，下入猪瘦肉烧开，撇去浮沫，再下入麦冬、人参煲至熟即可。

猪肉芋头香菇煲

材料

芋头200克，猪肉90克，香菇8朵

调料

食盐少许，八角1个，葱、姜末各2克，老抽少许，黄豆油适量

做法

❶ 将芋头去皮洗净切滚刀块，猪肉洗净切片，香菇洗净切块备用。

❷ 净锅上火，倒入黄豆油，将葱、姜末、八角爆香，下入猪肉煸炒，烹入老抽，下入芋头、香菇同炒，倒入清水，调入食盐煲至成熟即可。

咸菜肉丝蛋花汤

材料

咸菜100克，猪瘦肉75克，胡萝卜30克，鸡蛋1个

调料

食用油10毫升，老抽少许

做法

❶ 将咸菜、猪瘦肉洗净切丝，胡萝卜去皮洗净切丝，鸡蛋打入盛器搅匀备用。

❷ 净锅上火，倒入食用油，下入肉丝煸炒，再倒入胡萝卜、咸菜稍炒，烹入老抽，倒入清水煲至熟，淋入鸡蛋液即可。

榨菜肉丝汤

材料

榨菜175克，水发粉丝30克，猪瘦肉75克

调料

食用油10毫升，葱、姜各2克，香菜段3克，香油5毫升

做法

❶ 将榨菜洗净切丝，水发粉丝洗净切段，猪瘦肉洗净切丝备用。

❷ 净锅上火，倒入食用油，将葱、姜爆香，下入肉丝煸炒，下入榨菜丝再稍炒，倒入清水煲至熟，撒入香菜段，淋入香油即可。

酸菜五花肉汤

材料

酸白菜200克，猪五花肉100克，水发粉皮25克

调料

高汤适量，老抽4毫升，食盐少许

做法

❶ 将酸白菜洗净切丝，猪五花肉洗净切片，水发粉皮洗净备用。

❷ 净锅上火，倒入高汤，调入老抽、食盐，倒入酸白菜、猪五花肉、水发粉皮煲至熟即可。

酸菜丸子汤

材料

酸菜200克，肉丸（袋装）75克

调料

高汤适量，食盐少许

做法

❶ 将酸菜洗净切丝，肉丸取出备用。

❷ 净锅上火，倒入高汤，倒入酸菜丝、肉丸，调入食盐煲至熟即可。

猪肉牡蛎海带干贝汤

材料

海带结150克，牡蛎肉75克，猪肉50克，干贝20克

调料

食盐少许

做法

❶ 将海带结洗净，牡蛎肉洗净，猪肉洗净切块，干贝洗净浸泡备用。

❷ 汤锅上火，倒入清水，倒入海带结、牡蛎肉、猪肉、干贝，调入食盐煲至熟即可。

豆芽青豆瘦肉汤

材料

黄豆芽150克，猪瘦肉75克，青豆20克

调料

食用油35毫升，食盐6克，味精3克，葱花4克，香油2毫升

做法

❶ 将黄豆芽洗干净，猪瘦肉洗净切片，青豆洗净备用。

❷ 净锅上火，倒入食用油，将葱花爆香，下入肉片煸炒，再下入黄豆芽、青豆稍炒，倒入清水，调入食盐、味精煲至熟，淋入香油即可。

椒香白玉汤

材料

内酯豆腐1盒，猪肉30克，青、红山椒各5克

调料

清汤适量，食盐3克

做法

❶ 将内酯豆腐洗净切块，猪肉洗净切末备用。

❷ 净锅上火，倒入清汤，调入食盐和青、红山椒，下入肉末、内酯豆腐煲至熟即可。

豆腐皮香菇肉煲

材料

豆腐皮150克，猪肉100克，香菇20克

调料

食盐少许，红椒丝、葱花各适量

做法

❶ 将豆腐皮洗净切块，猪肉洗净切块焯水，香菇洗净切块备用。

❷ 净锅上火，倒入清水，调入食盐，下入豆腐皮、猪肉、香菇煲至熟，起锅撒上红椒丝、葱丝即可。

芥菜鲜肉汤

材料

芥菜150克，猪瘦肉50克

调料

食用油20毫升，食盐5克，味精3克，老抽2毫升，辣椒油8毫升，葱、姜各3克，花椒油4毫升

做法

❶ 将芥菜择洗净切段，猪肉洗净切片备用。

❷ 净锅上火，倒入食用油，将葱、姜爆香，倒入猪瘦肉煸炒煲至熟，烹入老抽，倒入芥菜翻炒，倒入清水，调入食盐、味精烧开，再调入辣椒油、花椒油即可。

豆腐皮肉丝生菜汤

材料
豆腐皮100克，猪瘦肉75克，生菜15克
调料
食用油10毫升，食盐3克，葱、姜各1克
做法
❶ 豆腐皮、猪瘦肉、生菜均洗净切丝备用。
❷ 净锅上火，倒入食用油，将葱、姜爆香，
下入肉丝煸炒，倒入清水，调入食盐，倒
入豆腐皮、生菜煲至熟即可。

百合红枣瘦肉羹

材料
水发百合100克，红枣6颗，莲子20颗，猪瘦
肉30克
调料
食盐、葱花各适量
做法
❶ 将水发百合洗净，红枣、莲子洗净浸泡20
分钟，猪瘦肉洗净切丁备用。
❷ 净锅上火，倒入清水，调入食盐烧开，倒
入水发百合、红枣、莲子、肉丁煲至熟，
起锅撒上葱花即可。

香芹粉条肉汤

材料
香芹125克，猪肉50克，水发粉条20克
调料
食用油30毫升，食盐6克，老抽3毫升，姜末2
克，香油5毫升
做法
❶ 将香芹择洗净切丝，猪肉洗净切丝，水发
粉条切段备用。
❷ 净锅上火，倒入食用油，将姜末炒香，倒入肉丝
煸炒，烹入老抽，再下入香芹同炒几下，倒入清
水，下入粉条，调入食盐煲至熟，淋入香油即可。

萝卜包菜肉汤

材料

白萝卜100克，包菜75克，猪肉45克

调料

食用油25毫升，食盐5克，味精2克，葱、姜各4克

做法

❶ 将白萝卜洗净切丝，包菜洗净切丝，猪肉洗净切丝备用。

❷ 净锅上火，倒入食用油，将葱、姜爆香，倒入肉丝煸炒，再下入白萝卜、包菜，倒入清水烧沸，调入食盐、味精即可。

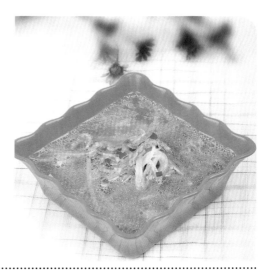

红豆薏米瘦肉汤

材料

红豆、薏米各25克，猪瘦肉20克，红枣、桂圆各4颗

调料

白糖适量

做法

❶ 将红豆、薏米淘洗净浸泡30分钟，猪瘦肉洗净切小丁，红枣、桂圆洗净备用。

❷ 净锅上火，倒入清水烧开，倒入红豆、薏米、红枣、桂圆煲至快熟时，下入肉丁续煲至熟，调入白糖搅匀即可。

萝卜杏仁猪腱汤

材料

白萝卜175克，猪腱子肉100克，杏仁（袋装）12克

调料

清汤适量，食盐6克，葱、姜各3克

做法

❶ 将白萝卜洗净切成滚刀块，猪腱子肉洗净切方块，杏仁洗净备用。

❷ 净锅上火，倒入清汤，调入食盐、葱、姜，下入猪腱子肉烧开，撇去浮沫，再下入白萝卜、杏仁煲至熟即可。

双色排骨汤

材料

卤水豆腐200克，胡萝卜100克，猪排75克

调料

清汤适量，食盐6克，姜片3克，香菜段5克

做法

❶ 将卤水豆腐洗净切块，胡萝卜洗净切块，猪排洗净斩块备用。

❷ 净锅上火，倒入清汤，下入姜片、胡萝卜、猪排、豆腐烧开，撇去浮沫，调入食盐煲至熟，撒入香菜段即可。

丝瓜西红柿排骨汤

材料

西红柿250克，丝瓜125克，卤排骨100克

调料

高汤适量，食盐3克，白糖2克，料酒4克

做法

❶ 将西红柿洗净切块，丝瓜去皮洗净切滚刀块备用。

❷ 汤锅上火，倒入高汤，调入食盐、白糖、料酒，倒入西红柿、丝瓜、卤排骨煲至熟即可。（高血压患者少食。）

玉米猪骨汤

材料

玉米棒250克，猪骨200克

调料

食盐6克，葱花2克

做法

❶ 将玉米棒洗净切厚片，猪骨洗净斩块焯水备用。

❷ 净锅上火，倒入清水，调入食盐，倒入玉米棒、猪骨煲至熟，起锅撒上葱花即可。

豆腐瘦肉蛋汤

材料

豆腐150克，猪瘦肉100克，鸡蛋1个

调料

食用油20毫升，香葱3克，食盐少许，味精3克，香油3毫升，淀粉5克

做法

❶ 将豆腐洗净切小丁，猪瘦肉洗净剁末，鸡蛋打入碗中，香葱切末备用。

❷ 炒锅上火，倒入食用油，将香葱末、肉末炝香，倒入清水，下入豆腐，调入食盐、味精煲至熟，加淀粉略勾芡，淋入鸡蛋、香油，撒入香葱末即可。

黄瓜紫菜肉汤

材料

黄瓜100克，紫菜10克，猪肉50克，水发粉丝10克

调料

食用油25毫升，食盐4克，味精2克，葱、姜末各3克，香油5毫升

做法

❶ 将黄瓜洗净切成丝，紫菜取出，猪肉洗净切丝，水发粉丝切段备用。

❷ 净锅上火，倒入食用油，将葱、姜末炝香，倒入肉丝烹炒，倒入清水，调入食盐、味精烧沸，下入紫菜、水发粉丝、黄瓜丝煲至熟，淋入香油即可。

黄瓜红枣排骨汤

材料

黄瓜250克，猪排骨200克，红枣6颗

调料

清汤适量，食盐6克，葱、姜各3克

做法

❶ 将黄瓜洗净切滚刀块，猪排骨洗净斩块焯水，红枣洗净备用。

❷ 净锅上火，倒入清汤，调入食盐、葱、姜，下入猪排骨、红枣煲至快熟时，倒入黄瓜再续煲至熟即可。

绿豆海带排骨汤

材料

海带片200克，猪排骨175克，绿豆20克

调料

清汤适量，食盐6克，姜片3克

做法

❶ 海带片洗净切块，猪排骨洗净斩块焯水，绿豆淘洗干净备用。

❷ 净锅上火，倒入清汤，调入食盐、姜片，下入猪排骨、绿豆煲至快熟时，倒入海带续煲至熟即可。

海带排骨汤

材料

海带结200克，猪排骨175克

调料

清汤适量，食盐6克，姜片3克，葱花2克

做法

❶ 将海带结洗净，猪排骨洗净斩块焯水冲净备用。

❷ 净锅上火，倒入清汤，调入食盐、姜片，下入猪排骨、海带结，煲至熟即可。

❸ 放入食盐调味，起锅撒上葱花即可。

木耳芦笋排骨汤

材料

芦笋150克，水发黑木耳50克，猪排骨75克

调料

清汤适量，食盐6克，葱、姜各5克

做法

❶ 将芦笋洗净切段，水发黑木耳洗净切块，猪排洗净斩块焯水备用。

❷ 净锅上火，倒入清汤，下入葱、姜、猪排骨、水发黑木耳、芦笋，调入食盐，煲至熟即可。

银杏猪脊排汤

材料

银杏150克，猪脊排125克，桑白皮5克，茯苓3克

调料

清汤适量，食盐6克，葱、姜片各3克

做法

❶ 将银杏去除硬壳，用温水浸泡洗净；猪脊排洗净斩块备用。

❷ 净锅上火，倒入清汤，调入食盐、葱、姜片、桑白皮、茯苓，下入银杏、猪脊排煲至熟即可。

山楂猪脊骨汤

材料

山楂175克，猪脊骨150克，黄精5克

调料

清汤适量，食盐6克，姜片3克，白糖4克

做法

❶ 将山楂洗净去核；猪脊骨洗净斩块，氽水洗净备用。

❷ 净锅上火，倒入清汤，调入食盐、姜片、黄精烧开30分钟，再倒入猪脊骨、山楂煲至熟，调入白糖搅匀即可。

冬笋排骨汤

材料

冬笋200克，猪排125克，青菜20克，红椒圈2克

调料

清汤适量，食盐6克

做法

❶ 将冬笋洗净切块，猪排洗净斩块，青菜洗净备用。

❷ 净锅上火，倒入清水，下入猪排焯水，捞起洗净待用。

❸ 净锅重新上火，倒入清汤，下入猪排、冬笋，调入食盐烧开煲至熟，放入青菜稍煮，起锅撒上红椒圈即可。

猴头菇猪棒骨汤

材料

猴头菇150克，黄瓜50克，猪棒骨45克，枸杞2克

调料

食用油20毫升，食盐5克，鸡精2克，白糖1克，葱、姜各4克

做法

❶ 将猴头菇洗净切块，黄瓜洗净切块，枸杞、猪棒骨洗净备用。

❷ 净锅上火，倒入食用油，将葱、姜爆香，下入猪棒骨烹炒，倒入清水，调入食盐、鸡精、白糖，下入猴头菇、黄瓜、枸杞，小火煲至熟即可。

芹香鲜奶汤

材料

芹菜150克，鲜奶适量

调料

白糖少许

做法

❶ 将芹菜择洗净切碎备用。

❷ 净锅上火，倒入鲜奶，倒入芹菜煮沸，调入白糖即可。

双耳桂圆蘑菇汤

材料

水发黑木耳、银耳各12克，蘑菇10克，桂圆肉8克

调料

食盐5克，白糖2克

做法

❶ 将水发黑木耳、银耳洗净撕成小朵，蘑菇洗净撕成小块，桂圆肉泡至回软备用。

❷ 汤锅上火，倒入清水，倒入水发黑木耳、银耳、蘑菇、桂圆肉，调入食盐、白糖煲至熟即可。

参归银耳汤

材料

水发银耳120克，菜心30克，当归、党参各2克

调料

食用油25毫升，食盐6克，鸡精3克，葱、姜各2克，香油适量

做法

❶ 将水发银耳洗净撕成小朵，菜心洗净备用。

❷ 净锅上火，倒入食用油，将葱、姜、当归、党参炒香，倒入清水，调入食盐、鸡精烧开，倒入水发银耳、菜心，淋入香油即可。

银耳莲子羹

材料

银耳150克，莲子肉100克，桂圆肉50克

调料

清汤适量，冰糖50克

做法

❶ 将银耳洗净撕块，莲子肉、桂圆肉洗净备用。

❷ 炒锅上火，倒入清汤，调入冰糖，倒入莲子肉、银耳、桂圆肉煲至熟即可。

百合莲子甜汤

材料

百合100克，莲子20克

调料

矿泉水、冰糖适量

做法

❶ 将百合、莲子均洗净备用。

❷ 净锅上火，倒入矿泉水，倒入冰糖、百合、莲子煲至熟即可。

百合莲子参汤

材料

水发百合75克，水发莲子30克，沙参1个

调料

矿泉水、冰糖适量

做法

❶ 将水发百合、水发莲子均洗净，沙参用温水清洗备用。

❷ 净锅上火，倒入矿泉水，调入冰糖，倒入沙参、水发莲子、水发百合煲至熟即可。

绿豆百合汤

材料

绿豆180克，水发百合50克

调料

高汤适量，白糖10克

做法

❶ 将绿豆淘洗干净，水发百合洗净备用。

❷ 净锅上火，倒入高汤烧开，倒入绿豆、水发百合煲至熟，调入白糖搅匀即可。

佛手瓜萝卜荸荠汤

材料

胡萝卜100克，佛手瓜75克，荸荠35克

调料

食用油35毫升，食盐5克，味精4克，姜末、香油2毫升，胡椒粉3克

做法

❶ 将胡萝卜、佛手瓜、荸荠洗净均切丝备用。

❷ 净锅上火，倒入食用油，将姜末爆香，倒入胡萝卜、佛手瓜、马蹄煸炒，调入食盐、味精、胡椒粉烧开，淋入香油即可。

橙子节瓜薏米汤

材料

橙子1个，节瓜125克，薏米30克

调料

食盐少许，白糖3克

做法

❶ 将橙子洗净切丁，节瓜洗净，去皮、籽切丁，薏米淘洗净备用。

❷ 汤锅上火，倒入清水，下入橙子、节瓜、薏米煲至熟，调入食盐、白糖即可。

莲子红枣花生汤

材料

莲子100克，花生50克，红枣30个

调料

冰糖55克

做法

❶ 将莲子、花生、红枣洗净备用。

❷ 净锅上火，倒入清水，下入莲子、花生、红枣烧沸，撇去浮沫，调入冰糖即可。

苹果雪梨煲人参

材料

苹果、雪梨各120克，人参1支

调料

矿泉水适量，冰糖10克，姜片2克

做法

❶ 将苹果、雪梨洗净，去皮、核切块，人参洗净蒸熟备用。

❷ 煲锅上火，倒入矿泉水，下入姜片、苹果、雪梨、人参煲至熟，调入冰糖至溶解即可。

冰糖红枣汤

材料

鲜红枣100克

调料

冰糖20克，矿泉水适量

做法

❶ 将红枣洗净备用。

❷ 净锅上火，倒入适量矿泉水，加入红枣，倒入冰糖烧沸即可。

山药南瓜汤

材料

山药200克，南瓜100克

调料

食用油12毫升，食盐4克，葱3克，高汤适量

做法

❶ 将山药洗净去皮切丝，南瓜去皮切丝。

❷ 净锅上火，倒入食用油，将葱爆香，倒入高汤，倒入山药、南瓜，调入食盐，煲至熟即可。

红枣山药桂圆汤

材料

山药200克，桂圆肉5颗，红枣4颗

调料

冰糖12克

做法

❶ 将山药去皮洗净切块，桂圆肉、红枣洗净浸泡备用。

❷ 净锅上火，倒入清水，下入山药、桂圆肉、红枣、冰糖煲至熟即可。

麦片莲子瘦肉汤

材料

猪瘦肉300克，麦片150克，莲子50克

调料

食用油25毫升，食盐6克，味精3克，葱、姜各5克，高汤适量

做法

❶ 将猪瘦肉洗净、余水备用，麦片洗净，莲子用温水浸泡备用。

❷ 净锅上火，倒入食用油，将葱、姜炝香，倒入高汤，调入食盐、味精，加入猪瘦肉、莲子、麦片煲至熟即可。

杜仲巴戟瘦肉汤

材料

猪瘦肉250克，巴戟30克，杜仲6克

调料

食盐6克，姜片2克

做法

❶ 将猪瘦肉洗净、切片，巴戟、杜仲洗净稍泡备用。

❷ 净锅上火，倒入清水，调入食盐、姜片烧开，倒入猪瘦肉、巴戟、杜仲煲至熟即可。

灵芝红枣瘦肉汤

材料

猪瘦肉300克，灵芝4克，红枣4颗

调料

食盐6克

做法

❶ 将猪瘦肉洗净、切片，灵芝、红枣洗净备用。

❷ 净锅上火，倒入清水，调入食盐，下入猪瘦肉烧开，撇去浮沫，下入灵芝、红枣煲至熟即可。

薏米板栗瘦肉汤

材料

猪瘦肉200克，板栗100克，薏米60克

调料

高汤、食盐适量，味精3克

做法

❶ 将猪瘦肉洗净、切丁、余水，板栗、薏米洗净备用。

❷ 净锅上火，倒入高汤，加入猪瘦肉、板栗、薏米，调入食盐、味精煲熟即可。

生姜红枣米汤

材料

生姜10克，红枣30克，大米100克

调料

食盐2克，葱8克

做法

❶ 大米泡发洗净，捞出备用；生姜去皮，洗净切丝；红枣洗净，去核，切成小块；葱洗净，切花。

❷ 净锅上火，加入适量清水，放入大米，以大火煮至米粒开花。

❸ 再加入生姜、红枣同煮至浓稠，调入食盐拌匀，撒上葱花即可。

银耳瘦肉羹

材料

猪瘦肉300克，银耳100克，红枣10克

调料

食用油15毫升，食盐适量，鸡精2克，葱、香菜各3克

做法

❶ 将猪瘦肉洗净、切丁、氽水备用。

❷ 银耳用温水浸泡撕成小块，红枣洗净。

❸ 净锅上火，倒入食用油，将葱爆香，倒入清水，调入食盐、鸡精，倒入猪瘦肉、银耳、红枣小火煲至入味，撒入香菜即可。

茶树菇丝瓜肉片汤

材料

猪瘦肉100克，丝瓜50克，茶树菇75克

调料

食用油30毫升，食盐、香油各6毫升，味精3克，葱、姜各5克

做法

❶ 将猪瘦肉洗净、切片，丝瓜洗净、切片，茶树菇择洗净备用。

❷ 净锅上火，倒入食用油，将葱、姜炝香，倒入肉片煸炒，再倒入丝瓜、茶树菇同炒，倒入清水，调入食盐、味精煮至熟，淋入香油即可。

山药枸杞肉片汤

材料

山药100克，猪瘦肉75克，干玉米须2克，枸杞10颗

调料

清汤适量，食盐6克，葱、姜片各2克

做法

❶ 山药去皮洗净切片，猪瘦肉洗净切片，干玉米须泡发，枸杞洗净备用。

❷ 净锅上火，倒入清汤，调入食盐、葱、姜片，倒入肉片烧开，撇去浮沫，再下入玉米须、枸杞、山药至熟即可。

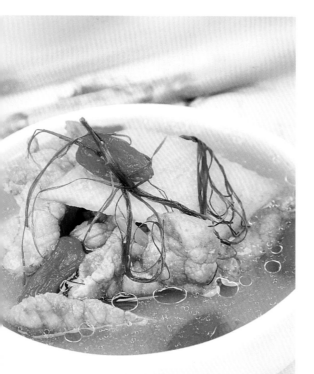

莲子薏米汤

材料

猪肉100克，莲子50克，薏米30克，枸杞10克

调料

食盐、高汤适量，味精3克

做法

❶ 将猪肉洗净切成米粒状后氽水，莲子、薏米、枸杞分别洗净备用。

❷ 净锅上火，倒入高汤，下入猪肉、莲子、薏米、枸杞，调入食盐、味精煲至汤浓即可。

海底椰参片瘦肉汤

材料

水发海底椰100克，猪瘦肉75克，太子参片5克

调料

高汤适量，食盐6克，白糖2克，姜片4克

做法

❶ 将水发海底椰洗净切片，猪瘦肉洗净切片，太子参片洗净备用。

❷ 净锅上火，倒入高汤，调入食盐、白糖、姜片，倒入水发海底椰、肉片、太子参片烧开，撇去浮沫，煲至熟即可。

木耳金针菇肉汤

材料

金针菇100克，水发黑木耳50克，猪肉45克

调料

清汤适量，食盐4克

做法

❶ 将金针菇洗净，水发黑木耳洗净切丝，猪肉洗净切丝备用。

❷ 汤锅上火，倒入清汤，调入食盐，倒入金针菇、水发黑木耳、猪肉煲至熟即可

熟地山药瘦肉汤

材料

猪瘦肉100克，山药50克，熟地黄10克

调料

食用油35克，食盐6克，葱、姜各3克，香油5毫升

做法

❶ 将猪瘦肉洗净、切片，山药去皮、洗净、切片，熟地黄洗净备用。

❷ 净锅上火，倒入食用油，将葱、姜爆香，倒入猪瘦肉煸炒至八成熟，再下入山药同炒，倒入清水，倒入熟地黄，调入食盐至熟，淋入香油即可。

银耳雪梨参肉汤

材料

雪梨200克，水发银耳20克，猪肉75克，人参1支

调料

高汤适量，食盐6克

做法

❶ 将雪梨洗净切片，水发银耳洗净撕成片，猪肉洗净切片，人参用温水发透后切成片备用。

❷ 净锅上火，倒入高汤烧开，倒入雪梨、水发银耳、猪肉、人参，调入食盐煲至熟即可。

瓠香皮蛋肉丝汤

材料

瓠子175克，猪瘦肉50克，皮蛋1个

调料

高汤、食盐各适量

做法

❶ 将瓠子洗净切丝，猪瘦肉洗净切丝，皮蛋切片备用。

❷ 净锅上火，倒入高汤，调入食盐，下入肉丝烧沸，撇去浮沫，再下入瓠子、皮蛋煲至熟即可。

杏仁白果肉丁汤

材料

杏仁100克，猪肉50克，白果20克

调料

高汤适量，食盐6克，姜片、葱花各3克

做法

❶ 将杏仁洗净，猪肉洗净切丁，白果洗净备用。

❷ 净锅上火，倒入高汤，下入姜片、杏仁、猪肉、白果，调入食盐煲至熟，撒入葱花即可。

百合玉竹瘦肉汤

材料

水发百合100克，猪瘦肉75克，玉竹10克

调料

清汤适量，食盐6克，白糖3克

做法

❶ 将水发百合洗净，猪瘦肉洗净切片，玉竹用温水洗净浸泡备用。

❷ 净锅上火，倒入清汤，调入食盐、白糖，下入猪瘦肉烧开，撇去浮沫，再倒入玉竹、水发百合煲至熟即可。

香菇冬笋煲鸡汤

材料

小公鸡250克，鲜香菇100克，冬笋65克，上海青8棵

调料

食盐少许，味精5克，香油2毫升，葱、姜各3克，食用油适量

做法

❶ 将小公鸡杀洗干净，剁块汆水；香菇去根洗净，冬笋洗净切片，上海青洗净备用。

❷ 炒锅上火，倒入食用油，将葱、姜爆香，倒入水，下入鸡肉、香菇、冬笋，调入食盐、味精烧沸，放入上海青，淋入香油即可。

土豆胡萝卜煲排骨

材料

胡萝卜250克，土豆150克，排骨100克

调料

食用油10毫升，食盐6克，葱、姜各2克，料酒5毫升

做法

❶ 将胡萝卜洗净切块，土豆去皮洗净切块，排骨洗净斩块焯水备用。

❷ 煲锅上火，倒入食用油，将葱、姜炝香，倒入清水，调入食盐、料酒烧沸，倒入胡萝卜、土豆、排骨煲至熟即可

苦瓜陈皮排骨汤

材料

苦瓜200克，猪排骨175克，陈皮5克

调料

食盐6克，葱、姜各2克，胡椒粉5克

做法

❶ 将苦瓜洗净去籽切块，猪排骨洗净斩块焯水，陈皮洗净备用。

❷ 煲锅上火，倒入清水，调入食盐、葱、姜，倒入排骨、苦瓜、陈皮煲至熟，调入胡椒粉即可。

冬瓜鲜蘑排骨汤

材料

冬瓜200克，猪排骨175克，鲜蘑菇50克

调料

清汤适量，食盐6克，姜片5克

做法

❶ 将冬瓜去皮、籽洗净切片，猪排骨洗净斩块焯水，鲜蘑菇洗净备用。

❷ 净锅上火，倒入清汤，下入猪排骨、冬瓜、鲜蘑菇、姜片，调入食盐煲至熟即可。

牛蒡冬笋煲排骨

材料

牛蒡200克，排骨175克，冬笋30克

调料

食盐6克，葱、姜片各2克，香菜末4克

做法

❶ 将牛蒡去皮洗净切块，排骨洗净斩块焯水备用，冬笋洗净切块备用。

❷ 净锅上火，倒入清水，调入食盐、葱、姜片，下入排骨烧开，撇去浮沫，下入牛蒡、冬笋煲至熟，撒入香菜末即可。

南瓜排骨汤

材料

南瓜250克，猪排骨150克

调料

食盐5克，葱段3克

做法

❶ 将南瓜洗净去皮、籽切块，排骨洗净斩块焯水备用。

❷ 汤锅上火，倒入清水，调入食盐、葱段，下入南瓜、排骨煲至熟即可。

莲藕排骨汤

材料

莲藕175克，猪排100克，水发黑木耳20克，红枣4颗，生地黄5克

调料

葱、姜片各3克，食盐6克

做法

❶ 将莲藕洗净切块，猪排洗净斩块焯水，水发黑木耳洗净撕成小朵，红枣洗净备用。

❷ 净锅上火，倒入清水，下入葱、姜片、生地黄，调入食盐，下入猪排、莲藕、黑木耳、红枣煲至熟即可。

香菇木耳骨头汤

材料

香菇120克，水发木耳30克，猪骨头少许

调料

食盐5克

做法

❶ 将香菇洗净切片，水发木耳洗净撕成小朵，猪骨洗净敲碎备用。

❷ 净锅上火，倒入清水，调入食盐，下入猪骨煲约40分钟，捞去残渣，下入香菇、水发木耳煲至熟即可。

西洋参排骨汤

材料

猪排骨350克，青菜20克，西洋参5克

调料

食盐6克，葱、姜片各4克

做法

❶ 将猪排骨洗净、切块、汆水，青菜洗净，西洋参洗净备用。

❷ 净锅上火，倒入清水，调入食盐、葱、姜片，下入猪排骨、西洋参煲至熟，撒入青菜即可。

当归排骨汤

材料

猪排175克，白萝卜75克，当归3克

调料

食用油45克，食盐6克，老抽、味精、葱、姜各3克

做法

❶ 将猪排洗净、切块、汆水，白萝卜洗净切块，当归洗净备用。

❷ 净锅上火，倒入食用油，将葱、姜、当归爆香，下入排骨、白萝卜煸炒，烹入老抽，倒入清水，调入食盐、味精，烧开至熟即可。

什锦菇排骨煲

材料

猪排骨200克，什锦蘑菇150克，上海青6棵

调料

食用油20毫升，葱、姜、食盐、味精各3克，高汤适量

做法

❶ 将猪排骨洗净、切块、汆水，什锦蘑菇泡去盐分洗净，上海青洗净。

❷ 炒锅上火，倒入食用油，将葱、姜爆香，倒入高汤，调入食盐、味精，下入猪排骨、多菌菇、上海青，煲至熟即可。

红枣猪骨汤

材料

猪骨200克，红枣50克，鸡骨草3克

调料

清汤适量，食盐6克，味精3克，姜片5克

做法

❶ 将猪骨洗净斩段汆水，红枣洗净备用。

❷ 净锅上火，倒入清汤，下入姜片、鸡骨草，调入食盐、味精，下入猪骨、红枣烧开，撇去浮沫煲至熟，捞去鸡骨草即可。

生地茯苓猪骨汤

材料

猪骨250克，生地黄50克，茯苓50克

调料

清汤适量，食盐6克，姜片3克

做法

❶ 将猪骨洗净、敲碎备用。

❷ 净锅上火，倒入清汤，下入猪骨烧开，撇去浮沫，下入生地黄、姜片、茯苓，调入食盐煲至汤色乳白即可。

板栗冬笋排骨汤

材料

猪排骨125克，板栗肉100克，冬笋20克，上海青10克

调料

高汤适量，食盐6克，白糖3克

做法

❶ 将板栗肉洗净，猪排洗净、切块、氽水，冬笋切片，上海青洗净备用。

❷ 净锅上火，倒入高汤，下入排骨烧开，撇去浮沫，下入冬笋，调入食盐、白糖煲至熟，再下入上海青即可。

黄芪猪龙骨汤

材料

猪龙骨250克，黄芪10克

调料

食用油40克，食盐6克，味精3克，葱、姜各2克

做法

❶ 将猪龙骨洗净、氽水，黄芪用温水洗净备用。

❷ 净锅上火，倒入食用油，葱、姜爆出香味，下入龙骨煸炒几下，随后倒入清水，放入黄芪，调入食盐、味精至熟即可。

天冬人参骨头汤

材料

猪骨400克，天冬3克，熟地黄5克，麦冬4克，人参片6克

调料

食盐6克，姜片3克

做法

❶ 将猪骨洗净、切块，氽水备用。

❷ 净锅上火，倒入清水，调入食盐、天冬、熟地黄、麦冬、人参片、姜片烧开20分钟，再下入猪骨煮至熟即可。

冬瓜红豆排骨汤

材料

排骨200克，冬瓜120克，红豆20克

调料

食盐5克，葱、姜各2克

做法

1. 将排骨洗净、切块、氽水，冬瓜去皮、洗净、切块，红豆洗净浸泡备用。
2. 煲锅上火，倒入清水，倒入排骨、冬瓜、红豆烧开，调入食盐、葱、姜煲至熟即可。

绿豆排骨汤

材料

排骨200克，绿豆25克，陈皮5克

调料

食盐、葱花各适量

做法

1. 将排骨洗净、切块、氽水，绿豆淘洗净，陈皮用温水浸泡备用。
2. 净锅上火，倒入清水，倒入排骨、绿豆、陈皮，小火煲70分钟，调入食盐，撒入葱花即可。

海鲜排骨煲

材料

猪排骨150克，鱿鱼100克，扇贝肉30克，香菇5朵，粉丝20克

调料

食用油20毫升，味精、姜各3克，食盐适量

做法

❶ 将猪排骨洗净、切块、氽水；鱿鱼杀洗净，切上花刀，再切成小块；扇贝肉洗净；香菇去根洗净切上花刀；粉丝泡至回软，切段备用。

❷ 炒锅上火，倒入食用油，将姜爆香，下入香菇煸炒，倒入清水，加入扇贝肉、鱿鱼、粉丝、猪排骨，调入食盐、味精，煲制入味即可。

干贝冬笋瘦肉羹

材料

猪瘦肉200克，冬笋50克，干贝30克，鸡蛋1个，红辣椒1个

调料

食用油20克，食盐少许，味精3克，葱末、高汤适量

做法

❶ 将猪瘦肉洗净切末，冬笋、红辣椒洗净切丁，干贝洗净备用。

❷ 炒锅上火，倒入食用油，将葱末、瘦肉末炝香，倒入高汤，调入食盐、味精，放入冬笋丁、红辣椒丁、干贝煲至成熟，淋入鸡蛋即可。

02

鲜香美味养生粥

　　粥不仅鲜香美味，而且具有养生和食疗作用，已受到人们的重视。它的作用已经从最初单纯的填饱肚子发展为预防疾病。随着社会的进步和发展，粥已成为一种保健食品，对于预防疾病、增强体质以及防止衰老、延年益寿起到了药物所不能及的作用。

白菜玉米粥

材料

大白菜30克，玉米糁90克，芝麻少许

调料

食盐3克，味精少许

做法

❶ 大白菜洗净，切丝；芝麻洗净。

❷ 锅置火上，注入清水烧沸后，边搅拌边倒入玉米糁。再放入大白菜、芝麻，用小火煮至粥成，调入食盐、味精入味即可。

小白菜胡萝卜粥

材料

小白菜30克，胡萝卜少许，大米100克

调料

食盐3克，味精少许，香油适量

做法

❶ 小白菜洗净，切丝；胡萝卜洗净，切小块；大米泡发洗净。

❷ 锅置火上，注入清水后，放入大米，用大火煮至米粒绽开。

❸ 放入胡萝卜、小白菜，用小火煮至粥成，放入食盐、味精，滴入香油即可。

双豆大米粥

材料

黑豆、豌豆各25克，大米70克，浮萍适量

调料

食盐2克

做法

❶ 大米、黑豆均泡发洗净；豌豆洗净；浮萍洗净，加水煮好，取汁待用。

❷ 锅置火上，加入适量清水，放入大米、黑豆、豌豆煮开，再倒入煎煮好的浮萍汁液。

❸ 待煮至浓稠状，调入食盐拌匀即可。

芹菜红枣粥

材料

芹菜、红枣各20克，大米100克

调料

食盐3克，味精1克

做法

❶ 芹菜洗净，取梗切成小段；红枣去核洗净；大米泡发洗净。

❷ 锅置火上，倒入清水后，放入大米、红枣，用旺火煮至米粒开花。

❸ 放入芹菜梗，改用小火煮至粥浓稠时，加入食盐、味精入味即可。

冬瓜大米粥

材料

冬瓜40克，大米100克

调料

食盐3块，葱少许

做法

❶ 冬瓜去皮洗净，切块；葱洗净，切花；大米泡发洗净。

❷ 锅置火上，倒入清水后，倒入大米，用旺火煮至米粒绽开。

❸ 放入冬瓜，改用小火煮至粥浓稠，调入食盐入味，撒上葱花即可。

冬瓜银杏粥

材料

冬瓜25克，银杏20克，大米100克，高汤半碗

调料

食盐2克，胡椒粉3克，葱少许，姜末少许

做法

❶ 银杏去壳、皮，洗净；冬瓜去皮洗净，切块；大米洗净，泡发；葱洗净，切花。

❷ 锅置火上，倒入清水后，倒入大米，用旺火煮至米粒绽开备用。

❸ 锅中加高汤、姜末煮沸，下入白粥，用旺火烧开，下入食盐、胡椒粉、葱即可。

南瓜菠菜粥

材料

南瓜、菠菜、豌豆各50克，大米90克

调料

食盐3克，味精少许

做法

❶ 南瓜去皮洗净，切丁；豌豆洗净；菠菜洗净，切成小段；大米泡发洗净。

❷ 锅置火上，注入适量清水后，倒入大米用大火煮至米粒绽开。再放入南瓜、豌豆，改用小火煮至粥浓稠，最后倒入菠菜再煮3分钟，调入食盐、味精搅匀入味即可。

南瓜山药粥

材料

南瓜、山药各30克，大米90克

调料

食盐2克

做法

❶ 大米洗净，泡发1小时备用；山药、南瓜去皮洗净，切块。

❷ 锅置火上，注入清水，放入大米，开大火煮沸。

❸ 再放入山药、南瓜煮至米粒绽开，改用小火煮至粥成，调入食盐调味即可。

豆豉葱姜粥

材料

黑豆豉、葱、红辣椒、姜各适量，糙米100克

调料

食盐3克，香油少许

做法

❶ 糙米洗净，泡发半小时；红辣椒、葱洗净，切圈；姜洗净，切丝；黑豆豉洗净。

❷ 锅置火上，注入清水后，放入糙米煮至米粒绽开，再放入黑豆豉、红辣椒圈、姜丝。

❸ 用小火煮至粥成，调入食盐入味，滴入香油，撒上葱花即可食用。

豉汁枸杞叶粥

材料

大米100克，豆豉汁、鲜枸杞叶各适量

调料

食盐3克，葱5克

做法

❶ 大米洗净，泡发1小时后捞出沥干水分；枸杞叶洗净，切碎；葱洗净，切花。

❷ 锅置火上，放入大米，倒入适量清水，煮至米粒开花，再倒入豆豉汁。待粥至浓稠时，放入枸杞叶同煮片刻，调入食盐拌匀，撒上葱花即可。

豆腐南瓜粥

材料

南瓜、豆腐各30克，大米100克

调料

食盐2克，葱少许

做法

❶ 大米泡发洗净；南瓜去皮洗净，切块；豆腐洗净，切块。

❷ 锅置火上，注入清水，放入大米、南瓜，用大火煮至米粒开花。

❸ 再放入豆腐，用小火煮至粥成，加入食盐调味，撒上葱花即可。

豆芽玉米粥

材料

黄豆芽、玉米粒各20克，大米100克

调料

食盐3克，香油5毫升

做法

❶ 玉米粒洗净；豆芽洗净，摘去根部；大米洗净，泡发半小时。

❷ 锅置火上，倒入清水，放入大米、玉米粒用旺火煮至米粒开花。

❸ 再放入黄豆芽，改用小火煮至粥成，调入食盐、香油搅匀即可。

百合桂圆薏米粥

材料

百合、桂圆肉各25克，薏米100克

调料

白糖5克，葱花少许

做法

❶ 薏米洗净，放入清水中浸泡；百合、桂圆肉洗净。

❷ 锅置火上，放入薏米，倒入适量清水煮至粥将成。

❸ 倒入百合、桂圆肉煮至米烂，加白糖稍煮后调匀，撒入葱花即可。

胡萝卜菠菜粥

材料

胡萝卜15克，菠菜20克，大米100克

调料

食盐3克，味精1克

做法

❶ 大米泡发洗净；菠菜洗净；胡萝卜洗净，切丁。

❷ 锅置火上，注入清水后，放入大米，用大火煮至米粒绽开。

❸ 放入菠菜、胡萝卜丁，改用小火煮至粥成，调入食盐、味精调味，即可食用。

胡萝卜山药粥

材料

胡萝卜20克，山药30克，大米100克

调料

食盐3克，味精1克

做法

❶ 山药去皮洗净，切块；大米泡发洗净；胡萝卜洗净，切丁。

❷ 锅内注水，放入大米，大火煮至米粒绽开，倒入山药、胡萝卜。

❸ 改用小火煮至粥成，调入食盐、味精调味，即可食用。

萝卜包菜酸奶粥

材料

胡萝卜、包菜各适量，酸奶10克，面粉20克，大米70克

调料

食盐3克

做法

❶ 大米泡发洗净；胡萝卜去皮洗净，切小块；包菜洗净，切丝。

❷ 锅置火上，注入清水，放入大米，用大火煮至米粒绽开后，倒入面粉不停搅匀。

❸ 再放入包菜、胡萝卜，调入酸奶，改用小火煮至粥成，加食盐调味即可。

南瓜木耳粥

材料

黑木耳15克，南瓜20克，糯米100克

调料

食盐3克，葱少许

做法

❶ 糯米洗净，浸泡半小时后捞出沥干水分；黑木耳泡发洗净，切丝；南瓜去皮洗净，切成小块；葱洗净，切花。

❷ 锅置火上，注入清水，放入糯米、南瓜用大火煮至米粒绽开后，再放入黑木耳。

❸ 用小火煮至粥成后，调入食盐搅匀调味，撒上葱花即可。

萝卜豌豆山药粥

材料

白萝卜、胡萝卜、豌豆各适量，山药30克，大米100克

调料

食盐3克

做法

❶ 大米洗净；山药去皮洗净，切块；白萝卜、胡萝卜洗净，切丁；豌豆洗净备用。

❷ 锅内注水，倒入大米、豌豆，用大火煮至米粒绽开，放入山药、白萝卜、胡萝卜。

❸ 改用小火，煮至粥浓稠，调入食盐调味即可。

胡萝卜高粱米粥

材料

高粱米80克，胡萝卜30克

调料

食盐3克，葱2克

做法

❶ 高粱米洗净，泡发备用；胡萝卜洗净，切丁；葱洗净，切花。

❷ 锅置火上，加入适量清水，放入高粱米煮至开花。

❸ 再加入胡萝卜煮至粥黏稠且冒气泡，调入食盐，撒上葱花即可。

莲藕糯米甜粥

材料

鲜莲藕、花生、红枣各15克，糯米90克

调料

白糖6克

做法

❶ 糯米泡发洗净；莲藕洗净，切片；花生洗净；红枣去核洗净。

❷ 锅置火上，注入清水，放入糯米、藕片、花生、红枣，用大火煮至米粒完全绽开。

❸ 改用小火煮至粥成，加入白糖调味即可。

山药芝麻小米粥

材料

山药、黑芝麻各适量，小米70克

调料

食盐2克，葱8克

做法

❶ 小米泡发洗净；山药洗净，切丁；黑芝麻洗净；葱洗净，切花。

❷ 锅置火上，倒入清水，倒入小米、山药煮开。

❸ 加入黑芝麻同煮至浓稠状，调入食盐拌匀，撒上葱花即可。

青豆糙米粥

材料

青豆30克，糙米80克

调料

食盐2克

做法

❶ 糙米泡发洗净；青豆洗净。

❷ 锅置火上，倒入清水，放入糙米、青豆煮开。

❸ 待粥煮至浓稠时，调入食盐拌匀即可。

绿茶乌梅粥

材料

大米100克，绿茶10克，生姜15克，乌梅肉35克，青菜适量

调料

食盐3克，红糖2克

做法

❶ 大米泡发，洗净后捞出；生姜去皮，洗净切丝，与绿茶一同加入清水煮沸成姜茶，取汁待用；青菜洗净，切碎。

❷ 锅置火上，加入适量清水，倒入姜茶汁，放入大米，大火煮开。再加入乌梅肉同煮至浓稠，放入青菜煮片刻，调入食盐、红糖拌匀即可。

山药蛋黄南瓜粥

材料

山药30克，鸡蛋黄1个，南瓜20克，粳米90克

调料

食盐2克，味精1克

做法

❶ 山药去皮洗净，切块；南瓜去皮洗净，切丁；粳米泡发洗净。

❷ 锅内注水，放入粳米，用大火煮至米粒绽开，放入鸡蛋黄、南瓜、山药。

❸ 改用小火煮至粥成，闻见香味时，调入食盐、味精调味即成。

木耳枣杞粥

材料

黑木耳、红枣、枸杞各15克，糯米80克

调料

食盐2克，葱少许

做法

❶ 糯米洗净；黑木耳泡发洗净，切成细丝；红枣去核洗净，切块；枸杞洗净；葱洗净，切花。

❷ 锅置火上，注入清水，放入糯米煮至米粒绽开，放入黑木耳、红枣、枸杞。

❸ 用小火煮至粥成，调入食盐调味，撒上葱花即可。

银耳玉米粥

材料

糯米80克，银耳50克，玉米10克

调料

白糖5克，葱少许

做法

❶ 银耳泡发洗净；糯米洗净，玉米洗净；葱洗净，切花。

❷ 锅置火上，注入清水，放入糯米煮至米粒开花后，放入银耳、玉米。

❸ 用小火煮至粥呈浓稠状时，调入白糖调味，撒上葱花即可。

茴香青菜粥

材料

大米100克，茴香5克，青菜适量

调料

食盐、胡椒粉各2克

做法

❶ 大米洗净，泡发半小时后捞出沥干水分；青菜洗净，切丝。

❷ 锅置火上，倒入清水，放入大米，以大火煮开。

❸ 加入茴香同煮至熟，再倒入青菜，小火煮至浓稠状，调入食盐、胡椒粉调匀即可。

生姜辣椒粥

材料

生姜、红辣椒各20克，大米100克

调料

食盐3克，葱少许

做法

❶ 大米泡发洗净；红辣椒洗净，切圈；生姜洗净，切丝；葱洗净，切花。

❷ 锅置火上，注入清水后，放入大米煮至米粒开花，放入红辣椒圈、姜丝。

❸ 用小火煮至粥浓稠，调入食盐调味，撒上葱花即可。

双菇姜丝粥

材料

茶树菇、金针菇各15克，姜丝适量，大米100克

调料

食盐2克，味精1克，香油适量，葱少许

做法

❶ 茶树菇、金针菇泡发洗净；姜丝洗净；大米淘洗干净；葱洗净，切花。

❷ 锅置火上，注入清水后，放入大米用旺火煮至米粒完全绽开。放入茶树菇、金针菇、姜丝，用文火煮至粥成，加入食盐、味精、香油调味，撒上葱花即可。

鲫鱼百合糯米粥

材料

糯米80克，鲫鱼50克，百合20克

调料

食盐3克，味精2克，料酒、姜丝、香油、葱花各适量

做法

① 糯米洗净，用清水浸泡；鲫鱼剖洗净后切片，用料酒腌渍去腥；百合洗去杂质，削去黑色边缘。

② 锅置火上，放入糯米，加适量清水煮至五成熟。

③ 放入鲫鱼片、姜丝、百合煮至粥将成，调入食盐、味精、香油调味，撒上葱花即成。

鲫鱼玉米粥

材料

大米80克，鲫鱼50克，玉米粒20克

调料

食盐3克，味精2克，葱白丝、葱花、姜丝、料酒、香醋、香油各适量

做法

① 大米淘洗净，再用清水浸泡；鲫鱼剖洗净后切小片，用料酒腌渍；玉米粒洗净备用。

② 锅置火上，放入大米，加适量清水煮至五成熟。

③ 放入鲫鱼片、玉米粒、姜丝煮至米粒开花，调入食盐、味精、香油、香醋调匀，放入葱白丝、葱花即可。

鲤鱼薏米豆粥

材料

鲤鱼50克，薏米、黑豆、赤小豆各20克，大米50克

调料

食盐3克，葱花、香油、胡椒粉、料酒各适量

做法

❶ 大米、黑豆、赤小豆、薏米洗净，用清水浸泡；鲤鱼剖洗净切小块，用料酒腌渍。

❷ 锅置火上，放入大米、黑豆、赤小豆、薏米，加适量清水煮至五成熟。

❸ 放入鱼块煮至粥将成，调入食盐、香油、胡椒粉调匀，撒入葱花即可。

香菜鲶鱼粥

材料

大米100克，鲶鱼肉50克，香菜末少许

调料

食盐3克，味精2克，料酒、姜丝、枸杞、香油各适量

做法

❶ 大米洗净，用清水浸泡；鲶鱼剖洗净后用料酒腌渍去腥。

❷ 锅置火上，放入大米，加入适量清水煮至五成熟。

❸ 放入鱼肉、枸杞、姜丝煮至米粒开花，调入食盐、味精、香油调味，撒上香菜末即可。

鳜鱼糯米粥

材料

糯米80克，净鳜鱼50克，猪五花肉20克

调料

食盐3克，味精2克，料酒、葱花、姜丝、枸杞、香油各适量

做法

❶ 糯米洗净，用清水浸泡；用料酒腌渍净鳜鱼以去腥；猪五花肉洗净后切小块，蒸熟后备用。

❷ 锅置火上，注入清水，放入糯米煮至五成熟。

❸ 放入鳜鱼、猪五花肉、枸杞、姜丝煮至米粒开花，调入食盐、味精、香油调匀，撒入葱花即可。

猪血黄鱼粥

材料

大米80克，黄鱼50克，猪血20克

调料

食盐3克，味精2克，料酒、姜丝、香菜末、香油各适量

做法

❶ 大米淘洗干净，用清水浸泡；黄鱼剖洗净切小块，用料酒腌渍；猪血洗净切块，放入沸水中稍烫后捞出。

❷ 锅置火上，放入大米，加入适量清水煮至五成熟。放入鱼肉、猪血、姜丝煮至粥将成，调入食盐、味精、香油调匀，撒上香菜末即可。

鲳鱼豆腐粥

材料

大米80克，鲳鱼50克，豆腐20克

调料

食盐3克，味精2克，香菜叶、葱花、姜丝、香油各适量

做法

❶ 大米洗净，用清水浸泡；鲳鱼洗净后切小块，用料酒腌渍；豆腐洗净切小块。

❷ 锅置火上，注入清水，放入大米煮至五成熟。

❸ 放入鱼肉、姜丝煮至米粒开花，加入豆腐、食盐、味精、香油调匀，撒入香菜叶、葱花即可。

螃蟹豆腐粥

材料

螃蟹1只，豆腐20克，米饭80克

调料

食盐3克，味精2克，香油、胡椒粉、葱花各适量

做法

❶ 螃蟹洗净后蒸熟；豆腐洗净，沥干水分后研碎。

❷ 锅置火上，注入清水，烧沸后倒入米饭，煮至七成熟。

❸ 倒入蟹肉、豆腐煮至粥将成，调入食盐、味精、香油、胡椒粉调匀，撒上葱花即可。

香葱虾米粥

材料

包菜叶、小虾米各20克，大米100克

调料

食盐3克，味精2克，葱花、香油各适量

做法

❶ 大米洗净，放入清水中浸泡；小虾米洗净；包菜叶洗净切细丝。

❷ 锅置火上，注入清水，放入大米煮至七成熟。

❸ 放入虾米煮至米粒开花，放入包菜叶稍煮，调入食盐、味精、香油调味，撒上葱花即可。

蘑菇墨鱼粥

材料

大米80克，墨鱼50克，冬笋、猪瘦肉、蘑菇各20克

调料

食盐3克，料酒、香油、胡椒粉、葱花各适量

做法

❶ 大米洗净，用清水浸泡；墨鱼洗净后切麦穗状，用料酒腌渍去腥；冬笋、猪瘦肉洗净切片；蘑菇洗净。

❷ 锅置火上，注入清水，放入大米煮至五成熟。

❸ 放入墨鱼、肉片熬煮至粥将成，再倒入冬笋和蘑菇，煮至黏稠，调入食盐、香油、胡椒粉调匀，撒上葱花即可。

火腿泥鳅粥

材料

大米80克，泥鳅50克，火腿20克

调料

食盐3克，食用油、料酒、胡椒粉、香油、香菜各适量

做法

❶ 大米淘洗干净，入清水浸泡；泥鳅洗净后切小段；火腿洗净，切片；香菜洗净切碎。

❷ 油锅烧热，放入食用油，将泥鳅段翻炒，烹入料酒、加入食盐，炒熟后盛出。锅置火上，注入清水，放入大米煮至五成熟；放入泥鳅段、火腿片煮至米粒开花，调入食盐、胡椒粉、香油调匀，撒上香菜即可。

淡菜芹菜鸡蛋粥

材料

大米80克，淡菜50克，芹菜少许，鸡蛋1个

调料

食盐3克，味精2克，香油、胡椒粉、枸杞各适量

做法

❶ 大米洗净，放入清水中浸泡；淡菜用温水泡发；芹菜洗净切碎；鸡蛋煮熟后切碎。

❷ 锅置火上，注入清水，放入大米煮至五成熟。

❸ 再放入淡菜、枸杞，煮至米粒开花，放入鸡蛋、芹菜稍煮，调入食盐、味精、胡椒粉、香油调味即可。

田螺芹菜咸蛋粥

材料

大米80克，田螺30克，咸鸭蛋1个，芹菜少许

调料

食盐2克，料酒、香油、胡椒粉、葱花各适量

做法

❶ 大米淘洗干净，用清水浸泡；田螺钳去尾部，洗净；咸鸭蛋切碎；芹菜洗净切碎。

❷ 油锅烧热，烹入料酒，倒入田螺，调入食盐炒熟后盛出。锅置火上，注入清水，放入大米煮至七成熟，再放入田螺、咸鸭蛋、芹菜煮至粥将成，调入食盐、香油、胡椒粉调味，撒入葱花即可。

鸡肉鲍鱼粥

材料

鸡肉、鲍鱼各30克，大米80克

调料

食盐3克，味精2克，料酒、香菜末、胡椒粉、香油各适量

做法

❶ 大米淘洗干净；鲍鱼、鸡肉洗净后均切小块，用料酒腌渍去腥。

❷ 锅置火上，放入大米，注入适量清水煮至五成熟。

❸ 放入鲍鱼、鸡肉煮至粥将成，调入食盐、味精、胡椒粉、香油调匀，撒上香菜末即可。

虾米包菜粥

材料

大米100克，包菜、小虾米各20克

调料

食盐3克，味精2克，姜丝、胡椒粉各适量

做法

❶ 大米洗净，放入清水中浸泡备用；包菜洗净切细丝；小虾米洗净备用。

❷ 锅置火上，注入清水，放入大米，煮至五成熟。

❸ 放入小虾米、姜丝煮至粥将成，放入包菜稍煮，调入食盐、味精、胡椒粉调匀即可。

白术内金红枣粥

材料

大米100克，白术、鸡内金、红枣各适量

调料

白糖4克

做法

❶ 大米泡发洗净；红枣、白术均洗净；鸡内金洗净，加水煮好，取汁待用。

❷ 锅置火上，加入适量清水，倒入煮好的汁，放入大米，以大火煮开。

❸ 再加入白术、红枣煮至粥呈浓稠状，调入白糖拌匀即可。

柏仁大米粥

材料

柏仁适量，大米80克

调料

食盐1克

做法

❶ 大米泡发洗净；柏仁洗净备用。

❷ 锅置火上，倒入清水，倒入大米，以大火煮至米粒开花。

❸ 加入柏仁，以小火煮至浓稠状，调入食盐调味即可。

茶叶粥

材料

茶叶适量，大米100克

调料

食盐2克

做法

❶ 大米泡发洗净；茶叶洗净，加水煮好，取汁待用。

❷ 锅置火上，倒入茶叶汁，放入大米，以大火煮开。

❸ 再以小火煮至浓稠状，调入食盐调味即可。

陈皮白糖粥

材料
陈皮3克，大米110克
调料
白糖8克
做法
❶ 陈皮洗净，剪成小片；大米泡发洗净。
❷ 锅置火上，注入清水后，倒入大米，用大火煮至米粒开花。
❸ 放入陈皮，用小火熬至粥成闻见香味时，调入白糖调味即可。

刺五加粥

材料
刺五加适量，大米80克
调料
白糖3克
做法
❶ 大米泡发洗净；刺五加洗净，装入棉纱袋中。
❷ 锅置火上，倒入清水，放入大米，以大火煮至米粒开花。
❸ 再放入装有刺五加的绵纱布袋同煮至浓稠状，挑出棉布袋，调入白糖拌匀即可。

高良姜粥

材料
大米110克，高良姜15克
调料
食盐3克，葱少许
做法
❶ 大米泡发洗净；高良姜润透，洗净，切片；葱洗净，切花。
❷ 锅置火上，注水后，放入大米、高良姜，用旺火煮至米粒开花。
❸ 改用小火熬至粥成，调入食盐调味，撒入葱花即可。

陈皮黄芪粥

材料
陈皮末15克，生黄芪20克，山楂适量，大米100克

调料
白糖10克

做法
❶ 生黄芪洗净；山楂洗净，切丝；大米泡发洗净。
❷ 锅置火上，注入清水后，放入大米，用旺火煮至米粒绽开。
❸ 放入生黄芪、陈皮末、山楂丝，用文火煮至粥成闻见香味，放入白糖调味即可。

决明子粥

材料
大米100克，决明子适量

调料
食盐2克，葱8克

做法
❶ 大米泡发洗净；决明子洗净；葱洗净，切花。
❷ 锅置火上，倒入清水，放入大米，以大火煮至米粒开花。
❸ 加入决明子煮至粥呈浓稠状，调入食盐拌匀，再撒上葱花即可。

竹叶汁粥

材料

竹叶适量，大米100克

调料

白糖3克

做法

❶ 大米泡发洗净；竹叶洗净，加清水煮好，取汁待用。

❷ 锅置火上，倒入煮好的竹叶汁，放入大米，以大火煮开。

❸ 加入竹叶煮至浓稠状，调入白糖拌匀即可。

神曲粥

材料

大米100克，神曲适量

调料

白糖5克

做法

❶ 大米洗净，泡发后，捞出沥水备用；神曲洗净。

❷ 锅置火上，倒入清水，放入大米，以大火煮至米粒开花。

❸ 加入神曲同煮片刻，再以小火煮至浓稠状，调入白糖拌匀即可。

当归红花粥

材料

大米100克，当归、川芎、黄芪、红花各适量

调料

白糖10克

做法

❶ 当归、川芎、黄芪、红花洗净；大米泡发洗净。

❷ 锅置火上，倒入清水后，放入大米，用大火煮至米粒开花。

❸ 放入当归、川芎、黄芪、红花，改用小火煮至粥成，调入白糖入味即可。

党参百合冰糖粥

材料
党参、百合各20克，大米100克

调料
冰糖8克

做法
❶ 党参洗净，切成小段；百合洗净；大米洗净，泡发。
❷ 锅置火上，注入清水后，放入大米，用大火煮至米粒开花。
❸ 放入党参、百合，用小火煮至粥成闻见香味时，放入冰糖调味即可。

茯苓粥

材料
茯苓适量，大米100克

调料
食盐2克，葱10克

做法
❶ 大米淘洗干净，捞出沥干备用；茯苓洗净；葱洗净，切花。
❷ 锅置火上，倒入清水，放入大米，以大火煮开。
❸ 加入茯苓同煮至熟，再以小火煮至浓稠状，调入食盐调味，撒上葱花即可。

橘皮粥

材料

干橘皮适量，大米80克

调料

食盐2克，葱8克

做法

❶ 大米泡发洗净；干橘皮洗净，加入清水煮好，取汁待用；葱洗净，切成圈。

❷ 锅置火上，加入适量清水，放入大米，以大火煮开，再倒入熬好的橘皮汁。

❸ 以小火煮至浓稠状，撒上葱花，调入食盐调味即可。

菜菔子陈皮粥

材料

大米100克，菜菔子5克，陈皮5克

调料

白糖20克

做法

❶ 菜菔子洗净；陈皮洗净，切成小片；大米泡发洗净。

❷ 锅置火上，注入清水后，放入大米，用大火煮至米粒开花。

❸ 放入菜菔子、陈皮，改用小火熬至粥成闻见香味时，放入白糖调味即可。

香菜杂粮粥

材料

香菜适量，荞麦、薏米、糙米各35克

调料

食盐2克，香油5克

做法

❶ 糙米、薏米、荞麦均泡发洗净；香菜洗净，切碎。

❷ 锅置火上，倒入清水，放入糙米、薏米、荞麦煮至开花。

❸ 煮至粥浓稠时，调入食盐调味，淋入香油，撒上香菜即可。

当归桂枝红参粥

材料

当归、桂枝、红参、甘草、红枣各适量，大米100克

调料

食盐2克，葱少许

做法

❶ 将桂枝、红参、当归、甘草入锅，倒入两碗水熬至一碗待用；大米洗净；葱洗净，切花。

❷ 锅置火上，注水后，放入大米，用大火煮至米粒开花，放入红枣同煮。

❸ 倒入熬好的汤汁，改用小火熬至粥浓稠闻见香味时，调入食盐调味，撒上葱花即可。

鹿茸粥

材料

大米100克，鹿茸适量

调料

盐2克，葱花适量

做法

❶ 大米洗净，浸泡半小时后捞出沥干水分备用；鹿茸洗净，倒入锅中，加入清水煮好，取汁待用。锅置火上，加入适量清水，倒入煮好的汁，放入大米，以大火煮至米粒开花。

❷ 再转小火续煮至浓稠状，调入食盐、葱花调味即可。

枣参茯苓粥

材料

红枣、白茯苓、人参各适量，大米100克

调料

白糖8克

做法

① 大米泡发洗净；人参洗净，切小块；白茯苓洗净；红枣去核洗净，切开。

② 锅置火上，注入清水后，放入大米，用大火煮至米粒开花，放入人参、白茯苓、红枣同煮。

③ 改用小火煮至粥浓稠闻见香味时，放入白糖调味，即可食用。

红枣杏仁粥

材料

红枣15克，杏仁10克，大米100克

调料

食盐2克

做法

① 大米洗净，泡发半小时后，捞出沥干水分备用；红枣洗净，去核，切成小块；杏仁泡发，洗净。

② 锅置火上，倒入适量清水，放入大米，以大火煮至米粒开花。

③ 加入红枣、杏仁同煮至浓稠状，调入食盐调味即可。

肉桂粥

材料

肉桂适量，大米100克

调料

白糖3克，葱花适量

做法

❶ 大米泡发半小时后捞出沥干水分备用；肉桂洗净，加水煮好，取汁待用。

❷ 锅置火上，加入适量清水，放入大米，以大火煮开，再倒入肉桂汁。

❸ 以小火煮至浓稠状，调入白糖拌匀，再撒上葱花即可。

枸杞麦冬花生粥

材料

花生米30克，大米80克，枸杞、麦冬各适量

调料

白糖3克

做法

❶ 大米洗净，放入冷水中浸泡1小时后，捞出备用；枸杞、花生米、麦冬均洗净。

❷ 锅置火上，放入大米，倒入清水煮至米粒开花，放入花生米、麦冬同煮。

❸ 待粥煮至浓稠状时，放入枸杞煮片刻，调入白糖拌匀即可。

玉米粒双米甜粥

材料

大米60克，薏米、玉米粒各40克

调料

白糖3克

做法

❶ 大米、薏米均洗净，泡发；玉米粒洗净。

❷ 锅置火上，倒入清水，放入大米、薏米、玉米粒，以大火煮至开花。

❸ 再转小火煮至粥呈浓稠状，调入白糖拌匀即可。

麻仁葡萄干粥

材料

麻仁10克，葡萄干20克，青菜30克，大米
100克

调料

食盐2克

做法

1 大米洗净，泡发半小时后，捞出沥干水
　分；葡萄干、麻仁均洗净；青菜洗净，
　切丝。

2 锅置火上，倒入适量清水烧沸，放入大
　米，以大火煮开。

3 加入麻仁、葡萄干同煮至米粒开花，再倒
　入青菜煮至浓稠状，调入食盐调味即可。

腊八粥

材料

红豆、红枣、绿豆、花生、薏米、黑米、葡萄
干各20克，糯米30克

调料

白糖5克，葱花2克

做法

1 糯米、黑米、红豆、薏米、绿豆均泡发洗
　净；花生、红枣、葡萄干均洗净。

2 锅置火上，倒入清水，放入糯米、黑米、
　红豆、薏米、绿豆煮开。

3 加入花生、红枣、葡萄干同煮至浓稠状，
　调入白糖拌匀，撒入葱花即可。

五色大米粥

材料

绿豆、红豆、白豆、玉米各25克，胡萝卜适量，大米40克

调料

白糖3克

做法

❶ 大米、绿豆、红豆、白豆均泡发洗净；玉米洗净；胡萝卜洗净切丁。

❷ 锅置火上，倒入清水，放入大米、绿豆、红豆、白豆，以大火煮开。

❸ 加入玉米、胡萝卜同煮至浓稠状，加入白糖拌匀即可。

银耳杂粮粥

材料

银耳、麦仁、糯米、红豆、芸豆、绿豆、花生米各20克

调料

白糖3克

做法

❶ 银耳泡发洗净，摘成小朵备用；麦仁、糯米、红豆、芸豆、绿豆、花生米分别泡发半小时后，捞出沥干水分。

❷ 锅置火上，倒入适量清水，放入除银耳外的所有原材料煮至米粒开花。

❸ 再放入银耳同煮至粥浓稠时，调入白糖拌匀即可。

葡萄梅干粥

材料
大米100克，低脂牛奶100克，芝麻少许，葡萄、梅干各25克

调料
冰糖5克，葱花少许

做法
1. 大米洗净，用清水浸泡；葡萄去皮，去核，洗净备用；梅干洗净。
2. 锅置火上，注入清水，放入泡好的大米煮至八成熟。
3. 放入葡萄、梅干、芝麻煮至米粒开花，倒入牛奶、冰糖稍煮后调匀，撒上葱花即可。

三豆山药粥

材料
大米100克，山药30克，黄豆、红芸豆、豌豆各适量

调料
白糖10克

做法
1. 大米泡发洗净；山药去皮洗净，切块；黄豆、红芸豆、豌豆洗净。
2. 锅内注水，放入大米，用大火煮至米粒绽开，放入黄豆、红芸豆、豌豆同煮。
3. 改用小火煮至粥成闻见香味时，放入白糖调味即可。

三红玉米粥

材料

红枣、红衣花生、红豆、玉米各20克，大米80克

调料

白糖6克，葱少许

做法

❶ 玉米洗净；红枣去核洗净；花生、红豆、大米泡发洗净。

❷ 锅置火上，注入清水后，放入大米煮沸后，放入玉米、红枣、花生、红豆。

❸ 用小火煮至粥成，调入白糖入味，撒上葱花即可。

三黑白糖粥

材料

黑芝麻10克，黑豆30克，黑米70克

调料

白糖3克

做法

❶ 黑米、黑豆均洗净，置于冷水锅中浸泡半小时后捞出沥干水分；黑芝麻洗净。

❷ 锅中注入适量清水，放入黑米、黑豆、黑芝麻以大火煮至开花。

❸ 再转小火将粥煮至呈浓稠状，调入白糖拌匀即可。

生姜红枣粥

材料
生姜10克，红枣30克，大米100克

调料
食盐2克，葱8克

做法

❶ 大米泡发洗净，捞出备用；生姜去皮，洗净，切丝；红枣洗净，去核，切成小块；葱洗净，切花。

❷ 锅置火上，加入适量清水，放入大米，以大火煮至米粒开花。

❸ 再加入生姜、红枣同煮至浓稠，调入食盐调味，撒上葱花即可。

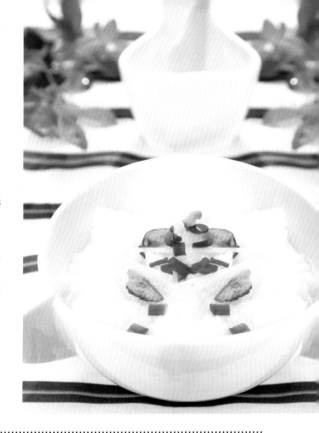

四豆陈皮粥

材料
绿豆、红豆、眉豆、毛豆各20克，陈皮适量，大米50克

调料
红糖5克

做法

❶ 大米、绿豆、红豆、眉豆均泡发洗净；陈皮洗净，切丝；毛豆洗净，沥水备用。

❷ 锅置火上，倒入清水，放入大米、绿豆、红豆、眉豆、毛豆，以大火煮至开花。

❸ 加入陈皮同煮至粥呈浓稠状，调入红糖拌匀即可。

双豆麦片粥

材料

黄豆、青豆各20克，大米、麦片各40克

调料

白糖3克

做法

❶ 大米、麦片、黄豆、青豆均泡发洗净。

❷ 锅置火上，倒入清水，倒入大米、麦片、黄豆、青豆，以大火煮开。

❸ 待粥煮至浓稠状，调入白糖拌匀即可。

玉米红豆薏米粥

材料

薏米40克，大米60克，玉米粒、红豆各30克

调料

食盐2克

做法

❶ 大米、薏米、红豆均泡发洗净；玉米粒洗净备用。

❷ 锅置火上，倒入适量清水，倒入大米、薏米、红豆，以大火煮至开花。

❸ 加入玉米粒煮至浓稠状，调入食盐调味即可。

玉米核桃粥

材料

核桃仁20克，玉米粒30克，大米80克

调料

白糖3克，葱8克

做法

❶ 大米泡发洗净；玉米粒、核桃仁均洗净；葱洗净，切花。

❷ 锅置火上，倒入清水，放入大米、玉米粒煮开。

❸ 加入核桃仁同煮至粥呈浓稠状，调入白糖拌匀，撒上葱花即可。

小米黄豆粥

材料

小米80克，黄豆40克

调料

白糖3克，葱5克

做法

❶ 小米淘洗干净；黄豆洗净，浸泡至皮发皱后，捞起沥干；葱洗净，切成花。

❷ 锅置火上，倒入清水，倒入小米与黄豆，以大火煮开。

❸ 待粥煮至浓稠状，撒上葱花，调入白糖拌匀即可。

玉米粉黄豆粥

材料

玉米粉、黄豆粉各60克

调料

食盐3克，葱少许

做法

❶ 葱洗净，切花。

❷ 锅置火上，注入清水用大火烧开后，边搅拌边倒入玉米粉、黄豆粉。

❸ 搅匀后，用小火慢慢煮至粥浓稠，调入食盐调味，撒上葱花即可。

玉米片黄豆粥

材料

玉米片、黄豆各30克，大米90克

调料

食盐3克，葱少许

做法

❶ 玉米片洗净；大米、黄豆均洗净泡发；葱洗净，切花。

❷ 锅置火上，注入清水后，放入大米、玉米片、黄豆煮至将熟。

❸ 改用小火，慢慢煮至粥成，调入食盐调味，撒上葱花即可。

玉米红豆粥

材料

玉米、红芸豆、豌豆各适量，大米90克

调料

食盐3克，味精少许

做法

❶ 玉米、豌豆洗净；红芸豆、大米泡发洗净。

❷ 锅置火上，注入清水后，倒入大米、玉米、豌豆、红芸豆煮至米粒绽开后。

❸ 用小火煮至粥成，调入食盐、味精调味即可。

玉米芋头粥

材料

玉米粒、芋头各20克，大米80克

调料

白糖5克，葱少许

做法

❶ 大米泡发洗净；芋头去皮洗净，切成小块；玉米粒洗净；葱洗净，切花。

❷ 锅置火上，注入清水，放入大米用大火煮至米粒绽开后，放入芋头、玉米粒。

❸ 用小火煮至粥成，加入白糖调味，撒上少许葱花即可。

牛奶玉米粥

材料

玉米粉80克，牛奶120克，枸杞少许

调料

白糖5克

做法

❶ 枸杞洗净备用。

❷ 锅置火上，倒入牛奶煮沸后，缓缓倒入玉米粉，搅拌至半凝固。

❸ 倒入枸杞，用小火煮至粥呈浓稠状，调入白糖调味即可。

百合玉米蜂蜜粥

材料
玉米、百合20克，大米100克
调料
白糖4克、蜂蜜20毫升
做法
❶ 玉米、百合清洗干净；大米泡发洗净。
❷ 锅置火上，注入清水后，放入大米、玉米、百合，用大火煮至米粒绽开。
❸ 改用小火煮至粥呈浓稠状，调入白糖、蜂蜜调味即可。

洋参红枣玉米粥

材料
大米100克，西洋参、红枣、玉米各20克
调料
食盐3克，葱少许
做法
❶ 西洋参洗净，切段；红枣去核洗净，切开；玉米洗净；葱洗净，切花。
❷ 净锅上火，注水烧沸，放入大米、玉米、红枣、西洋参，用大火煮至米粒绽开。
❸ 用小火煮至粥浓稠闻见香味时，放入食盐调味，撒上少许葱花即可。

花生粥

材料
花生米40克，大米80克
调料
食盐2克，葱8克
做法
❶ 大米泡发洗净；花生米洗净；葱洗净，切花。
❷ 锅置火上，倒入清水，放入大米、花生米煮开。
❸ 待煮至浓稠状时，调入食盐调味，撒上葱花即可。

银耳双豆玉米粥

材料

银耳30克,绿豆片、红豆片、玉米片各20克,大米80克

调料

白糖3克

做法

1 大米浸泡半小时后,捞出备用;银耳泡发洗净,切碎;绿豆片、红豆片、玉米片均洗净备用。

2 锅置火上,放入大米、绿豆片、红豆片、玉米片,倒入清水煮至米粒开花。

3 放入银耳同煮片刻,待粥呈浓稠状时,调入白糖调味即可。

扁豆玉米红枣粥

材料

玉米、白扁豆、红枣各15克,大米110克

调料

白糖6克

做法

1 玉米、白扁豆洗净;红枣去核洗净;大米泡发洗净。

2 锅置火上,注入清水,放入大米、玉米、白扁豆、红枣,用大火煮至米粒绽开。

3 再用小火煮至粥成,调入白糖调味即可。

茯苓莲子粥

材料

大米100克，茯苓、红枣、莲子各适量

调料

白糖、红糖各3克

做法

❶ 大米泡发洗净；红枣洗净，切成小块；茯苓洗净；莲子洗净，泡发后去除莲心。

❷ 锅置火上，倒入适量清水，放入大米，以大火煮至米粒开花。

❸ 加入茯苓、莲子同煮至熟，再加入红枣，以小火煮至浓稠状，调入白糖、红糖拌匀即可。

菠菜山楂粥

材料

菠菜20克，山楂20克，大米100克

调料

冰糖5克

做法

❶ 大米淘洗干净，用清水浸泡；菠菜洗净；山楂洗净。

❷ 锅置火上，放入大米，加适量清水煮至七成熟。

❸ 放入山楂煮至米粒开花，放入冰糖、菠菜稍煮后调匀便可。

白菜薏米粥

材料
大米、薏米各40克，芹菜、白菜各适量
调料
食盐2克
做法
❶ 大米、薏米均泡发洗净；芹菜、白菜均洗净，切碎。
❷ 锅置火上，倒入清水，放入大米、薏米煮至开花。
❸ 待煮至浓稠状时，倒入芹菜、白菜稍煮，调入食盐调味即可。

包菜芦荟粥

材料
大米100克，芦荟、包菜各20克，枸杞少许
调料
食盐3克
做法
❶ 大米泡发洗净；芦荟洗净，切片；包菜洗净切丝；枸杞洗净。
❷ 锅置火上，注入清水后，放入大米用大火煮至米粒绽开，放入芦荟、包菜、枸杞。
❸ 用小火煮至粥成，调入食盐调味，即可。

黄瓜胡萝卜粥

材料
黄瓜、胡萝卜各15克，大米90克
调料
食盐3克，味精少许
做法
❶ 大米泡发洗净；黄瓜、胡萝卜洗净，切成小块。
❷ 锅置火上，注入清水，放入大米，煮至米粒开花。
❸ 放入黄瓜、胡萝卜，改用小火煮至粥成，调入食盐、味精调味即可。

菠菜玉米枸杞粥

材料

菠菜、玉米粒、枸杞各15克，大米100克

调料

食盐3克，味精1克

做法

❶ 大米泡发洗净；枸杞、玉米粒洗净；菠菜
择去根，洗净，切成碎末。

❷ 锅置火上，注入清水后，放入大米、玉
米、枸杞，用大火煮至米粒开花。

❸ 再放入菠菜，用小火煮至粥成，调入食
盐、味精入味即可。

芹菜枸杞叶粥

材料

新鲜枸杞叶、新鲜芹菜各15克，大米100克

调料

食盐2克，味精1克

做法

❶ 枸杞叶、芹菜洗净，切碎片；大米泡发
洗净。

❷ 锅置火上，注入清水后，放入大米，用旺
火煮至米粒开花。

❸ 放入枸杞叶、芹菜，改用小火煮至粥成，
加入食盐、味精调味即可。

丝瓜胡萝卜粥

材料

鲜丝瓜30克，胡萝卜少许，大米100克

调料

白糖7克

做法

❶ 丝瓜去皮洗净，切片；胡萝卜洗净，切
丁；白米泡发洗净。

❷ 锅置火上，注入清水，放入大米，用大火
煮至米粒开花。

❸ 倒入丝瓜、胡萝卜，用小火煮至粥成，放
入白糖调味即可。

蔬菜蛋白粥

材料

白菜、鲜香菇各20克，咸蛋白1个，大米、糯米各50克

调料

食盐1克，葱花、香油各适量

做法

❶ 大米、糯米洗净，用清水浸泡半小时；白菜、鲜香菇洗净，切丝；咸蛋白切块。

❷ 锅置火上，注入清水，放入大米、糯米煮至八成熟。

❸ 倒入鲜香菇、咸蛋白煮至粥将成，放入白菜稍煮，待黏稠时，加入食盐、香油调味，撒上葱花即可。

冬瓜白果姜粥

材料

冬瓜25克，白果20克，姜末少许，大米100克，高汤半碗

调料

食盐2克，胡椒粉3克，葱少许

做法

❶ 白果去壳、皮，洗净；冬瓜去皮洗净，切块；大米洗净，泡发；葱洗净，切花。

❷ 锅置火上，注入清水后，放入大米、白果，用旺火煮至米粒完全开花。

❸ 再放入冬瓜、姜末，倒入高汤，改用文火煮至粥成，调入食盐、胡椒粉调味，撒上葱花即可。

双瓜糯米粥

材料
南瓜、黄瓜各适量，糯米粉20克，大米90克

调料
食盐2克

做法

1. 大米泡发洗净；南瓜去皮洗净，切小块；黄瓜洗净切小块；糯米粉加适量温水搅匀成糊。
2. 锅置火上，注入清水，放入大米、南瓜煮至米粒绽开后，再倒入搅成糊的糯米粉稍煮。
3. 倒入黄瓜，改用小火煮至粥成，调入食盐调味即可。

冬瓜竹笋粥

材料
大米100克，山药、冬瓜、竹笋各适量

调料
食盐2克，葱少许

做法

1. 大米洗净；山药、冬瓜去皮洗净，均切小块；竹笋洗净，切片；葱洗净，切花。
2. 净锅上火，注入清水，放入大米，煮至米粒绽开后，放入山药、冬瓜、竹笋。
3. 改用小火，煮至粥浓稠时，放入食盐调味，撒上葱花即可。

豆腐山药粥

材料

大米90克，山药30克，豆腐40克

调料

食盐2克，味精1克，香油适量，葱少许

做法

❶ 山药去皮洗净，切块；豆腐洗净，切块；葱洗净，切花。

❷ 锅置火上，注入清水后，放入大米用旺火煮至米粒开花。

❸ 放入山药、豆腐，改用文火煮至粥成，调入食盐、味精、香油调味，撒上葱花即可。

豆腐木耳粥

材料

豆腐、黑木耳各适量，大米90克

调料

食盐2克，姜丝、蒜片、味精、葱花、香油各适量

做法

❶ 大米泡发洗净；黑木耳泡发洗净；豆腐洗净，切块；姜丝、蒜片洗净。

❷ 锅置火上，注入清水，放入大米用大火煮至米粒绽开，放入黑木耳、豆腐。

❸ 再放入姜丝、蒜片，改用小火煮至粥成，淋入香油，调入食盐、味精调味，撒入葱花即可。

豆腐香菇粥

材料
水发香菇、豆腐各适量，大米100克

调料
食盐3克，味精1克，香油4毫升，姜丝、蒜片、葱各少许

做法

❶ 大米泡发洗净，豆腐洗净，切块；香菇洗净，切条；葱洗净，切花；姜丝、蒜片洗净。

❷ 锅置火上，注入清水，放入大米煮至米粒开花后，放入香菇、豆腐、姜丝、蒜片同煮。

❸ 煮至粥闻见香味后，淋入香油，调入食盐、味精调味，撒上葱花即可。

豆腐杏仁花生粥

材料
豆腐、南杏仁、花生仁各20克，大米110克

调料
食盐2克，味精、葱花各1克

做法

❶ 南杏仁、花生仁洗净；豆腐洗净，切小块；大米洗净，泡发半小时。

❷ 锅置火上，注入清水后，放入大米用大火煮至米粒开花。

❸ 放入南杏仁、豆腐、花生仁，改用小火煮至粥浓稠时，调入食盐、味精调味，撒入葱花即可。

南瓜百合杂粮粥

材料
南瓜、百合各30克，糯米、糙米各40克

调料
白糖5克

做法
❶ 糯米、糙米均泡发洗净；南瓜去皮洗净，切丁；百合洗净，切片。
❷ 锅置火上，倒入清水，放入糯米、糙米、南瓜煮开。
❸ 加入百合同煮至浓稠状，调入白糖拌匀即可。

南瓜红豆粥

材料
红豆、南瓜各适量，大米100克

调料
白糖6克

做法
❶ 大米泡发洗净；红豆泡发洗净；南瓜去皮洗净，切小块。
❷ 锅置火上，注入清水，放入大米、红豆、南瓜，用大火煮至米粒绽开。
❸ 再改用小火煮至粥成后，调入白糖即可。

南瓜薏米粥

材料
南瓜40克，薏米20克，大米70克

调料
食盐2克，葱8克

做法
❶ 大米、薏米均泡发洗净；南瓜去皮洗净，切丁；葱洗净切花。
❷ 锅置火上，倒入清水，放入大米、薏米，以大火煮开。
❸ 加入南瓜煮至浓稠状，调入食盐调味，撒上葱花即可。

南瓜银耳粥

材料

南瓜20克，银耳40克，大米60克

调料

白糖5克，葱少许

做法

❶ 大米泡发洗净；南瓜去皮洗净，切小块；银耳泡发洗净，撕成小朵；葱洗净切花。

❷ 锅置火上，注入清水，放入大米、南瓜煮至米粒绽开后，再放入银耳。

❸ 用小火煮至粥浓稠闻见香味时，调入白糖调味，撒葱花即可。

枸杞南瓜粥

材料

南瓜20克，粳米100克，枸杞15克

调料

白糖5克

做法

❶ 粳米泡发洗净；南瓜去皮洗净，切块；枸杞洗净。

❷ 锅置火上，注入清水，放入粳米，用大火煮至米粒绽开。

❸ 放入枸杞、南瓜，用小火煮至粥成，调入白糖调味即可。

红枣百合核桃粥

材料

糯米100克，百合、红枣、核桃仁各20克

调料

白糖5克

做法

❶ 糯米泡发洗净；百合洗净；红枣去核洗净；核桃仁泡发洗净。

❷ 锅置火上，注入清水后，放入糯米，用旺火煮至米粒绽开。

❸ 放入百合、红枣、核桃仁，改用文火煮至粥成，调入白糖调味即可。

西红柿桂圆粥

材料
西红柿、桂圆肉各20克，糯米100克，青菜少许
调料
食盐3克
做法
❶ 西红柿洗净，切丁；桂圆肉洗净；糯米洗净，泡发半小时；青菜洗净，切碎。
❷ 锅置火上，注入清水，放入糯米、桂圆肉，用旺火煮至绽开。
❸ 再放入西红柿，改用小火煮至粥浓稠时，放入青菜稍煮，再调入食盐调味即可。

核桃红枣木耳粥

材料
核桃仁、红枣、黑木耳各适量，大米80克
调料
白糖4克
做法
❶ 大米泡发洗净；黑木耳泡发，洗净，切丝；红枣洗净，去核，切成小块；核桃仁洗净。
❷ 锅置火上，倒入清水，放入大米煮至米粒开花。
❸ 加入木耳、红枣、核桃仁同煮至粥浓稠状，调入白糖调味即可。

红枣苦瓜粥

材料
红枣、苦瓜各20克，大米100克
调料
蜂蜜适量
做法
❶ 苦瓜洗净，剖开，去瓤，切成薄片；红枣洗净，去核，切成两半；大米洗净，泡发。
❷ 锅置火上，注入适量清水，放入红枣、大米，用旺火煮至米粒绽开。
❸ 放入苦瓜，用小火煮至粥成，放入蜂蜜调味即可。

百合南瓜大米粥

材料
南瓜、百合各20克，大米90克

调料
食盐2克

做法

❶ 大米洗净，泡发半小时后捞起沥干；南瓜去皮洗净，切成小块；百合洗净，削去边缘黑色部分备用。

❷ 锅置火上，注入清水，放入大米、南瓜，用大火煮至米粒开花。

❸ 再放入百合，改用小火煮至粥浓稠时，调入食盐调味即可。

扁豆山药粥

材料
扁豆20克，山药30克，红腰豆10克，大米90克

调料
葱少许，食盐2克

做法

❶ 扁豆洗净，切段；红腰豆洗净；山药去皮洗净，切块；大米洗净，泡发；葱洗净，切花。

❷ 锅置火上，注入清水后，放入大米、红腰豆、山药，用大火煮至米粒开花，放入扁豆。

❸ 用小火煮至粥浓稠时，放入食盐调味，撒上葱花即可。

03

营养好吃大米饭

　　米饭是人们日常饮食中的主角。山珍海味可以不吃，琼浆玉液可以不喝，但不可以一日无米饭，对于南方人来说尤其如此。米饭营养虽然普通，但贵在全面，它几乎可以提供人体所需的全部营养。米饭除了可以搭配各种炒菜食用外，只要稍加辅料拌炒便可成为一道美味，例如家喻户晓的蛋炒饭以及享誉全国的扬州炒饭。

印尼炒饭

材料

火腿2克，叉烧2克，胡萝卜2克，粟米2克，青豆2克，虾仁2克，米饭150克，鸡蛋1个

调料

食用油、咖喱油、咖喱粉、食盐、味精各适量

做法

1. 火腿、叉烧、胡萝卜、粟米、青豆、虾仁洗净切粒，过水过油至熟；鸡蛋打散，加入食盐入味。

2. 油锅烧热，倒入米饭，加火腿、叉烧、胡萝卜、粟米、青豆、虾仁及各种调味料炒1分钟后起锅。

3. 倒2毫升食用油于煎锅上，将鸡蛋煎至半熟放至炒饭上即可。

泰皇炒饭

材料

米饭200克，虾仁50克，蟹柳50克，凤梨1块，芥蓝2根，洋葱1个，鸡蛋1个

调料

青椒1个，红椒1个，食用油、泰皇酱适量

做法

1. 青椒、红椒去蒂洗净切粒，洋葱洗净切粒，凤梨去皮洗净切粒，芥蓝洗净切碎备用。

2. 锅中食用油烧热，放入鸡蛋液炸成蛋花，再将青椒、红椒、洋葱、凤梨、蟹柳、芥蓝、虾仁一起爆炒至熟。

3. 倒入米饭一起炒香，加入泰皇酱炒匀即可。

西湖炒饭

材料

米饭200克，虾仁50克，笋丁20克，甜豆20克，火腿5片，鸡蛋2个

调料

大葱1根，食盐5克，味精2克，食用油适量

做法

❶ 甜豆、虾仁均洗净；鸡蛋打散。

❷ 炒锅置于火上，待食用油热，下虾仁、笋丁、甜豆、火腿、鸡蛋液炒透。

❸ 再加入米饭炒熟，入调味料炒匀即可。

鱼丁炒饭

材料

白北鱼1片，鸡蛋1个，米饭200克

调料

食盐2克，葱2根，食用油适量

做法

❶ 白北鱼片冲净，去骨切丁；鸡蛋打成蛋汁；葱去根须和老叶，洗净后切花。

❷ 炒锅加热，鱼丁过油，再下入米饭炒散，加入食盐、葱花提味。

❸ 淋上蛋汁，炒至收干即成。

菜心蟹子炒饭

材料

菜心50克，鸡蛋2个，蟹子20克，米饭200克

调料

食盐3克，味精2克，食用油适量

做法

❶ 菜心留梗洗净切粒，炒熟备用。

❷ 鸡蛋打入碗中，调入些许食盐、味精搅匀。

❸ 净锅上火，注入食用油烧热，倒入蛋液炒至七成熟，放入米饭炒干，调入调料，放入蟹子、菜粒炒匀入味即成。

西式炒饭

材料

米150克，胡萝卜、青豆、粟米、火腿、叉烧各25克

调料

茄汁、食用油、糖、味精、食盐各适量

做法

❶ 米加入清水煮熟成米饭；胡萝卜切粒；火腿切粒；叉烧切粒后焯水；青豆、粟米洗净备用。

❷ 油倒入锅中，将胡萝卜、青豆、粟米、火腿、叉烧过油炒，加入茄汁、糖、味精、食盐调味。

❸ 再倒入熟米饭一起炒匀即可。

干贝蛋白炒饭

材料

干贝50克，鸡蛋3个，白菜叶50克，米饭200克

调料

食盐3克，味精3克，料酒5毫升、葱5克，姜片3片，食用油适量

做法

❶ 干贝泡软后加入料酒、姜片蒸5个小时后取出，撕碎备用。

❷ 鸡蛋取蛋清，加入少许食盐、味精搅匀，炒熟。白菜叶洗净切成细丝，葱择洗净切花。

❸ 炒锅上火，油烧热，放入白菜丝、蛋清、干贝，调入食盐炒香，加入米饭炒匀，撒上葱花即成。

三文鱼紫菜炒饭

材料

米饭、三文鱼各100克，紫菜20克，菜粒30克

调料

食盐3克，鸡精5克，生抽6毫升，姜10克，食用油适量

做法

1. 姜洗净切末；紫菜洗净切丝；菜粒入沸水中焯烫，捞出沥水备用。

2. 净锅上火，注入食用油烧热，放入三文鱼炸至金黄色，捞出沥油。

3. 锅中留少许油，放入米饭炒香，调入食盐、鸡精，加入三文鱼、菜粒、紫菜、姜末炒香，调入生抽即可。

什锦炒饭

材料

米饭150克，腊肉、腊肠、叉烧、虾仁、牛肉各25克，生菜10克，鸡蛋1个

调料

食盐3克，鸡精2克，葱10克，食用油适量

做法

1. 腊肉、腊肠、叉烧、牛肉、虾仁洗净切粒，先过水过油至熟；生菜洗净切丝；葱洗净切段；鸡蛋打匀。

2. 食用油下锅烧热，放入生菜丝、葱段热锅，加鸡蛋炒熟，下入米饭、腊肉粒、腊肠粒、叉烧粒、牛肉粒、虾仁粒一起用中火炒1分钟后，加入食盐、鸡精调味即可。

墨鱼汁松仁炒饭

材料

米饭300克，墨鱼汁、松仁各适量

调料

食盐2克，食用油适量

做法

1. 炒锅烧热注入食用油，先将米饭倒入，拌炒均匀。
2. 加入墨鱼汁、松仁炒匀，加入食盐调味即可。

会馆炒饭

材料

米饭350克，腊肠、猪肉各100克

调料

食盐3克，五香粉5克，咖喱粉10克，葱花少许，食用油适量

做法

1. 腊肠洗净，切成丁；猪肉洗净，切小块。
2. 油锅烧热，下入猪肉、腊肠炒香，倒入米饭，炒透。
3. 加入食盐、五香粉、咖喱粉调味，入盘，撒上葱花即可。

咖喱炒饭

材料

米饭300克，瘦肉丝100克，胡萝卜少许

调料

食盐、咖喱粉各适量，辣椒粉10克，食用油、葱各适量

做法

1. 胡萝卜洗净，切粒；葱洗净，切花。
2. 油锅烧热，入瘦肉丝炒香，倒入胡萝卜、米饭炒透。
3. 加入食盐、咖喱粉、辣椒粉调味，装盘，撒上葱花即可。

凤梨炒饭

材料

凤梨1个，米饭150克，豌豆、虾仁各少许

调料

食盐3克，食用油适量

做法

1. 凤梨洗净，切开后挖出方形，并把挖出的肉切成丁；豌豆洗净；虾仁洗净，剪开尾部。
2. 净锅入水烧开，放入虾仁汆熟透，捞出备用；净锅注油烧热，倒入豌豆稍炒，再倒入米饭和凤梨，翻炒至熟。
3. 加入食盐调味，起锅倒入凤梨中，撒上虾仁即可。

鲍鱼炒饭

材料

米饭200克，鸡蛋1个，叉烧、鲍鱼、魔芋各适量

调料

食盐、味精各少许，食用油适量

做法

1. 鲍鱼剖净，取肉，加盐腌渍15分钟；叉烧切成薄片；魔芋洗净，切成小方块。
2. 油锅烧热，倒入鸡蛋煎熟，倒入米饭炒匀，加入食盐调味后，盛入碗中。
3. 净锅注油烧热，放入叉烧、鲍鱼、魔芋炒熟，加入食盐、味精调味后，起锅倒在碗中即可。

什锦海鲜炒饭

材料

米饭200克，水发鲍鱼50克，鸡蛋1个，胡萝卜、熟芝麻各少许

调料

食盐、食用油适量

做法

❶ 水发鲍鱼洗净，切成丁；胡萝卜洗净，切细丝。

❷ 油锅烧热，下入鲍鱼翻炒片刻，倒入米饭、胡萝卜，加入食盐炒熟，起锅盛入盘中。

❸ 净锅注油烧热，打入鸡蛋煎熟，撒上熟芝麻起锅摆盘即可。

咖喱凤梨炒饭

材料

米饭250克，凤梨300克，豌豆、胡萝卜、虾仁各少许

调料

食盐3克，咖喱粉5克，食用油适量

做法

❶ 凤梨冲洗干净，切成两半，掏空肉，并将肉切丁；豌豆洗净；虾仁洗净；胡萝卜洗净，切丁。

❷ 油锅烧热，倒入豌豆、胡萝卜、虾仁炒香，放入米饭炒透。

❸ 加入食盐、咖喱粉调味，盛入凤梨内即可。

咖喱鸡丁炒饭

材料

米饭300克，鸡肉200克，鸡蛋2个，生菜、胡萝卜、豌豆各少许

调料

食盐3克，咖喱粉7克，食用油适量

做法

❶ 鸡肉洗净切块；生菜洗净摆盘；胡萝卜洗净切丁；豌豆洗净备用。

❷ 油锅烧热，打入鸡蛋，用小火煎一会儿，放入鸡块炒香，倒入米饭、胡萝卜、豌豆炒透。

❸ 加入食盐、咖喱粉炒匀，起锅装盘，摆好即可。

叉烧蛋炒饭

材料

米饭250克，叉烧100克，鸡蛋1个，西红柿、豌豆、胡萝卜各少许

调料

食盐、咖喱粉各3克，食用油适量

做法

1. 西红柿洗净切片；豌豆洗净；胡萝卜洗净，切丁；叉烧改刀切丁。
2. 油锅烧热，打入鸡蛋，煎一会儿，倒入米饭炒匀，加入食盐、咖喱粉调味，起锅装盘。
3. 净锅注油，倒入豌豆、胡萝卜翻炒片刻，放入叉烧炒熟，加入食盐炒匀，盛在米饭上，用西红柿装饰即可。

咖喱海鲜凤梨炒饭

材料

米饭200克，鱿鱼、虾仁各适量，蚌150克，凤梨1个

调料

食盐、食用油、咖喱粉各适量

做法

1. 鱿鱼洗净，切段；虾仁洗净，切开尾部；蚌洗净，切开，加食盐腌渍入味；凤梨洗净，切开，掏空。
2. 油锅烧热，放入鱿鱼、虾仁炒香，倒入米饭，炒透，加入食盐、咖喱粉调味，盛放在凤梨上。
3. 将蚌放入烤箱烤熟，取出摆放好即可。

牛肉干炒饭

材料

米饭300克，腌黄瓜、牛肉干、酱菜各适量，柠檬1个

调料

食盐、食用油、葱各少许

做法

1. 腌黄瓜洗净，切薄片；牛肉干切小块；酱菜切段；柠檬洗净，切片；葱洗净，切花。

2. 油锅烧热，倒入牛肉干翻炒片刻，加入食盐调味，盛入盘中。

3. 将米饭扣入盘中，撒上葱花，并将腌黄瓜、酱菜、柠檬分别在盘中摆好即可。

农家菜炒饭

材料

大米300克，菠菜100克，鸡蛋皮、鱼子酱、肉末各少许

调料

食盐、食用油各适量

做法

1. 大米洗净，浸泡20分钟；菠菜去掉根部，洗净切细。

2. 将大米放入电饭锅中蒸熟，取出晾凉；油锅烧热，放入菠菜稍炒，倒入大米炒透；肉末炒熟。

3. 加入食盐调味，放入碗中，夯实后扣入盘内，撒上鸡蛋皮、鱼子酱、肉末即可。

黑椒牛柳炒饭

材料

米饭300克，牛肉150克，青椒、红椒、洋葱各适量，鸡蛋1个

调料

食盐3克，十三香6克，黑椒粉10克，食用油适量

做法

❶ 牛肉洗净，切成细丝；青椒、红椒均洗净去籽，切细条；洋葱去皮，洗净切丝。

❷ 油锅烧热，下入鸡蛋煎一会儿，倒入米饭，加十三香炒匀，起锅入盘。

❸ 净锅注油烧热，倒入牛肉炒至八成熟，倒入洋葱和青椒、红椒炒熟，加入食盐、十三香调味，盛入盘中，撒上黑椒粉即可。

泡菜炒饭

材料

米饭200克，鸡蛋1个，黄瓜、泡菜、紫菜各适量

调料

食盐、辣椒粉各3克，熟芝麻少许，食用油适量

做法

❶ 黄瓜洗净，切成薄片；紫菜洗净，泡发后切段。

❷ 油锅烧热，下入泡菜翻炒，倒入米饭炒透，调入食盐、辣椒粉调味，盛入盘中。

❸ 净锅注油烧热，打入鸡蛋煎熟，放在米饭上，撒上熟芝麻，用黄瓜、紫菜摆盘即可。

雪菜蛋炒饭

材料

米饭250克，雪菜100克，鸡蛋1个，玉米粒少许

调料

食盐3克，鸡精2克，食用油适量

做法

① 雪菜洗净，切成碎末；玉米粒洗净备用。

② 油锅烧热，打入鸡蛋，放入玉米粒炒匀，倒入米饭、雪菜炒透。

③ 调入食盐、鸡精调味，起锅装盘即可。

酱汁鸡丝饭

材料

鸡肉300克，胡萝卜1/4根，大头菜1/2棵，米饭300克

调料

姜2片，大葱1根，食盐2克，芝麻酱适量

做法

① 鸡肉洗净，用姜片、葱段、食盐调味。

② 将鸡肉蒸熟，取出放凉后再用手撕成丝状。

③ 胡萝卜、大头菜洗净，去皮切丝，调入食盐抓匀，再拧去水分；将所有食材调入芝麻酱拌匀即可。

泰皇海鲜炒饭

材料

米饭200克，鱿鱼、虾仁、蛤蜊、洋葱各少许，红椒1个，鸡蛋1个

调料

食盐2克，食用油、泰椒粉各适量

做法

1. 鱿鱼洗净，切段；虾仁洗净；蛤蜊洗净，切开；红椒洗净切段；洋葱洗净，切片。
2. 油锅烧热，打入鸡蛋，倒入米饭、洋葱炒透，调入食盐调味后盛入盘中；将鱿鱼、虾仁、蛤蜊放入蒸笼蒸熟，取出摆入盘中。
3. 撒上红椒、泰椒粉即可。

新岛特色炒饭

材料

米饭200克，蟹肉100克，鸡蛋1个，玉米粒、胡萝卜各少许

调料

食盐、十三香、食用油、葱花各适量

做法

1. 蟹肉洗净，切成小段；玉米粒洗净；胡萝卜洗净，取一段切成粒状，另一段切花。
2. 油锅烧热，下入玉米粒和粒状的胡萝卜炒香，倒入米饭、蟹肉炒透，加入食盐、十三香、葱花炒匀，起锅装盘。
3. 净锅注油烧热，打入鸡蛋煎至六成熟，盛在米饭上，将切花的胡萝卜摆盘即可。

紫米包菜饭

材料

紫米1杯，包菜200克，胡萝卜1小段，鸡蛋
1个

调料

食用油、葱花适量

做法

① 紫米淘净，放进电饭锅内，加清水浸泡；
包菜洗净切粗丝；胡萝卜削皮，洗净切
丝。将包菜、胡萝卜在米里和匀，外锅加1
杯半水煮饭。

② 鸡蛋打匀，用平底锅分次煎成蛋皮，
切丝。

③ 待电饭锅开关跳起，续焖10分钟再掀盖，
将饭菜和匀盛起，撒上蛋丝、葱花即可。

泰式凤梨炒饭

材料

米饭250克，凤梨、鸡蛋各1个，虾仁、
豌豆、腊肠各少许

调料

食盐、食用油、辣椒粉各适量

做法

① 凤梨洗净，切开后挖出肉并切成粒；豌豆
洗净；虾仁洗净，加入食盐腌渍入味；腊
肠清洗干净，切成丁。

② 油锅烧热，打入鸡蛋煎至五成熟，倒入米
饭、凤梨炒透，加入食盐、辣椒粉调味，
盛入凤梨内。

③ 净锅注水烧热，将虾仁、豌豆、腊肠隔水
蒸熟后，取出，盛在米饭上，摆盘即可。

柏仁玉米饭

材料

胚芽米100克，玉米、柏仁、香菇、青豆、萝卜干、胡萝卜、芹菜、土豆、肉丁各适量

调料

食盐、食用油、胡椒粉各适量

做法

❶ 柏仁压碎包入布包，用4杯水煎煮成1杯水；胚芽米饭煮熟，用筷子挑松备用；青豆洗净烫一下。

❷ 锅内放油爆香香菇再盛出；肉丁入锅爆香至变色。

❸ 将玉米、胡萝卜、土豆和少许水煮至水干，加入香菇、肉丁、青豆、胡椒粉、冷饭拌炒，撒入萝卜干及芹菜即可。

芹菜胡萝卜炒饭

材料

米饭150克，芹菜100克，青豆20克，鸡蛋1个，胡萝卜80克

调料

食盐5克，鸡精3克，姜10克，食用油适量

做法

❶ 先将米饭倒入油锅中炒匀待用。

❷ 胡萝卜、芹菜、姜分别切粒；鸡蛋打碎，加入食盐打散。

❸ 炒锅烧热注入食用油，倒入鸡蛋液炒熟后捞起。锅再烧热，注油炒香姜、青豆、芹菜、胡萝卜，翻炒2分钟后，倒入熟的鸡蛋和米饭，再炒匀，加入食盐、鸡精调味即可。

豆芽炒饭

材料

米饭400克，豆芽200克

调料

食盐3克，味精2克，豆豉酱15克，葱少许，食用油适量

做法

1. 豆芽洗净，切成米粒大小；葱洗净，切花。
2. 油锅烧热，倒入豆芽翻炒，倒入米饭炒透。
3. 调入食盐、味精、豆豉酱炒匀后入盘，撒上葱花即可。

三豆饭

材料

米饭250克，腰豆、豌豆、豇豆各少许

调料

食盐、五香粉各3克，辣椒粉5克，食用油适量

做法

1. 腰豆、豌豆均洗净，浸泡20分钟；豇豆洗净，切圈。
2. 油锅烧热，倒入腰豆、豌豆稍炒，倒入米饭和豇豆炒熟透。
3. 加入食盐、五香粉、辣椒粉炒匀，放入盘中即可。

豌豆炒饭

材料

米饭350克，豌豆100克，彩椒少许

调料

食盐3克，五香粉4克，咖喱粉6克，食用油适量

做法

1. 豌豆洗净；彩椒去蒂，洗净，切粒。
2. 油锅烧热，下入豌豆炒香，倒入彩椒、米饭炒透。
3. 加入食盐、五香粉、咖喱粉炒匀起锅即可。

彩色饭团

材料

米饭1碗

调料

绿茶粉、黄豆粉、芝麻粉各适量

做法

❶ 双手洗净，将米饭捏成小圆球，约一口的量。

❷ 将三色粉分别倒在平盘上，把小饭团分别在三色粉上均匀滚过。

❸ 也可在米饭内包豆沙馅，外层再裹绿茶粉等材料。

八宝高纤饭

材料

黑糯米20克，长糯米20克，糙米20克，大米20克，大豆8克，黄豆10克，燕麦8克，莲子5克，薏米20克，红豆5克

调料

食盐适量

做法

❶ 全部材料洗净放入锅内，加水没过材料，浸泡1小时后沥干。

❷ 加入一碗半的水（外锅1杯水），放入电饭锅内煮熟调入食盐即可。

豆沙蜜饯饭

材料

上等糯米50克，玫瑰豆沙100克，西湖蜜饯50克

调料

白糖50克

做法

❶ 先将糯米洗净备用。

❷ 锅中放入清水，将糯米煮熟后取出，放凉后拌入白糖，包入玫瑰豆沙、西湖蜜饯盛入碗内。

❸ 将糯米饭放入蒸笼内蒸2~3分钟，取出即可食用。

蛤蜊牛奶饭

材料

蛤蜊250克，鲜奶150毫升，米饭300克

调料

食盐2克，香料少许

做法

❶ 蛤蜊泡入盐水，吐沙后，入锅煮至开口，挑出蛤蜊肉备用。

❷ 米饭倒入煮锅，加入鲜奶和食盐，以大火煮至快收汁时，将蛤蜊肉加入同煮至收汁，盛起后撒入香料即成。

什锦炊饭

材料

糙米1杯，燕麦1/4杯，鲜香菇4朵，猪肉丝50克，豌豆少许

调料

高汤2杯

做法

❶ 糙米和燕麦洗净，浸泡于足量的清水中约1小时，洗净后沥干水分；香菇洗净切小丁备用。

❷ 锅中倒入高汤，加入糙米、燕麦、香菇丁、猪肉丝与豌豆，拌匀蒸熟即可。

贝母蒸梨饭

材料

川贝母10克，水梨1个，糯米1/2杯

调料

食盐适量

做法

❶ 梨子洗净，切成两半，挖掉梨心和部分果肉。

❷ 贝母和糯米淘净，挖出的梨肉切丁，混合倒入梨内，盛在容器里移入电饭锅。

❸ 外锅加1杯水，蒸到开关跳起即可。

双枣八宝饭

材料

圆糯米、豆沙各200克，红枣、蜜枣、瓜仁、枸杞、葡萄干各30克

调料

白糖100克，猪油少许

做法

① 将糯米洗净，用清水浸泡12小时；捞出入蒸锅蒸熟。

② 取一圆碗，刷上猪油，在碗底放上红枣、蜜枣、瓜仁、枸杞和葡萄干，铺上一层糯米饭。

③ 再放入豆沙，盖上一层糯米饭，上笼蒸30分钟，取出后翻转碗倒在碟上即可。

金瓜饭

材料

香米200克，金瓜100克，猪肉、虾仁、鱿鱼丝、干贝、胡萝卜、干香菇各20克

调料

老抽、食盐、食用油、白糖各适量

做法

① 香米洗净，泡30分钟后捞出；金瓜、胡萝卜均去皮洗净切丁；干香菇泡发洗净切丝；猪肉洗净切小丁；虾仁、鱿鱼丝、干贝洗净备用。

② 油锅烧热，放入肉丁、香菇丝、虾仁、鱿鱼丝、干贝爆香，放入胡萝卜丁、香米炒干，放入金瓜丁、开水，调入食盐、白糖、老抽，煮干焖透即可。

蒲烧鳗鱼饭

材料

蒲烧鳗1段，米饭200克，鸡蛋1个

调料

食用油、醋姜片各适量

做法

1 将蒲烧鳗用微波炉加热。

2 将米饭盛入碗中，铺上鳗鱼。

3 鸡蛋打匀成蛋汁，入锅煎蛋卷，切长条
状，与醋姜片搭配饭即可。

非洲鸡套餐饭

材料

非洲鸡150克，青菜50克，咸蛋半个，米饭
200克

调料

食盐、食用油各适量

做法

1 非洲鸡洗净入油锅中炸熟，沥干油分切成
块状。

2 锅中注水烧开，放入青菜焯熟，沥干水分。

3 将非洲鸡块、青菜、咸蛋摆在蒸热的米饭
上即可。

红枣糙米饭

材料

粳米100克，糙米100克，红枣50克

做法

1 粳米、糙米一起泡发洗净。

2 红枣洗净后去核，切成小块。

3 再将粳米、糙米与红枣一起上锅蒸约半小
时至熟即可。

叉烧油鸡饭

材料

米饭200克，叉烧50克，油鸡100克，菜心100克

调料

食盐2克，香油5毫升

做法

❶ 菜心洗净，入沸水中焯熟；油鸡洗净砍件；叉烧洗净切片备用。

❷ 切好的油鸡和叉烧放在米饭上，入微波炉加热30秒钟后取出。

❸ 放入菜心，调入食盐，淋上香油即可。

海鲜锅仔饭

材料

虾、蟹、鱿鱼、鱼柳共250克，米饭200克，鸡蛋1个

调料

鳗鱼汁50克，白糖5克，香油、食盐各少许，食用油适量

做法

❶ 将海鲜洗净，放入六成热的热油中，过油捞起。

❷ 热锅注油，倒入蛋和饭，加少许食盐炒香后装盘。

❸ 热锅倒入鳗鱼汁，与海鲜共煮，再放入白糖、香油炒匀，淋到装盘的饭上即可。

豉汁排骨煲仔饭

材料

大米100克，菜心80克，猪排骨150克

调料

生抽8毫升，姜10克，红椒、豆豉各15克，食用油5毫升

做法

❶ 红椒、姜均洗净切丝；猪排骨洗净，斩块，汆水；菜心洗净，焯水至熟。

❷ 大米加入清水放入砂锅中，煲10分钟，再放入猪排骨、红椒丝、姜丝、豆豉、食用油煲5分钟即熟。

❸ 放菜心于煲内，生抽淋于菜上即可。

香菇虾丁饭

材料

虾200克，泡发的香菇15克，大米300克，蒜苗50克

调料

九里香2克，味精2克，食盐3克，香油4毫升，胡椒粉1克，食用油适量

做法

❶ 蒜苗洗净切段；虾洗净去泥肠，切丁；香菇洗净后切丝。

❷ 虾丁入油锅稍炒，再倒入味精、食盐、香油、胡椒炒拌。

❸ 大米洗净，入锅中用中火煲至八成熟，放入虾、蒜苗、香菇后再煲至熟，放入九里香调味即可。

潮阳农家饭

材料

包菜150克，大米300克，猪五花肉50克，蒜苗40克

调料

食盐、鸡精、香油、食用油、胡椒粉、九里香各适量

做法

❶ 包菜洗净切块；蒜苗洗净切段；猪五花肉洗净切块，入锅炒至金黄色。

❷ 包菜、蒜苗入热油锅，加入食盐、鸡精、香油、胡椒粉、九里香炒香；大米洗净，放入砂锅中加入适量清水，中火煮至八成熟。

❸ 放入五花肉、包菜、蒜苗，再用文火烧10分钟即可。

原盅腊味饭

材料

大米500克，腊肉、香肠各150克

调料

食盐2克

做法

❶ 将米淘洗干净；腊肉、香肠洗净后切成薄块。

❷ 大米加入清水和食盐上火煮成米饭。

❸ 饭上再加入腊肉、香肠一起煮至有香味即可。

鲔鱼盖饭

材料

米饭200克，海苔片1/2片，水煮鲔鱼80克

调料

芥末酱3克，无盐老抽2克

做法

❶ 把无盐老抽、鲔鱼放入锅中拌匀；海苔片烤过，切丝备用。

❷ 将一半鲔鱼加入米饭拌匀装盘。

❸ 剩余一半鲔鱼摆在米饭上，撒上海苔丝，淋入芥末酱即可。

洋葱牛肉盖饭

材料

米饭200克，牛肉丝300克，洋葱100克

调料

食盐2克，老抽8毫升，淀粉8克，食用油适量

做法

❶ 牛肉丝加入食盐、老抽、淀粉抓匀；洋葱洗净，切丝。

❷ 油锅加热，将牛肉丝及洋葱炒熟，盛起盛在米饭上即成。

海鲜饭

材料

青豆15克，米饭200克，洋葱50克，红甜椒、蛋各1个，蟹柳、日本鱼蛋、青衣鱼、带子、虾仁、鲜鱿鱼各适量，白菌10克

调料

白汁、食盐、牛油、白葡萄酒、食用油、柠檬汁各适量

做法

① 油锅烧热，入蛋煎蛋花，倒入米饭炒后装碗；洋葱洗净切角；海鲜用食盐、柠檬汁腌渍；红甜椒洗净切条。

② 牛油烧热，放入海鲜、洋葱、青豆、甜红椒、白菌炒熟，淋入白葡萄酒、白汁，入食盐炒匀，铺于饭上即可。

冬菇猪蹄饭

材料

米饭200克，猪蹄20克，冬菇50克，菜心100克

调料

姜丝10克，葱花15克，食盐、白糖、蚝油、胡椒粉、鸡油、食用油、香油各适量

做法

① 冬菇用水浸泡40分钟后洗净，切去菇茎；菜心洗净备用。

② 锅内注油烧热，爆香姜丝、葱花，加入鸡油、食盐、白糖、蚝油、胡椒粉、香油煮10分钟。

③ 捞出姜丝、葱花，放入猪蹄煮5分钟，然后把猪蹄捞出放在饭上，冬菇放在猪蹄上，加入菜心即可。

澳门叉烧饭

材料

丝苗米、叉烧、青菜各100克，咸蛋半个

调料

叉烧汁适量

做法

❶ 丝苗米洗净后煮熟，用碗盖成圆形放入碟中。

❷ 叉烧切成片状，摆在圆碟边。

❸ 青菜洗净入沸水中焯熟，沥干水分摆在饭旁，摆上咸蛋，淋上叉烧汁即可。

澳门烧肉饭

材料

丝苗米、烧肉、青菜各100克，咸蛋半个

调料

烧猪酱20克，白糖10克

做法

❶ 丝苗米洗净蒸熟，用碗盖成圆形。

❷ 烧肉切成"日"字块；青菜洗净入沸水中焯熟，沥干水分。

❸ 将烧肉放在饭上，再放入焯好的青菜，调入烧猪酱和白糖，放上咸蛋即可。

澳门烧鹅饭

材料

烧鹅300克，米饭300克，芥菜50克，咸蛋半个

调料

烧鹅汁适量

做法

❶ 芥菜洗净；烧鹅切件备用。

❷ 锅中注清水适量，待水开后放入芥菜焯烫，捞出沥干水分。

❸ 将烧鹅块、咸蛋、芥菜摆在米饭上，再将烧鹅汁淋在鹅肉上即可。

猪扒什锦饭

材料

鸡蛋2个，猪扒200克，胡萝卜、西芹、洋葱、白菌、西红柿肉、青豆、什菜丝各适量，米饭1碗

调料

香油、面粉、淀粉、白兰地酒、食用油、黑椒粒、香叶、食盐、白糖、胡椒粉各适量

做法

① 取1个蛋磕碎后加入面粉拌匀。

② 猪扒洗净切块，用食盐、淀粉、白兰地酒、黑椒粒、香叶、白糖、胡椒粉腌渍，裹面粉蛋液入锅煎熟。

③ 取1个蛋打匀煎熟加饭炒后盛碗。剩余材料同炒后盛碗盖猪扒上，淋上香油即可。

鳕鱼蛋包饭

材料

鳕鱼100克，西红柿100克，鸡蛋3个，米饭250克

调料

食盐、食用油各适量

做法

① 将鳕鱼、西红柿洗净切粒；鸡蛋打散搅匀备用。

② 锅中注油烧热，取1个鸡蛋的蛋液煎成大饼状盛出，再放入鳕鱼粒煎熟。

③ 将剩余蛋液与米饭翻炒，加入鳕鱼、西红柿炒香，加入食盐调味再用蛋皮包起即可。

竹叶菜饭

材料

干竹叶3叶，大米100克，上海青2棵，胡萝卜20克，海藻干适量

调料

食盐适量

做法

❶ 竹叶刷净，入沸水中烫一下后捞起，铺于电饭锅内锅底层。

❷ 上海青去头，洗净切丝；胡萝卜削皮洗净，切丝。

❸ 大米淘净，与上海青、胡萝卜和海藻干、食盐混和，倒入电饭锅中，加1杯半水，入锅煮饭，至开关跳起即可。

窝蛋牛肉煲仔饭

材料

鸡蛋1个，熟牛肉200克，大米100克，菜心80克

调料

香油10毫升，生抽20毫升，姜10克，食用油5毫升

做法

❶ 牛肉切片；姜洗净切丝；鸡蛋取蛋黄下锅煮熟保持原状。

❷ 放白米注水于砂锅中，煲10分钟后，再放入牛肉片、蛋黄、姜丝、食用油再煲5分钟至熟。

❸ 菜心洗净焯，放入砂锅内，再淋上香油、生抽于菜上即可。

咸鱼腊味煲仔饭

材料

香米150克，腊肉30克，腊肠50克，腊鸭50克，咸鱼片20克

调料

葱白1棵，红椒1个，姜1块

做法

1. 香米用水浸1小时；腊肉、腊肠、腊鸭、咸鱼切成薄片；葱白洗净切段；红椒、姜洗净切丝备用。
2. 已浸泡过的香米放入瓦煲内，加入适量清水，用中火煲干水分。
3. 将切好的腊味、咸鱼片、姜、葱、红椒分别放入刚煲干水的香米内，再用慢火煲约10分钟即可。

腊味煲仔饭

材料

大米120克，菜心80克，腊肉100克，腊肠50克

调料

香油10毫升，生抽20毫升，姜10克

做法

1. 腊肉浸泡洗净，切成片；腊肠洗净切成段；姜洗净切丝；菜心洗净焯水至熟。
2. 大米加入清水放入砂锅中，煲10分钟，再放入腊肉、腊肠、姜丝、香油煲5分钟即熟。
3. 生抽淋于砂锅内，放上菜心即成。

麦冬牡蛎烩饭

材料

麦冬15克，鸡蛋1个，玉竹5克，牡蛎200克，胚芽米饭200克，荸荠20克，芹菜10克，豆腐、青豆、胡萝卜各适量，米饭50克

调料

食盐、胡椒粉、淀粉各适量

做法

❶ 将所有食材治净。将麦冬、玉竹入锅中，加水熬成高汤。

❷ 牡蛎洗净沥干，加入淀粉、食盐腌渍。

❸ 胡萝卜、荸荠、豆腐切丁，入高汤中煮，加入食盐、胡椒粉调味，放入米饭，再入牡蛎、青豆，撒上芹菜及蛋汁，即成好吃嫩滑的烩饭。

意式海鲜饭

材料

鲜鱿鱼1只，鱼块、虾仁、带子各5克，鸡蛋1个，米饭50克，花菜30克，西红柿20克

调料

食盐、胡椒粉、味精、七味粉各适量

做法

❶ 所有食材洗净，净锅上火，倒入鸡蛋、米饭、鱼块、虾仁、带子炒至干，再加入调味料（除七味粉外）。

❷ 鲜鱿鱼冲洗干净沥干水，将米饭放在鲜鱿鱼里面。

❸ 净锅上火，倒少许油，将鲜鱿鱼煎至熟后装碟，淋上七味粉，花菜、西红柿装碟即可。

牛肉石锅拌饭

材料

米饭300克，牛肉150克，青椒、红椒、洋葱各适量

调料

食盐、生抽、熟芝麻各少许，食用油适量

做法

1. 牛肉洗净，切成小块；青椒、红椒洗净，切成斜片；洋葱去皮，洗净切片。
2. 油锅烧热，入牛肉炒至八成熟，放入辣椒、洋葱炒熟，加入食盐、生抽调味，关火。
3. 将米饭盛入石锅中，将牛肉起锅倒入，撒上熟芝麻即可。

九州牛肉饭

材料

米饭200克，土豆1个，牛肉100克，洋葱1个，泡菜1份，芝麻少许，青椒30克

调料

食盐5克，老抽15毫升，料酒8毫升，食用油适量

做法

1. 土豆、牛肉、青椒洗净切斜小块；洋葱洗净切小粒；牛肉用小火焖1个小时备用。
2. 锅中注油烧热，放入土豆、牛肉、洋葱和青椒，调入老抽、料酒爆炒。
3. 加入食盐炒匀至熟，放在盛米饭的碗内，撒上芝麻，配上泡菜一起食用。

墨鱼饭

材料

墨鱼300克，大米100克，青椒1只，红椒半只，姜2片，葱2段

调料

橄榄油、食盐、胡椒粉各适量，九层塔少许

做法

1. 墨鱼洗净去囊，维持整只状态勿切开，备用；米快速清洗，沥干；青椒、红椒、九层塔均洗净切末。
2. 起橄榄油锅将大米炒至八成熟，再倒入青椒、红椒、姜、葱、九层塔、食盐、胡椒粉拌炒匀。
3. 将炒好的米塞入墨鱼内，置电饭锅内把饭蒸熟切成圈摆盘即可。

里脊片盖饭

材料

猪里脊肉150克，米饭400克，小白菜300克

调料

姜2片，葱4片，蒜2粒，食用油、熟芝麻、老抽、白糖各适量

做法

1. 葱洗净切段，姜切片，蒜拍碎，加入老抽及白糖混合成腌料；里脊肉洗净切薄片，放入腌料中静置，然后将腌好的里脊肉取出，用平底锅煎熟。
2. 小白菜洗净切段，锅中加水放入食盐，将小白菜烫熟后捞起备用。
3. 将猪里脊肉及小白菜铺在米饭上，撒上熟芝麻即可。

三鲜烩饭

材料

米饭150克，虾仁、猪肉片、文蛤、花菜各30克，胡萝卜片、木耳片各10克

调料

高汤、食盐、蚝油、水淀粉、食用油、葱段各适量

做法

1. 文蛤、虾仁洗净；花菜洗净切朵，焯烫。
2. 油烧热，爆香葱段，文蛤、肉片、虾仁、胡萝卜片、木耳片、花菜入锅略炒，加入高汤、清水，放入食盐、蚝油，待汤煮沸后，加入水淀粉勾芡，并用锅勺搅拌，再次沸腾即可。将白饭盛于碗盘中，淋上三鲜烩汁即可食用。

菜心鱼片饭

材料

菜心100克，生鱼150克，米饭120克，鸡蛋1个

调料

食盐5克，姜、葱、蒜蓉各5克，淀粉少许，食用油适量

做法

1. 生鱼洗净切片，加入食盐、鸡蛋液腌渍约1个小时；姜洗净切片；葱洗净切段；菜心洗净。
2. 生鱼片腌好后，下油锅炒熟，铲出待用。放入姜、葱、蒜蓉下油锅爆香，再放入生鱼片，用中火炒1分钟后盛出。
3. 起锅前用淀粉勾薄芡，菜心入盐水中焯熟，与鱼片、米饭一起盛盘即可。

澳门盐焗鸡肉饭

材料

鸡肉100克，米饭200克，青菜100克，咸蛋半个

调料

食盐3克，味精2克，鸡精粉1克

做法

1. 锅中注适量水，调入所有调味料，放入鸡肉一块浸煮10分钟至熟。
2. 青菜洗净，放入烧开的水中焯熟，捞出沥干水分。
3. 将鸡肉取出切块，同青菜、咸蛋一起摆在米饭上即可。

豉椒牛蛙饭

材料

牛蛙100克，洋葱50克，大米150克

调料

食盐5克，味精3克，淀粉少许，豆豉8克，青椒适量，姜、葱、蒜各5克，食用油适量

做法

1. 青椒、洋葱洗净切块；姜洗净切片；葱洗净切段；蒜去皮洗净切蓉；牛蛙洗净斩块。
2. 大米加适量清水煮40分钟至熟。油锅烧热，爆香姜、葱、蒜、豆豉，放入牛蛙、青椒、洋葱炒熟，调入食盐、味精炒匀，起锅前勾薄芡，盛出摆于米饭旁即可。

炸猪排咖喱饭

材料
大米250克，猪排200克，豌豆少许

调料
食盐、水面粉、食用油、咖喱酱各适量

做法

1. 猪排洗净，用食盐腌渍一会儿，用水面粉挂糊；豌豆洗净，入开水锅中煮透，捞出备用。

2. 大米放入电饭锅中，加适量清水煮熟；油锅烧热，下入猪排炸至酥脆，捞起沥油。

3. 将米饭盛出放入盘中，把猪排码在上面，淋入咖喱酱，撒上豌豆即可。

豉椒鳝鱼饭

材料
青椒、洋葱各50克，鳝鱼120克，大米150克

调料
豆豉、姜片、葱段、蒜蓉各5克，淀粉、食用油各适量

做法

1. 青椒、洋葱均洗净切角；鳝鱼洗净切段，汆水；大米洗净加入清水于锅中煮40分钟至熟。

2. 鳝鱼先下油锅中炒熟后铲起，锅中留油，下入姜片、葱段、蒜蓉、豆豉爆炒香，加入青椒、洋葱炒至七成熟，倒入鳝鱼，加调味料炒匀。

3. 出锅前用淀粉勾薄芡，与米饭盛盘即可。

烧肉饭

材料

猪五花肉、大米各150克，青菜100克

调料

食盐、五香粉、甘草粉、柱候酱、淮盐各适量

做法

❶ 猪五花肉洗净切条，放入食盐、甘草粉、五香粉腌渍1小时。

❷ 腌好的肉放入烤箱中烤半个小时，后上油，切块。大米洗净加清水入锅煮40分钟至熟盛出。

❸ 青菜焯盐水至熟，和五花肉、饭一起盛盘，柱候酱、淮盐盛小碟，摆于一旁作调味用。

尖椒回锅肉饭

材料

青尖椒100克，猪五花肉200克，大米150克

调料

蒜苗、豆瓣酱、辣椒酱、生抽、葱、食用油、姜各适量

做法

❶ 五花肉蒸熟切片，中火炸干成回锅肉；青尖椒洗净切角，过油至熟；姜洗净切片；葱洗净切段；蒜苗洗净切段；大米洗净煮熟。

❷ 留少许油，下葱、姜、蒜苗爆炒香，放入五花肉、青尖椒炒后，加入豆瓣酱、辣椒酱炒匀。

❸ 加入生抽调味即可起锅，与米饭一同装盘即可。

姜葱猪杂饭

材料

猪肝、猪心、猪腰、猪肚、猪粉肠各25克，大米150克

调料

食盐、姜、葱、淀粉、蚝油、食用油、老抽各适量

做法

1. 猪肝、猪心、猪腰、猪肚、猪粉肠均洗净，氽水后切条状；姜洗净切块；葱洗净切段。
2. 大米洗净，加水煮熟。注油入锅，将猪肝、猪心、猪腰、猪肚、猪粉肠过油炒熟，铲起待用，下姜、葱爆炒香，再下猪杂翻炒，加入调料炒入味，出锅前用淀粉勾薄芡即可。

咸菜猪肚饭

材料

大米150克，咸菜、猪肚各100克

调料

八角、香叶、食盐、味精、豆豉、姜、葱、食用油、淀粉各适量

做法

1. 咸菜洗净切片后焯水；猪肚洗净；姜洗净切片；葱洗净切段；大米加水用电饭锅煲40分钟至熟。
2. 将猪肚放入有食盐、姜、葱、八角、香叶的水中煲熟后，取出切片。
3. 油锅烧热，放入姜、葱、豆豉爆炒，放入咸菜、猪肚用中火约炒1分钟，调入味精，用淀粉勾薄芡即成。

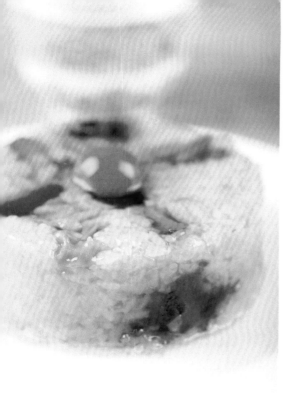

红枣糯米饭

材料

糯米200克，红枣、葡萄干、花生仁各适量，圣女果1颗

调料

红糖少许

做法

1. 糯米洗净，浸泡20分钟；红枣洗净；圣女果洗净，切开。
2. 将花生仁、葡萄干放入碗底，铺一层糯米，撒入红枣，再用糯米将碗塞满，注入少许清水。
3. 将碗放入蒸锅，蒸至熟烂，取出后倒扣在盘中，撒上圣女果即可。

咸蛋四宝饭

材料

咸蛋1个，叉烧50克，白切鸡50克，烧鸭50克，大米150克，青菜100克

调料

食盐5克，蒜蓉10克

做法

1. 大米洗净，加水于锅中煮熟成米饭，盛盘。
2. 咸蛋入开水中煮20分钟至浮起，捞出剥壳，切半；叉烧、白切鸡、烧鸭切条状。
3. 青菜洗净焯熟，与其他材料摆于饭旁，蒜蓉用小碟盛好作为调味用。

豆沙糯米饭

材料

糯米250克，豆沙100克，红枣、葡萄干、西瓜子各适量

调料

白糖适量

做法

1. 糯米洗净，浸水发泡片刻，捞出沥干；红枣、葡萄干均洗净；西瓜子去壳取肉。
2. 油锅烧热，放入糯米，加入白糖炒匀，捞出晾凉。
3. 取小碗，将豆沙、红枣、葡萄干放入碗底，撒入糯米，上蒸锅蒸熟，取出后扣入盘中即可。

参巴酱芦笋饭

材料

米饭200克，鱿鱼、虾各100克，芦笋适量，圣女果少许

调料

参巴酱30克

做法

1. 鱿鱼、虾均洗净；芦笋洗净，切斜段；圣女果洗净，切开。
2. 将鱿鱼、虾和芦笋分别下入开水锅中，煮透，捞出。
3. 将米饭放入盘中，铺上鱿鱼和虾，淋入参巴酱，撒上芦笋，摆上圣女果即可。

澳门烧鹅腿饭

材料

烧鹅腿1只，米饭200克，生菜20克，咸蛋半个

调料

烧鹅汁20毫升

做法

❶ 将烧鹅腿切成块，生菜洗净后备用。

❷ 锅中注水适量，烧开后放入生菜焯熟，捞出沥干水分。

❸ 将烧鹅块、生菜、咸蛋摆在热米饭上，淋上烧鹅汁即可。

澳门白切鸡饭

材料

鸡肉300克，米饭200克，青菜100克，咸蛋半个

调料

上汤、食盐、姜、食用油、鸡精各适量

做法

❶ 姜洗净切末；青菜洗净，入沸水中焯烫，捞出沥水备用。

❷ 鸡肉洗净剁块，放入油锅中炸至表面金黄后捞出，锅中留少许油爆香姜末。

❸ 加入鸡块，调入所有调味料煮熟，盛出摆放在饭上，再放入青菜、咸蛋即可。

台湾卤肉饭

材料

大米100克，五花肉200克，菜心50克

调料

豆瓣酱3克，辣椒酱2克，生抽5克，味精2克，葱、姜各5克，香料10克，食用油适量

做法

❶ 大米先煮熟，五花肉洗净上笼蒸，豆瓣酱、辣椒酱、生抽、味精、葱、姜、香料制成卤水。

❷ 肉蒸熟后取出切块，放入卤水中卤半个小时后再下油炒香。

❸ 菜心过盐水至熟，与肉摆于米饭上即可。

海鲜炒杂菜饭

材料

米饭200克，虾仁、海参、鲍鱼、木耳菜、鹌鹑蛋各适量

调料

食盐3克，料酒10克

做法

❶ 虾仁、海参、鲍鱼均洗净，切开后加入料酒、食盐腌渍入味；木耳菜洗净。

❷ 净锅入水烧开，分别下入木耳菜、鹌鹑蛋，焯熟后捞出待用；将虾仁、海参、鲍鱼放入蒸锅内蒸熟，取出。

❸ 将米饭放入盘中，放上虾仁、海参、鲍鱼、木耳菜，撒上去壳的鹌鹑蛋即可。

辣椒牛肉饭

材料

大米150克，牛肉200克，辣椒、洋葱、上海青各少许

调料

食盐、味精、食用油、生抽各适量

做法

❶ 大米洗净，浸泡20分钟；牛肉洗净，切成薄片；辣椒洗净，去籽切条；上海青洗净，入开水锅中焯熟，捞出备用；洋葱洗净，切丝。

❷ 将泡好的大米放入电饭锅中蒸熟，备用；油锅烧热，下入牛肉炒香，放入辣椒、洋葱炒熟，加入食盐、味精、生抽调味，盛入碗中。

❸ 将煮好的米饭和上海青摆入盘中，放入牛肉即可。

梅肉鸡蛋饭

材料

米饭200克，梅肉、鸡蛋各200克

调料

食盐、味精、五香粉、食用油、沙姜粉各适量，葱花少许

做法

① 将梅肉与食盐、味精、五香粉、沙姜粉腌渍1小时，放入烤箱烤熟，取出晾凉后改刀切片；鸡蛋打匀，加入食盐搅拌。

② 油锅烧热，放入梅肉稍炒，再倒入鸡蛋煎熟，关火。

③ 将米饭放入盘中，将煎好的鸡蛋扣在上面，撒上葱花即可。

鸡蛋包饭

材料

大米100克，鸡蛋2个，西蓝花、芦笋、胡萝卜各少许

调料

食盐、食用油适量，参巴酱30克

做法

① 大米洗净；鸡蛋加入食盐搅成蛋汁；西兰花洗净切朵；芦笋洗净切段；胡萝卜洗净切花。

② 大米入锅蒸熟；西蓝花、芦笋、胡萝卜焯水后待用；油锅烧热后倒入蛋汁煎成饼状，盛出。

③ 米饭放入蛋饼中包好，装盘，淋入参巴酱，撒上西蓝花、芦笋、胡萝卜即可。

蛋包饭

材料

米饭150克，鸡蛋3个

调料

食盐、食用油、参巴酱各适量

做法

① 鸡蛋打入碗中，加入食盐搅拌均匀。

② 油锅烧热，倒入鸡蛋煎成饼状，盛出；将米饭用鸡蛋包好，放入盘中。

③ 将盘放入微波炉中加热，取出，淋入参巴酱即可。

当头蟹

材料

大米200克，雪里蕻100克，蟹1只

调料

食盐、料酒各适量

做法

① 大米洗净；雪里蕻洗净，切细；蟹洗净，加入料酒、食盐腌渍入味。

② 将大米和雪里蕻混合拌匀，放入盘中码好，将蟹放置其上。

③ 将盘放入蒸锅，蒸至熟透，取出即可。

翡翠蛋包饭

材料

米饭100克，鸡蛋2个，菠菜50克

调料

食盐3克，胡椒粉1克，食用油适量

做法

① 菠菜洗净，入开水锅中稍焯，捞起放入料理机中搅拌成糊。

② 鸡蛋破壳，打入碗中，加入食盐、胡椒粉、菠菜糊搅匀；油锅烧热后，倒入鸡蛋煎熟。

③ 将米饭在盘中码好，将煎好的鸡蛋放于其上即可。

叉烧双拼饭

材料

米饭200克，菜薹100克，梅肉250克

调料

食盐、五香粉、沙姜粉各适量

做法

1. 将梅肉与食盐、五香粉、沙姜粉腌渍1小时，放入烤箱中烤熟，取出晾凉后改刀切片。
2. 菜薹洗净，入开水锅中焯熟，捞出沥水，放入盘中。
3. 将米饭扣在菜薹上，摆好叉烧，入微波炉加热，取出即可。

荷香滑鸡饭

材料

米饭200克，鸡块100克，香菇20克，荷叶1片

调料

食盐、五香粉各少许，食用油适量

做法

1. 鸡块洗净；香菇洗净泡发，撕成小片；荷叶洗净，铺在蒸笼中，倒上米饭。
2. 油锅烧热，下入鸡块炒至七成熟，倒入香菇炒熟。
3. 加入食盐、五香粉调味，起锅倒在米饭上，用荷叶包好，蒸10分钟即可。

凤梨蒸饭

材料

泰国香米100克，凤梨1个，葡萄干少许

调料

白糖20克

做法

1. 泰国香米洗净，浸水稍泡，捞出沥干水分；凤梨用水冲洗，沥干，削去顶部，挖出肉；葡萄干洗净。
2. 将挖出的凤梨肉切丁，与泰国香米、葡萄干放入容器内移入电饭锅中煮透。
3. 加白糖调味后，摆好盘即可。

咖喱鸡肉饭

材料

米饭200克，鸡肉250克，洋葱、青椒、菜薹各少许

调料

食盐、咖喱粉、食用油、生抽各适量

做法

❶ 鸡肉洗净，切块；洋葱洗净，切片；菜薹洗净；青椒洗净去蒂、籽，切片。

❷ 油锅烧热，下入鸡块炒香，放入青椒、洋葱炒熟，加入食盐、咖喱粉、生抽调味，关火。

❸ 将米饭扣入盘中，起锅倒入鸡块，用菜薹装饰即可。

鲈鱼饭

材料

米饭200克，鲈鱼300克，蛤蜊、包菜、卤牛肉、萝卜、泡菜、紫菜各适量

调料

食盐、料酒各适量，葱花少许

做法

❶ 鲈鱼、蛤蜊洗净，用食盐、料酒腌渍；卤牛肉切片；萝卜洗净切片；包菜洗净撕成片状。

❷ 卤牛肉和萝卜入瓦煲注水炖烂，加入食盐调味盛入碗中；蛤蜊、鲈鱼入烤箱内烤熟取出；包菜焯水后加入食盐拌匀入盘。

❸ 取小碟盛入泡菜；紫菜烧汤，盛入汤碗。将各式食材摆好，撒上葱花即可。

香骨拼饭

材料

米饭200克，排骨200克，鸡蛋1个，熟花生米、冬瓜、四季豆各少许

调料

食盐、食用油、料酒各适量

做法

① 排骨洗净，加入食盐、料酒腌渍；四季豆洗净切段；冬瓜去皮去瓤，洗净切片。

② 四季豆、冬瓜焯水；净锅注油烧热，入排骨炸熟，捞出；锅底留油，打入鸡蛋略煎一会儿，关火。

③ 将米饭扣入盘中，加入四季豆、冬瓜、熟花生米、排骨即可。

梅菜扣肉饭

材料

米饭200克，猪五花肉200克，梅菜、上海青各少许

调料

食盐、食用油、生抽、水淀粉各适量

做法

① 猪五花肉洗净，切成薄片；梅菜洗净，切细；上海青洗净。

② 将五花肉平铺于碗中，放上梅菜，入蒸锅隔水蒸熟，取出倒扣在盘中；油锅烧热，将调料调成汁，淋在五花肉上；净锅注水烧开，焯上海青至熟，捞出摆入盘中。

③ 将米饭放入盘中即可食用。

综合蔬菜蛋包饭

材料

大米100克，鸡蛋2个，西红柿、豌豆各少许

调料

食盐、食用油、水淀粉各适量

做法

1. 大米淘洗干净；西红柿洗净，切成丁；豌豆洗净；鸡蛋打散后加入食盐拌成蛋汁。

2. 将大米放入炖盅内，加入适量水煮熟；油锅烧热，将蛋汁倒入锅中，煎成大饼状，关火；将炖盅中的米倒扣在盘中，起锅后将鸡蛋裹在米上。

3. 净锅注油烧热，倒入西红柿、豌豆炒熟，加入食盐、水淀粉调成味汁，淋在鸡蛋上即可。

麻婆豆腐牛肉饭

材料

米饭200克，上海青150克，豆腐3块，牛肉200克

调料

食盐2克，辣椒油4毫升，高汤100毫升，葱花、花椒各少许

做法

1. 上海青洗净；豆腐洗净，切大块后改刀切成小方块；牛肉洗净，切薄片。

2. 油锅烧热，倒入花椒、牛肉炒香，放入豆腐翻炒一会儿，注入高汤焖煮至熟，加入食盐、辣椒油调味，盛入盘中，撒上葱花；净锅注水烧开，入上海青稍氽，捞起，放入盘中。

3. 将米饭倒扣于盘中，摆上牛肉即可。

鳗鱼饭

米饭200克，鳗鱼1条，蛤蜊、卤瘦肉、白萝卜各150克，橙子、包菜、紫菜各少许

调料

食盐、葱花各适量

做法

❶ 鳗鱼、蛤蜊洗净，用食盐腌渍；卤瘦肉切片；白萝卜、包菜洗净切片；橙子洗净切瓣。

❷ 将鳗鱼、蛤蜊入烤箱中烤熟，分别入盘；卤瘦肉、白萝卜入汤锅煮熟，加入食盐调味装碗；净锅注油烧热，入包菜翻炒，加入食盐炒匀，装碗；紫菜做汤。

❸ 将各式食物摆好，撒上葱花即可。

扬州焖饭

材料

大米250克，虾仁150克，胡萝卜100克，玉米粒、豌豆各少许

调料

盐、葱花各适量

做法

❶ 大米洗净，浸泡20分钟；虾仁洗净，加盐腌渍入味；玉米粒、豌豆均洗净；胡萝卜洗净，切成半圆形薄片。

❷ 将虾仁放在瓦煲底部，倒入大米，注入适量清水，蒸熟后倒扣入盘中。

❸ 油锅烧热下入玉米粒、豌豆炒熟，加盐调味，起锅倒在大米上，撒上胡萝卜、葱花即可。

红烧牛腩饭

材料

米饭200克，牛腩、上海青各120克，芹菜、尖椒各少许

调料

食盐2克，老抽3毫升，蒜10克，水淀粉15克，食用油适量

做法

1. 牛腩洗净，切段；上海青洗净；芹菜洗净，切段；尖椒去蒂、籽，洗净；蒜去皮洗净，掰成瓣。

2. 油锅烧热，放入牛腩稍炒，注入少许水焖烧至熟，加入食盐、老抽调味，用水淀粉勾芡，盛入碗中，撒上芹菜、尖椒、蒜瓣；净锅注水烧开，下入上海青稍焯，捞出放入盘中。

3. 将米饭倒扣入盘，摆好盘即可。

鸡肉石锅拌饭

材料

米饭300克，鸡肉100克，胡萝卜、西葫芦、泡菜、花生米各适量，熟芝麻少许

调料

食盐3克，辣椒酱10克，食用油适量

做法

1. 鸡肉洗净，切成小块；胡萝卜洗净，切丝；西葫芦洗净，切薄片；石锅洗净，将米饭倒入。

2. 净锅注水烧开，放入胡萝卜、西葫芦焯熟，捞出沥水，与泡菜一起摆在米饭上。

3. 净锅注油烧热，放入鸡肉炒香，倒入花生米炒熟，加入食盐、辣椒酱调味，倒入石锅中，撒上熟芝麻即可。

蜜汁焖饭

材料

糯米300克，红枣、豆沙各适量

调料

红糖5克

做法

❶ 糯米洗净，浸泡30分钟；红枣洗净。

❷ 将红枣、豆沙放入碗底，铺放好糯米，上蒸笼蒸熟，取出后倒扣于盘中。

❸ 将红糖用少许开水溶化，淋入盘中即可。

腊肉煲仔饭

材料

米饭400克，腊肉、腊肠各250克，菜薹少许

调料

食盐少许

做法

❶ 菜薹洗净，用食盐腌上10分钟；腊肉、腊肠均洗净。

❷ 将米饭放进瓦煲，摆上腊肉、腊肠和菜薹。

❸ 将瓦煲放入蒸锅，隔水蒸20分钟即可。

腊肉香肠砂煲饭

材料

米饭300克，腊肉、香肠各200克，菜薹100克

调料

食盐、食用油、葱各适量

做法

❶ 腊肉、香肠均洗净，切成薄片；菜薹洗净，切段；葱洗净，切花。

❷ 将米饭装进砂煲，铺上腊肉、香肠，放入蒸锅内，隔水蒸10分钟，关火。

❸ 油锅烧热，放入菜薹翻炒至熟，加入食盐调味，起锅放入砂煲内，再撒上葱花即可。

农家红薯饭

材料

米饭300克，红薯200克

调料

枸杞少许

做法

① 红薯去皮，洗净，切菱形块；枸杞用温开水泡发，取出备用。

② 将红薯放入烤箱中烤熟，取出。

③ 将米饭放入碗中，放入红薯，入微波炉加热，撒上枸杞即可。

农家芋头饭

材料

大米350克，芋头200克

调料

枸杞少许

做法

① 大米淘洗干净；芋头洗净，切成小块；枸杞洗净，泡发10分钟。

② 将大米放入电饭锅中，放入芋头，注入适量清水，蒸煮至熟。

③ 撒上少许枸杞即可。

品质悦读｜畅享生活